220kV 变电站模块化建设施工图设计要点

220kV BIANDIANZHAN MOKUAIHUA JIANSHE SHIGONGTU SHEJI YAODIAN

变电部分

国网山东省电力公司建设部
国网山东省电力公司经济技术研究院 编

中国电力出版社
CHINA ELECTRIC POWER PRESS

为提高通用设计的应用效果和设计人员的工作效率，编者按照"实用、简约"的原则，吸取国家电网公司、国网山东省电力公司下发的相关文件和模块化建设工作中的经验，坚持服务设计工作者，尤其是新入职设计人员的目的，组织编写了本书。

本书以《国家电网公司输变电工程通用设计 220kV变电站模块化建设（2017年版）》中SD-220-A3-2实施方案为对象，针对方案中需要讲解或者容易出现错误的部分图纸进行分析，标注设计要点和注意事项，对于施工图设计人员和校核人员具有一定的参考价值，共分为三章，分别是概述、电气一次部分和电气二次部分。

本书可供从事220kV变电站模块化建设的相关设计、施工人员使用，也可供相关电力建设工程规划、管理、施工、设备制造、安装、生产运行等专业人员使用。

图书在版编目（CIP）数据

220kV变电站模块化建设施工图设计要点. 变电部分 / 国网山东省电力公司建设部，国网山东省电力公司经济技术研究院编. —北京：中国电力出版社，2020.8
ISBN 978-7-5198-4372-4

I. ①2… II. ①国…②国… III. ①变电所–工程施工–施工设计 IV. ①TM63

中国版本图书馆CIP数据核字（2020）第030348号

出版发行：中国电力出版社	印　刷：三河市万龙印装有限公司
地　　址：北京市东城区北京站西街19号（邮政编码：100005）	版　次：2020年8月第一版
网　　址：http://www.cepp.sgcc.com.cn	印　次：2020年8月北京第一次印刷
责任编辑：罗　艳（yan-luo@sgcc.com.cn，010-63412315）　高　芬	开　本：880毫米×1230毫米　横16开本
责任校对：黄　蓓　朱丽芳	印　张：16.75
装帧设计：张俊霞	字　数：587千字
责任印制：石　雷	定　价：98.00元

《220kV 变电站模块化建设施工图设计要点 变电部分》

编 委 会

主 编 孙敬国 刘伟生

副主编 李其莹 鉴庆之 张连宏 吴 健 齐志强

编 委 张卫东 马诗文 张学凯 刘海涛 王 鹏 李 越 宋卓彦 赵 勇 于光远 李 铭

宁尚远 杨 光 杨 毅 李光肖 李柔刚 武 巍 王 超 陈 宁 侯昆明 毕奎思

龚俊祥 王玉国 荆林国 毛永杰 潘曰涛 卢福木 张春辉 兰 峰 卢兴勇 邱轩宇

郑耀斌 赵 娜 王志鹏 于青涛 程 剑 张景嚣 郭宜果 俞瑞茂 李宗蔚 王国倩

马盈盈 王明明 杨晓云 张盛晰 郑鸿丽 王可欣 王慧轩 匙阳阳 徐文阳 曹燕飞

高 杉 石冰珂 王文媞 王天祎 宋长城 王倩倩 李素雯 张 草 谢 丹 杨小雨

陈卓尔 胥金坤 陈庆伟

前　　言

　　本书的编者意在通过本书为设计人员尤其是初学者提供一个设计要点清单，通过这个清单，能够更快、更准确地掌握施工图的设计思路和要点。

　　一、本书以《国家电网公司输变电工程通用设计　220kV 变电站模块化建设（2017 年版）》中 SD−220−A3−2 实施方案为对象，以现行的国家、行业、企业标准和国家电网有限公司、山东省电力公司下发的反措、文件为依据进行编制。

　　二、本书在现行的规范、文件基础上，结合工程中遇到的问题，对通用设计方案进一步梳理、深化、细化，形成对重点图纸的设计说明。

　　三、本书主要针对入职时间较短的变电设计人员，能够有效地提高新员工的自学能力和学习效率，尽快帮助其适应工作岗位，对其他设计人员设计、校核也能起到一定的参考作用。

　　四、本书不求能够完全概括施工图设计的各个方面，力求起到抛砖引玉的作用，读者在参考时更应独立思考和查阅相关资料，以提高学习效果。

　　由于编者水平有限，不妥之处在所难免，敬请读者批评指正。

编　者

2019 年 12 月

目　录

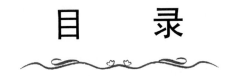

第1章

概　　述

1.1　编制原则

为提高通用设计的应用效果和设计人员的工作效率，按照"实用、简约"的原则，吸取国家电网有限公司、国网山东省电力公司下发的反措、文件和模块化建设工作中的经验，坚持服务设计工作者，尤其是新入职设计人员的目的，组织编写了本书，力求能对读者的工作带来帮助。

1.2　成果内容和特点

本书主要包括电气一次、电气二次两个部分。

本书以《国家电网输变电工程通用设计　220kV 变电站模块化建设（2017年版）》SD-220-A3-2 实施方案为对象，针对方案中需要讲解或者容易出现错误的部分图纸进行分析，标注设计要点和注意事项，对于施工图设计人员和校核人员具有一定的参考价值。

本书述及方案为典型方案，仅说明设计原则和思路，读者在参考时，应根据具体工程初设方案和批复进行设计。

1.3　设计依据

GB/T 14285—2006　继电保护和安全自动装置技术规程

GB/T 50062—2008　电力装置的继电保护和自动装置设计规范

GB/T 50063—2017　电力装置电测量仪表装置设计规范

GB/T 50064—2014　交流电气装置的过电压保护和绝缘配合设计规范

GB/T 50065—2011　交流电气装置的接地设计规范

GB 50217—2018　电力工程电缆设计标准

GB/T 50976—2014　继电保护及二次回路安装及验收规范

GB 50227—2017　并联电容器装置设计规范

GB 50229—2006　火力发电厂与变电站设计防火规范

DL/T 866—2015　电流互感器和电压互感器选择及计算导则

DL/T 5044—2014　电力工程直流系统设计技术规程

DL/T 5056—2007　变电站总布置设计技术规程

DL/T 5149—2001　220kV～500kV 变电所计算机监控系统设计技术规程

DL/T 5136—2012　火力发电厂、变电站二次接线设计技术规程

DL/T 5218—2012　220～750kV 变电站设计技术规程

DL/T 5222—2005　导体和电器选择设计技术规定

DL/T 5352—2018　高压配电装置设计技术规程

DL/T 5457—2012　变电站建筑结构设计技术规程

Q/GDW 441—2010　智能变电站继电保护技术规范

Q/GDW 1161—2014　线路保护及辅助装置标准化设计规范

Q/GDW 1175—2013　变压器、高压并联电抗器和母线保护及辅助装置标准化设计规范

Q/GDW 10381.5—2017　国家电网有限公司输变电工程施工图设计内容深度规定　第 5 部分：220kV 智能变电站

Q/GDW 10766—2015　10kV～110（66）kV 线路保护及辅助装置标准化设计规范

Q/GDW 11398—2015　变电站设备监控信息规范

国家电网有限公司十八项电网重大反事故措施（2018 年版）

基建技术〔2018〕29 号　输变电工程设计常见病清册

国家电网企管〔2017〕1068 号　变电站设备验收规范

调监〔2012〕303 号　220kV 变电站典型信息表

鲁电调〔2016〕772 号　山东电网继电保护配置原则

鲁电企管〔2018〕349 号　山东电网二次设备命名规范

鲁电调保〔2012〕103 号　山东电力调控中心关于加快开展发电厂故障录波器联网工作的通知

鲁电调保〔2014〕16 号　山东电力调度控制中心关于印发山东电网故障录波器联网系统通信技术规范等标准的通知

调自〔2014〕53 号国调中心关于强化电力系统时间同步监测管理工作的通知

设备变电〔2018〕16 号　关于加快推进变电站消防隐患治理工作的通知

设备变电〔2018〕15 号　变电站（换流站）消防设备设施等完善化改造原则（试行）

调自〔2018〕129 号　国调中心关于加强变电站自动化专业管理的工作意见

鲁电调〔2015〕791 号　山东电网调度控制管理规程

调继〔2019〕6 号　国家电网有限公司线路保护通信通道配置原则指导意见

第2章

电 气 一 次 部 分

本章为220kV模块化建设施工图设计SD－220－A3－2实施方案变电一次部分设计要点，共包含十二小节。

2.1 电气一次施工图说明

编制要点：

1. "2. 建设规模"

（1）"1）"中主变压器台数和容量根据系统专业提资确定。见《220kV～750kV变电站设计技术规程》（DL/T 5218—2012）的5.2.1条等相关规定。

（2）"2）""3）""4）""5）"中建设规模根据系统专业提资确定。

（3）"6）"中接地变压器及消弧线圈成套装置由主变压器配置确定。

2. "4. 电气主接线"

"1）""2）""3）"中关于主接线方式，见《220kV～750kV变电站设计技术规程》（DL/T 5218—2012）的5.1节等相关规定。

3. "6. 主要设备及导体选择"

（1）"6.1 主要设备选择"中所选设备需满足最新的通用设备应用目录，满足运行额定电流、短路电流水平的要求。

其中，"1）主变压器"中电压比230/121/10.5是主变压器各侧额定电压值，主变压器各侧额定电流计算用此值。A3－2方案采用高阻抗变压器。

（2）"6.2 导体选择"中计算得到主变压器各侧额定电流后：对于裸导体，结合《导体和电器选择设计技术规定》（DL/T 5222—2005）附录D的相关内容，根据本站所处气象条件对选择导体进行修正；对于电缆，结合《电力工程电缆设计规范》（GB 50217—2018）附录D进行载流量修正，根据附录C及厂家电缆样本选择合适截面的电缆，之后要短路电流热稳定校验。

2.2 电气主接线及电气总平面

序号	图　号	图　名	张数	套用原工程名称及卷册检索号,图号
1	SD−220−A3−2−D0102−01	电气主接线图	1	
2	SD−220−A3−2−D0102−02	电气总平面布置图	1	
3	SD−220−A3−2−D0102−03	220kV 配电装置楼一层平面布置图	1	
4	SD−220−A3−2−D0102−04	220kV 配电装置楼二层平面布置图	1	
5	SD−220−A3−2−D0102−05	110kV 配电装置楼一层平面布置图	1	
6	SD−220−A3−2−D0102−06	110kV 配电装置楼一层平面布置图	1	
7	SD−220−A3−2−D0102−07	电气总断面图	1	

（1）工程名、工程号应与设计计划书一致。

（2）图名与图号应与每张图纸中图名、图号一致。

SD−220−A3−2−D0102−00　目录

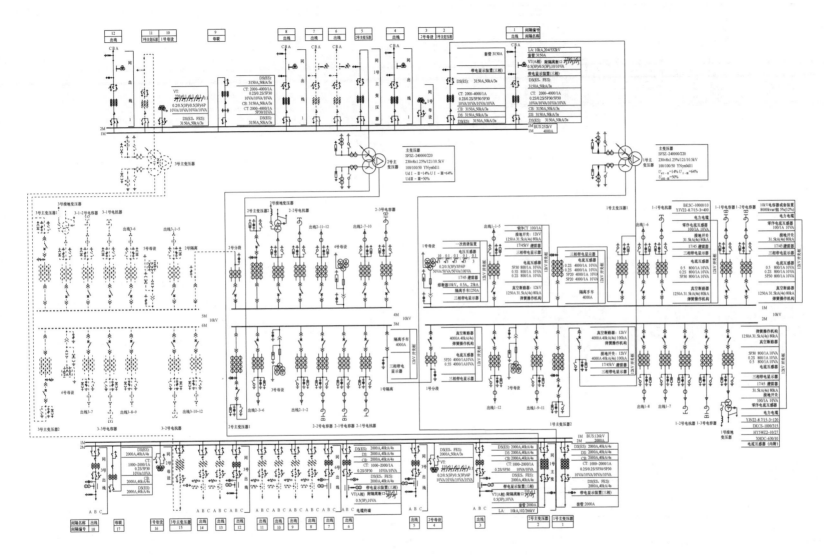

（1）各级电压远期、本期、现状主接线型式无误。

（2）各级电压进出线回路名称（或编号）、排列、相序无误。

（3）主变压器型号、参数及中性点接地方式无误。

（4）其他设备型号及参数无误。

（5）母线及引线型号、参数及母线编号等无误。

（6）站用外接电源接线无误。

（7）对于双母线接线，可将靠近主变压器侧母线命名为Ⅰ母，远离主变压器母线命名为Ⅱ母。

（8）施工图主接线图设备参数与最终的确认厂家图纸参数一致。

（9）出线若为同塔双回线路，出线快速接地开关需计算其电磁感应效应，校核快速接地开关等级。

（10）10kV出线若接入小电源，需加单相TV。

（11）现状、本期、远期应在图中区分表示。

（12）电气主接线图与总平面图中间隔排序应一致。

（13）需二次专业会签。

SD−220−A3−2−D0102−01　电气主接线图

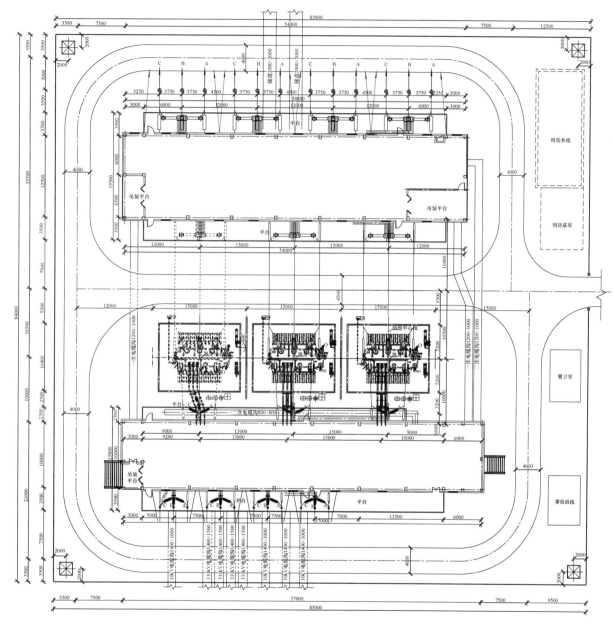

（1）主要电气设备、站区建（构）筑物、电缆沟（隧）道、避雷针、防火墙及道路等的布置，确定位置与各卷册平面图一致，核对各卷册之间不能有位置冲突。

（2）各级电压等级屋内外配电装置的间隔配置及进出线排列无误。

（3）母线及出线相序无误。

（4）电气主接线图与总平面图中间隔排序应一致。

（5）220kV 跨线调整拉线点位置，避免倾斜角度过大。

（6）防火墙厚度绘制出实际厚度（见土建图）。

（7）应标注指北针，并附必要的说明及图例。

SD－220－A3－2－D0102－02　电气总平面布置图

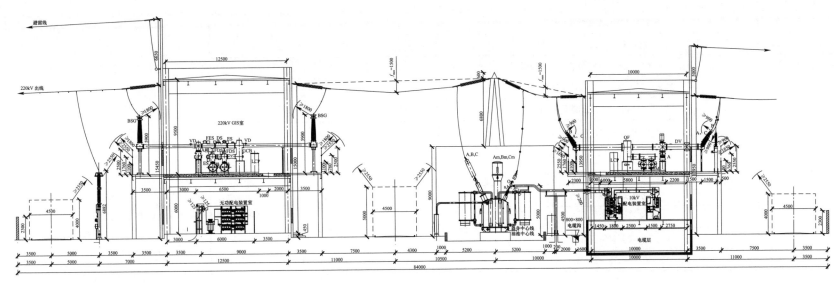

SD－220－A3－2－D0102－07　电气总断面图

（1）本图尺寸标注与总平面图一致。

（2）各建筑物层高与初设批复一致。

（3）运输设备时，设备外廓至无遮拦带电导体间保持安全距离。

2.3　220kV 配电装置部分

序号	图　　号	图　　名	张数	套用原工程名称及卷册检索号，图号
1	SD－220－A3－2－D0103－01	卷册说明	1	
2	SD－220－A3－2－D0103－02	220kV 配电装置配置接线图	1	
3	SD－220－A3－2－D0103－03	220kV 配电装置平面布置图	1	
4	SD－220－A3－2－D0103－04	220kV 配电装置主变压器进线间隔断面图	1	
5	SD－220－A3－2－D0103－05	220kV 配电装置架空出线间隔断面图	1	
6	SD－220－A3－2－D0103－06	220kV 配电装置电缆出线间隔断面图	1	
7	SD－220－A3－2－D0103－07	220kV 配电装置 I 母线设备间隔断面图	1	
8	SD－220－A3－2－D0103－08	220kV 配电装置 II 母线设备间隔断面图	1	
9	SD－220－A3－2－D0103－09	220kV 配电装置母联间隔断面图	1	
10	SD－220－A3－2－D0103－10	220kV GIS 设备气隔布置图	1	
11	SD－220－A3－2－D0103－11	主要设备材料汇总表（一）	1	
12	SD－220－A3－2－D0103－12	主要设备材料汇总表（二）	1	
13		220kV 户内 GIS 安装图（双母线）	1	TY－D1－2GIS－01
14		220kV 氧化锌避雷器安装图	1	TY－D1－2MOA－01

（1）工程名、工程号应与设计计划书一致。

（2）图名与图号是应与每张图纸中图名图号一致。

主要规程规范：

DL/T 5352—2018 高压配电装置设计技术规程

《电力工程电气设计手册（电气一次部分）》第十章

SD－220－A3－2－D0103－00　目录

卷 册 说 明

一、设计内容：

1. 本卷册包括220kV配电装置的平断面布置、设备安装、电气引接线。220kV配电装置电缆出线设计到站内GIS电缆引接终端，电缆头不在设计范围内。

2. 220kV线路本期4回架空出线，远期6回出线（4回架空，2回电缆）。本期采用双母线接线，远期接线型式不变。

3. 220kV配电装置采用户内GIS布置。

二、施工说明：

1. 现场安装时请重新核对到货设备尺寸，确认无误后方可进行安装，安装方式详见各设备安装详图；如现场设备与设计图纸不符，请立即与设计代表联系。

2. 本工程所需线夹等金具的具体规格型号请施工单位核实设备实际尺寸后采购。

3. 所有安装材料均需热镀锌处理，施工时应尽量避免破坏镀锌层，安装施工完毕后镀锌层小面积被破坏处，应涂环氧富锌漆防锈。

4. 在槽钢或角钢上采用螺栓固定设备时，槽钢及角钢内侧应穿入与螺栓规格相同的楔形方平垫，不得使用圆平垫。

5. 接地部分相关施工要求详见接地卷册说明。

三、设备型号：

本工程主要设备型号均为通用设备，生产厂家均由国网招标会议确定，型式如下：

组合电器（×××）：252kV，3150A，50kA/3s

氧化锌避雷器（×××）：10kA，204/532kV

四、标准工艺应用清单：

序号	项目/工艺名称	编 号	使用部位	采用数量及应用率
一	电气设备安装	0102030200		
1	避雷器安装	0102030204	220kV避雷器	全站采用，100%
2	组合电器（GIS）安装	0102030206	组合电器（GIS）	全站采用，100%
二	屏、柜安装工程	0102040100		
1	端子箱安装	0102040102	端子箱	全站采用，100%
2	就地控制柜安装	0102040103	智能控制柜	全站采用，100%
三	母线安装	0102030100		
1	引下线及跳线安装	0102030105	设备引下线	全站采用，100%
四	接地装置安装	0102060200		
1	构支架接地安装	0102060202	接地引下线	全站采用，100%
2	设备接地安装	0102060204	设备接地	全站采用，100%

SD-220-A3-2-D0103-01　卷册说明

（1）对本站建设内容、配电装置型式和接线方式等的描述应正确；说明与其他卷册的分界点。

（2）应说明配电装置布置特点、主要设备型式及安装要求，导线挂线施工要求，分裂导线次档距要求，硬导体挠度及安装要求。

（3）应说明金具选择、设备接地要求、安装构件防腐要求、绝缘子串安装配色要求等。

（4）应说明电气设备材料安装中采用的标准工艺。

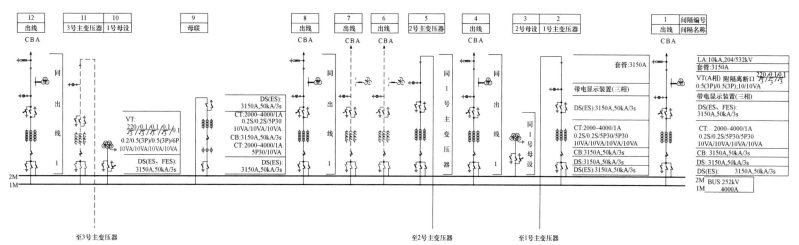

SD－220－A3－2－D0103－02　220kV 配电装置配置接线图

（1）现状、本期、远期接线方式、建设内容、出线排序应与系统资料（或初设批复）内容一致，注意电缆出线与架空出线配置区别。

（2）各间隔设备配置、型号、参数应与厂家资料、技术协议、初设批复内容一致。

（3）各间隔相对位置应与平面布置图一致。

（4）断路器静触头应在母线侧。

（5）需要电气二次专业会签。

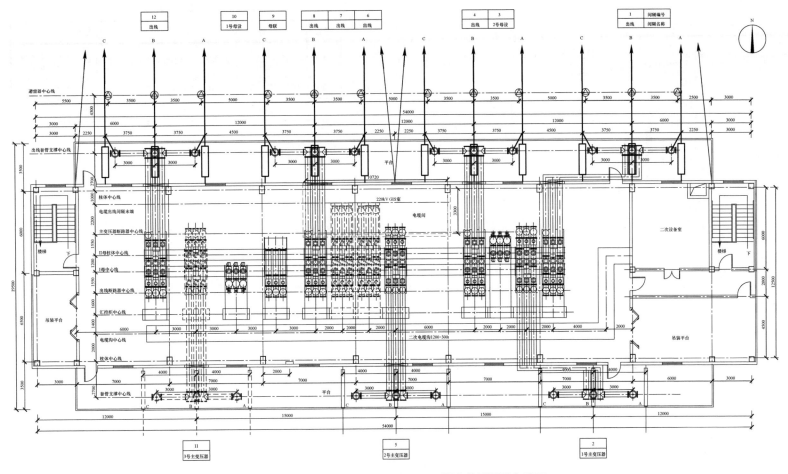

SD－220－A3－2－D0103－03　220kV 配电装置平面布置图

（1）配电装置室定位及总体尺寸应与总平面一致。

（2）平面布置、间隔排序应正确合理，有利于远期扩建，并与厂家资料一致；电缆出线间隔位置应躲开建筑物梁；配电装置的母线伸缩节应与楼的伸缩缝吻合；检修和巡视通道应满足规程规定。

（3）现状、本期、远期建设范围应区分标示清楚。

（4）出线相序面对出线从左至右 A、B、C，名称排序应与系统资料一致。

（5）进出线挂线点位置应正确合理，减少导线倾斜角度。

（6）电缆沟大小和位置、检修箱、动力箱配置应满足二次专业要求。

（7）如配电装置室长度超过 60m，应留有第三个出口。

（8）水平布置的母线，其编号应符合规程规定，即靠近主变压器侧为 I 母，远离主变压器侧为 II 母。

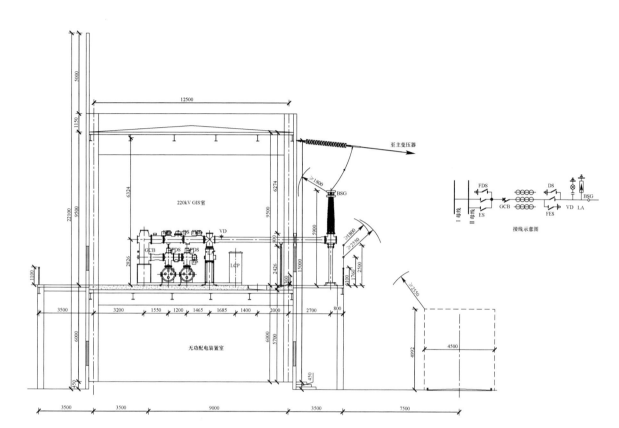

設 備 材 料 表

序号	名 称	型号及规范	数量	单位	备 注
1	220kV SF$_6$封闭式组合电器	252kV 3150A 50kA 125kA	1	间隔	主变压器进线间隔
2	钢芯铝绞线	JL/G1A－630/55	10	m	
3	铝设备线夹	SY－630/55B	3	套	带滴水孔

符号说明：

GCB——断路器

FDS——快速隔离开关

DS——隔离开关

VD——带电显示器

FES——快速接地开关

ES——接地开关

LCP——汇控柜

LA——避雷器

BSG——SF$_6$/空气套管

SD－220－A3－2－D0103－04　220kV 配电装置主变压器进线间隔断面图

（1）设备外形尺寸应与厂家资料一致。

（2）设备及电缆沟定位应与平面图一致。

（3）套管带电部分与配电室外墙距离满足要求。

（4）道路校验框外沿距离进线引线应满足电气距离要求。

（5）接线示意图应与设备布置、主接线图一致。

（6）室内净高（至梁底）应满足通用设备、厂家要求。

（7）本图中的说明和材料表应完整、正确。

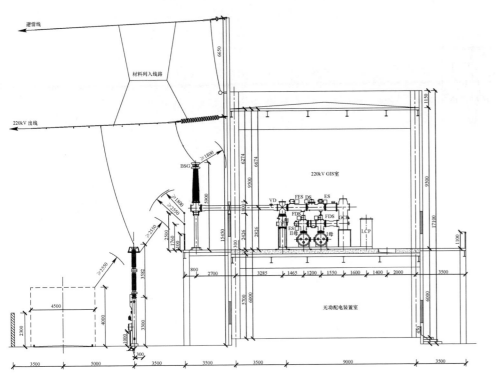

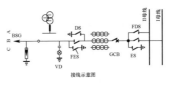

接线示意图

序号	名 称	型号及规范	数量	单位	备 注
1	220kV SF₆封闭式组合电器	252kV 3150A 50kA 125kA	1	间隔	出线间隔
2	220kV 避雷器	Y10W−204/532	3	支	
3	铝设备线夹	SY−400/35B	3	套	带滴水孔
4	钢芯铝绞线	2×JL/G1A−400/35	20	m	已折合为单根
5	间隔棒	MRJ−5/200	3	套	约2m左右一个
6	双导线设备线夹	SSY−400/35B	3	套	带滴水孔
7	钢芯铝绞线	JL/G1A−400/35	30	m	
8	T型线夹	TYS−2×400/400	3	套	附引流线夹

设 备 材 料 表

符号说明：
GCB——断路器
FDS——快速隔离开关
DS——隔离开关
VD——带电显示器
FES——快速接地开关
ES——接地开关
LCP——汇控柜
BSG——SF₆空气套管

SD−220−A3−2−D0103−05　220kV 配电装置架空出线间隔断面图

（1）设备外形尺寸应与厂家资料一致。

（2）设备及电缆沟定位应与平面图一致。

（3）出线避雷器、TYD 外形尺寸应与相应安装图一致。

（4）围墙至避雷器均压环距离应满足规程要求。

（5）出线套管带电部分、引线至配电室外墙距离应满足要求。

（6）接线示意图应与设备布置、主接线图一致。

（7）室内净高（至梁底）应满足通用设备、厂家要求。

（8）本图中的说明和材料表应完整、正确。

（9）接地排应直接连接到地网，电压互感器、避雷器、快速接地开关应采用专用接地线直接连接到地网，不应通过外壳和支架接地。

（10）户外所有尾线朝上的设备线夹根部应有排水孔，孔径φ6～8mm。

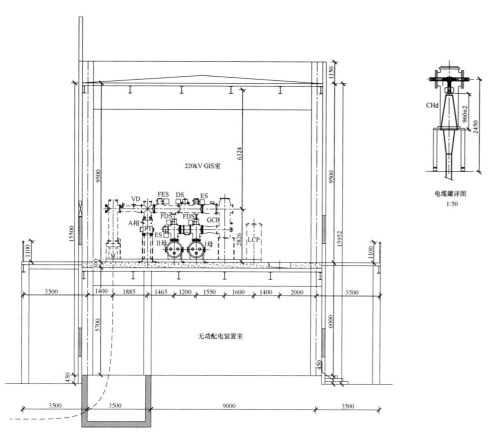

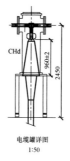

电缆罐详图
1:50

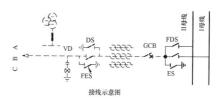

接线示意图

参照架空出线断面图相关内容。

设 备 材 料 表

序号	名　称	型号及规范	数量	单位	备　注
1	220kV SF$_6$封闭式组合电器	252kV 3150A 50kA 125kA	1	间隔	备用出线间隔

符号说明:

GCB——断路器

FDS——快速隔离开关

DS——隔离开关

VD——带电显示器

FES——快速接地开关

ES——接地开关

LCP——汇控柜

BSG——SF$_6$/空气套管

SD－220－A3－2－D0103－06　220kV 配电装置电缆出线间隔断面图

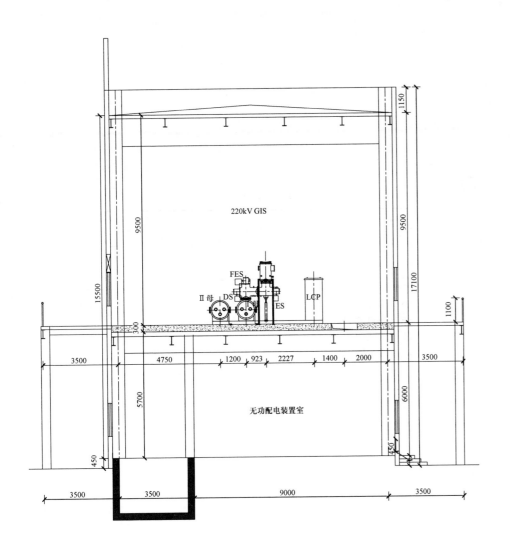

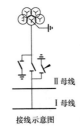

接线示意图

设 备 材 料 表

序号	名　称	型号及规范	数量	单位	备　注
1	220kV SF$_6$封闭式组合电器	252kV 50kA 125kA	1	间隔	Ⅰ母线设备间隔

符号说明:

DS——隔离开关

FES——快速接地开关

ES——接地开关

LCP——汇控柜

参照架空出线断面图相关内容。

220kV GIS

无功配电装置室

SD－220－A3－2－D0103－07　220kV 配电装置 I 母线设备间隔断面图

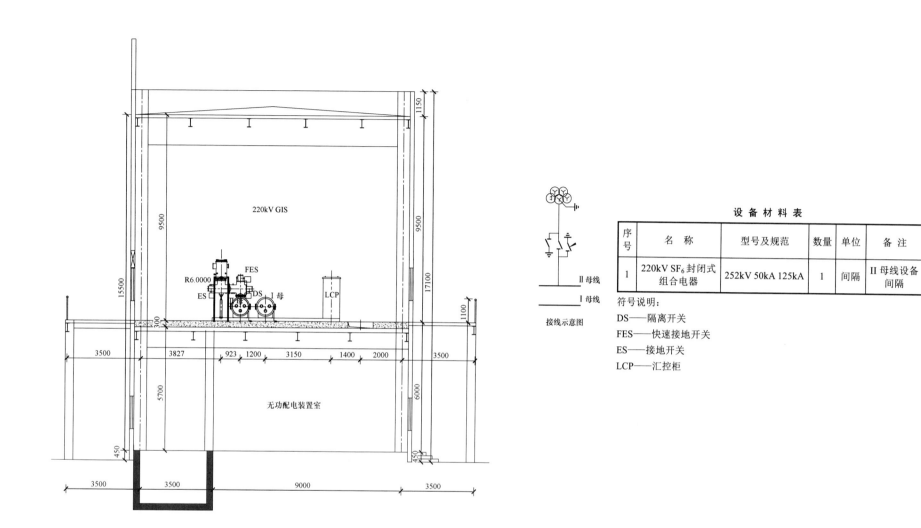

序号	名　称	型号及规范	数量	单位	备　注
1	220kV SF₆封闭式组合电器	252kV 50kA 125kA	1	间隔	II 母线设备间隔

设 备 材 料 表

符号说明：

DS——隔离开关

FES——快速接地开关

ES——接地开关

LCP——汇控柜

参照架空出线断面图相关内容。

接线示意图

SD－220－A3－2－D0103－08　220kV 配电装置 II 母线设备间隔断面图

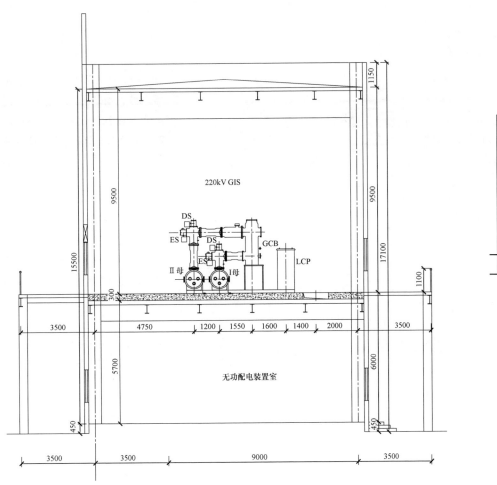

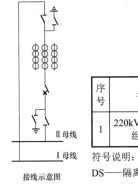

接线示意图

设 备 材 料 表

序号	名　　称	型号及规范	数量	单位	备注
1	220kV SF$_6$封闭式组合电器	252kV 3150A 50kA 125kA	1	间隔	母联间隔

符号说明：

DS——隔离开关

FES——快速接地开关

ES——接地开关

LCP——汇控柜

GCB——断路器

参照架空出线断面图相关内容。

SD－220－A3－2－D0103－09　220kV 配电装置母联间隔断面图

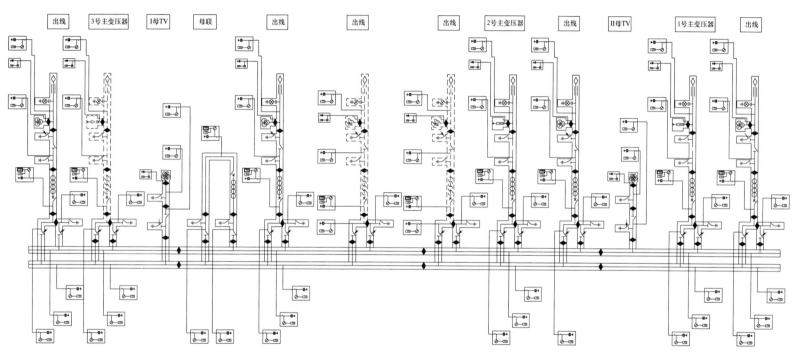

| 出线 | 3号主变压器 | I母TV | 母联 | 出线 | 出线 | 出线 | 2号主变压器 | 出线 | II母TV | 1号主变压器 | 出线 |

SD－220－A3－2－D0103－10　220kV GIS 设备气隔布置图

（1）对双母线结构的组合电器，同一出线间隔的不同母线隔离开关应各自设置独立隔室，252kV 及以上组合电器母线隔离开关不应采用与母线共隔室的设计结构。

（2）双母线或单母线接线中，GIS 母线避雷器、电压互感器应设置独立的隔离开关；出线回路电压互感器宜设置可拆卸导体作为隔离部件，可拆卸导体应设置在独立的气室内。

（3）断路器和电流互感器气室间应设置隔板（盆式绝缘子）。

（4）每一个独立气室应装设密度继电器，严禁出现串联连接。

（5）GIS 气室应进行合理划分，单个气室长度不超过 15m 且单个母线气室长度对应间隔不超过 2 个。

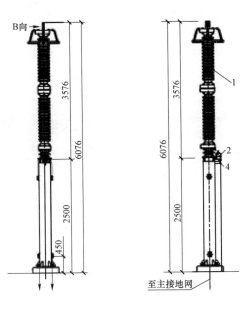

接地端子图1:5

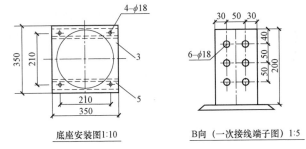

底座安装图1:10　　　　B向（一次接线端子图）1:5

序号	名称	型号及规范	单位	数量	备注
1	氧化锌避雷器	10kA－204/532kV	台	3	
2	监测器		台	3	
3	钢板	350mm×350mm×10mm	块	3	列入土建
4	槽钢	[6　L=100mm	根	12	列入土建
5	槽钢	[6　L=350mm	根	6	列入土建
6	底座安装螺栓	M16×80，镀锌	套	12	附螺母、垫片和弹簧垫片
7	接地螺栓	M14×40，镀锌	套	24	附螺母、垫片和弹簧垫片
8	接地引下线	一60×8 热镀锌扁钢	m		
9	铜排	TMY－30×4	m		
10	一次接线端子螺栓	M16×50，镀锌	套	18	附螺母、垫片和弹簧垫片

（1）设备本体尺寸及接线端子板尺寸和材质应与厂家资料一致。

（2）接地线截面、朝向应合理；接地端子板尺寸应与接地线截面匹配，高度统一。

（3）设备支架应高于2500mm，支架高度应与断面图一致。

（4）在线监测仪安装高度应合理，安装尺寸应与厂家资料一致，朝向应方便巡视。

（5）应标出安装方向，如道路侧、配电装置楼侧。

（6）接线端子朝向应方便线夹接线。

（7）本图中的说明和材料表应完整、正确。

TY－D1－2MOA－01　220kV氧化锌避雷器安装图

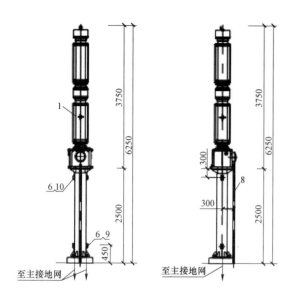

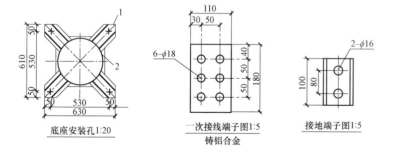

底座安装孔1:20

一次接线端子图1:5
铸铝合金

接地端子图1:5

序号	名称	型号及规范	单位	数量	备注
1	电压互感器		台	3	
2	封顶板	−10×630　热镀锌	块	3	附加筋板
3	热镀锌槽钢	[6	根	12	
4	一次接线端子螺栓	M16×60　热镀锌	套	12	附螺母及垫圈
5	底座安装螺栓	M22×80　热镀锌	套	12	附螺母及垫圈
6	接地螺栓	M14×60　热镀锌	套	24	附螺母及垫圈
7	电缆夹		只	9	
8	二次电缆管	φ50 镀锌钢管	m		
9	接地扁钢	−60×8　热镀锌	m		
10	接地钢排	TMY−30×4	m		

（1）设备本体尺寸及接线端子板尺寸和材质应与厂家资料一致。

（2）接地线截面、朝向应合理；接地端子板尺寸应与接地线截面匹配，高度统一。

（3）设备支架应高于2500mm，支架高度应与断面图一致。

（4）电缆护管截面选择应满足规程要求，预埋定位应准确并躲开设备基础。

（5）端子箱安装高度应合理，安装尺寸正确，朝向应方便巡视。

（6）应标出安装方向，如道路侧、配电装置楼侧。

（7）接线端子朝向应方便线夹接线。

（8）本图中的说明和材料表应完整、正确。

TY−D1−2VT−01　220kV 电容式电压互感器安装图

2.4 110kV 配电装置部分

序号	图 号	图 名	张数	套用原工程名称及卷册检索号，图号
1	SD－220－A3－2－D0104－01	卷册说明	1	
2	SD－220－A3－2－D0104－02	110kV 配电装置电气接线图	1	
3	SD－220－A3－2－D0104－03	110kV 配电装置平面布置图	1	
4	SD－220－A3－2－D0104－04	110kV 配电装置主变压器进线间隔断面图	1	
5	SD－220－A3－2－D0104－05	110kV 配电装置架空出线间隔断面图	1	
6	SD－220－A3－2－D0104－06	110kV 配电装置电缆出线间隔断面图	1	
7	SD－220－A3－2－D0104－07	110kV 配电装置母联间隔断面图	1	
8	SD－220－A3－2－D0104－08	110kV 配电装置母线设备间隔断面图	1	
9	SD－220－A3－2－D0104－09	110kV GIS 设备气隔布置图	1	
10	SD－220－A3－2－D0104－10	主要设备材料汇总表	1	
11		110kV 户内 GIS 安装图（双母线）	1	TY－D1－1GIS－02
12		110kV 氧化锌避雷器安装图	1	TY－D1－1MOA－01

（1）工程名、工程号应与设计计划书一致。

（2）图名与图号是应与每张图纸中图名图号一致。

主要规程规范：

DL/T 5352—2018 高压配电装置设计技术规程

《电力工程电气设计手册（电气一次部分）》第十章

SD－220－A3－2－D0104－00　目录

卷 册 说 明

一、设计内容：

1. 本卷册包括110kV配电装置的平断面布置、设备安装、电气引接线。电缆线路间隔与线路的分界为电缆终端，主变进线间隔与主变压器卷册设计分界为电缆终端。

2. 110kV线路本期4回架空出线、2回电缆出线，远期12回出线（4回架空，8回电缆）。本期采用双母线接线，远期接线型式不变。

3. 110kV配电装置采用户内GIS布置。

二、施工说明：

1. 现场安装时请重新核对到货设备尺寸，确认无误后方可进行安装，安装方式详见各设备安装详图；如现场设备与设计图纸不符，请立即与设计代表联系。

2. 本工程所需线夹等金具的具体规格型号请施工单位核实设备实际尺寸后采购。

3. 所有安装材料均需热镀锌处理，施工时应尽量避免破坏镀锌层，安装施工完毕后镀锌层小面积被破坏处，应涂环氧富锌漆防锈。

4. 在槽钢或角钢上采用螺栓固定设备时，槽钢及角钢内侧应穿入与螺栓规格相同的楔形方平垫，不得使用圆平垫。

5. 接地部分相关施工要求详见接地卷册说明。

三、设备型号：

本工程主要设备型号均为通用设备，生产厂家均由国网招标会议确定，型式如下：

组合电器（×××）：126kV，2000A，40kA/3s

氧化锌避雷器（×××）：10kA，102/266kV

四、标准工艺应用清单：

序号	项目/工艺名称	编 号	使 用 部 位	采用数量及应用率
一	电气设备安装	0102030200		
1	避雷器安装	0102030204	110kV避雷器	全站采用，100%
2	组合电器（GIS）安装	0102030206	组合电器（GIS）	全站采用，100%
二	屏、柜安装工程	0102040100		
1	端子箱安装	0102040102	端子箱	全站采用，100%
2	就地控制柜安装	0102040103	智能控制柜	全站采用，100%
三	母线安装	0102030100		
1	引下线及跳线安装	0102030105	设备引下线	全站采用，100%
四	接地装置安装	0102060200		
1	构支架接地安装	0102060202	接地引下线	全站采用，100%
2	设备接地安装	0102060204	设备接地	全站采用，100%

SD－220－A3－2－D0104－01 卷册说明

（1）对本站建设内容、配电装置型式和接线方式等的描述应正确；说明与其他卷册的分界点。

（2）应说明配电装置布置特点、主要设备型式及安装要求，导线挂线施工要求，分裂导线次档距要求，硬导体挠度及安装要求。

（3）应说明金具选择、设备接地要求、安装构件防腐要求、绝缘子串安装配色要求等。

（4）应说明电气设备材料安装中采用的标准工艺。

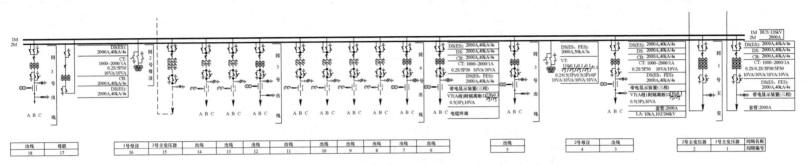

SD－220－A3－2－D0104－02　110kV 配电装置电气接线图

出线	母联		1号母设	3号主变压器	出线	出线	出线	出线	出线	出线	出线	出线		出线		2号母设	出线		2号主变压器	1号主变压器	间隔名称
18	17		16	15	14	13	12	11	10	9	8	7	6		5		4	3		2	1	间隔编号

（1）现状、本期、远期接线方式、建设内容、出线排序应与系统资料（或初设批复）内容一致，注意电缆出线与架空出线配置区别。

（2）各间隔设备配置、型号、参数应与厂家资料、技术协议、初设批复内容一致。

（3）各间隔相对位置应与平面布置图一致。

（4）断路器静触头应在母线侧。

（5）需要电气二次专业会签。

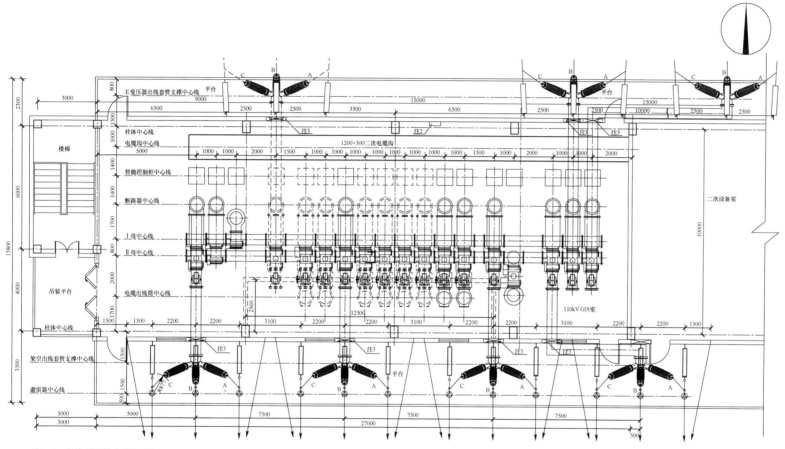

注：1. 虚线所示为远期工程。

2. 此处为检修电源箱 LPXR－700×550，共 1 只。

3. 此处为墙壁开洞 1000×800（宽×高）。

SD－220－A3－2－D0104－03　110kV 配电装置平面布置图

（1）配电装置室定位及总体尺寸应与总平面一致。

（2）平面布置、间隔排序应正确合理，有利于远期扩建，并与厂家资料一致；电缆出线间隔位置应躲开建筑物梁；配电装置的母线伸缩节应与楼的伸缩缝吻合；检修和巡视通道应满足规程规定。

（3）现状、本期、远期建设范围应区分标示清楚。

（4）出线相序面对出线从左至右 A、B、C，名称排序应与系统资料一致。

（5）进出线挂线点位置应正确合理，减少导线倾斜角度。

（6）电缆沟大小和位置、检修箱、动力箱配置应满足二次专业要求。

（7）如配电装置室长度超过 60m，应留有第三个出口。

（8）水平布置的母线，其编号应符合规程规定，即靠近主变压器侧为一母，远离主变压器侧为二母。

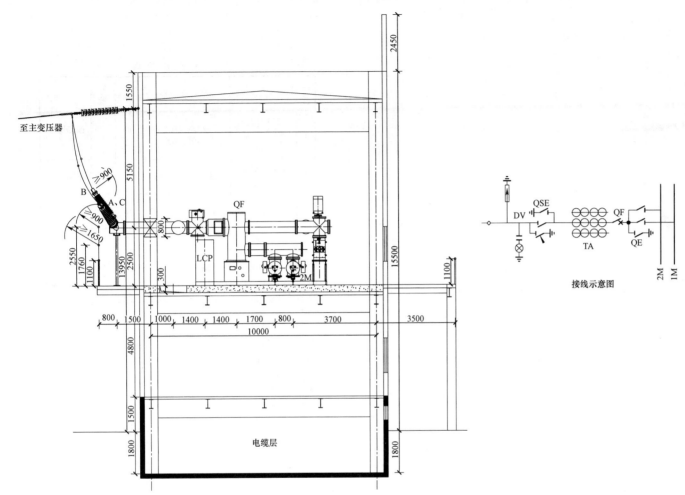

設 备 材 料 表

序号	名　称	型号及参数	单位	数量	备注
1	110kV SF₆密封式组合电器	126kV 2500A 40kA/4s	间隔	1	按GIS整体计
2	双导线设备线夹	SSY－500/45B	套	3	带滴水孔
3	钢芯铝绞线	2×（JL/GIA－500/45）	m		列入主变压器卷册

接线示意图

符号说明：

QSE——三工位隔离/接地开关

QS——隔离开关

QF——断路器

QE——检修接地开关

TA——电流互感器

DV——三相带电显示

LCP——智能汇控柜

M——主母线

SD－220－A3－2－D0104－04　110kV 配电装置主变压器进线间隔断面图

（1）设备外形尺寸应与厂家资料一致。

（2）设备及电缆沟定位应与平面图一致。

（3）套管带电部分至配电室外墙距离是否满足要求。

（4）道路校验框外沿距离进线引线应满足电气距离要求。

（5）接线示意图应与设备布置、主接线图一致。

（6）室内净高（至梁底）应满足通用设备、厂家要求。

（7）本图中的说明和材料表应完整、正确。

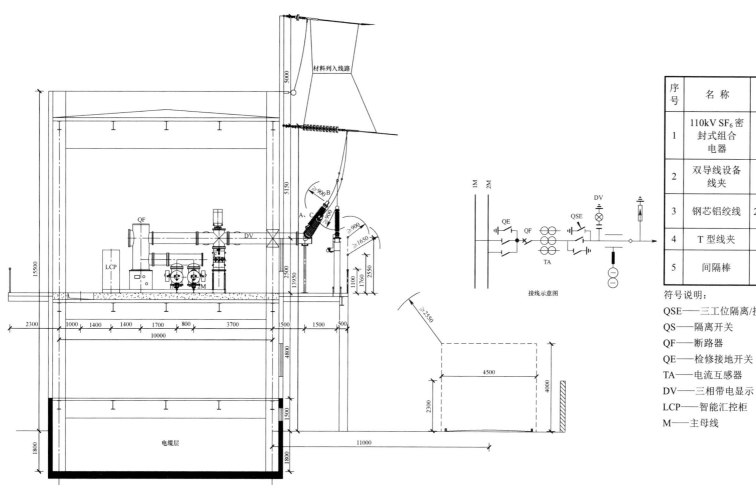

设 备 材 料 表

序号	名 称	型号及参数	单位	数量	备 注
1	110kV SF$_6$密封式组合电器	126kV 2500A 40kA/4s	间隔	1	按 GIS 整体计
2	双导线设备线夹	SSY－300/40B	套	3	带滴水孔
3	钢芯铝绞线	2×(JL/G1A－300/40)	m	20	已折合成单根
4	T 型线夹	TYS－300/400	套	3	带滴水孔
5	间隔棒	MRJ－5/200	套	6	约每2m一套

符号说明：

QSE——三工位隔离/接地开关

QS——隔离开关

QF——断路器

QE——检修接地开关

TA——电流互感器

DV——三相带电显示

LCP——智能汇控柜

M——主母线

SD－220－A3－2－D0104－05　110kV 配电装置架空出线间隔断面图

（1）设备外形尺寸应与厂家资料一致。
（2）设备及电缆沟定位应与平面图一致。
（3）出线避雷器、TYD 外形尺寸应与相应安装图一致。
（4）围墙至避雷器均压环距离应满足规程要求。
（5）出线套管带电部分、引线至配电室外墙距离应满足要求。
（6）接线示意图应与设备布置、主接线图一致。
（7）室内净高（至梁底）应满足通用设备、厂家要求。
（8）本图中的说明和材料表应完整、正确。
（9）接地排应直接连接到地网，电压互感器、避雷器、快速接地开关应采用专用接地线直接连接到地网，不应通过外壳和支架接地。
（10）户外所有尾线朝上的设备线夹根部应有排水孔，孔径ϕ6～8mm。

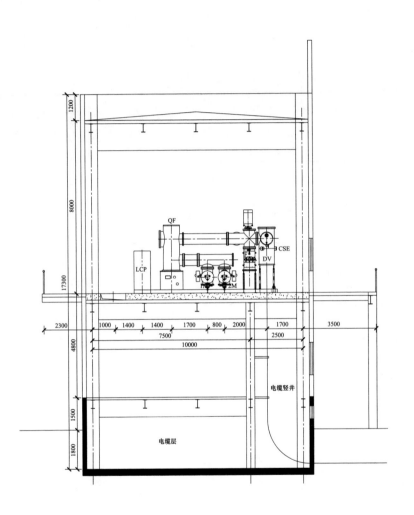

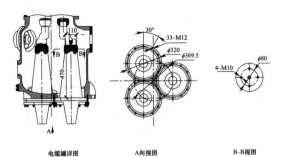

电缆罐详图　　　　A向视图　　　　B—B视图

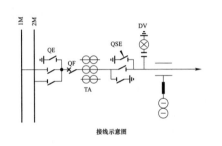

接线示意图

符号说明:

QSE——三工位隔离/接地开关

QS——隔离开关

QF——断路器

QE——检修接地开关

TA——电流互感器

DV——三相带电显示

LCP——智能汇控柜

M——主母线

设 备 材 料 表

序号	名　称	型号及参数	单位	数量	备注
1	110kV SF$_6$密封式组合电器	126kV 2500A 40kA/4s	间隔	1	按GIS整体计
2	110kV电缆终端				列入线路部分

参照架空出线断面图相关内容。

SD−220−A3−2−D0104−06　110kV 配电装置电缆出线间隔断面图

 标注: 电缆竖井　电缆层　QF　LCP　CSE　DV　M

 标注: 110　B　B　470　A　30°　33—M12　φ320　φ369.5　4—M10　φ80

 标注: 1M　2M　QE　QF　QSE　DV　TA

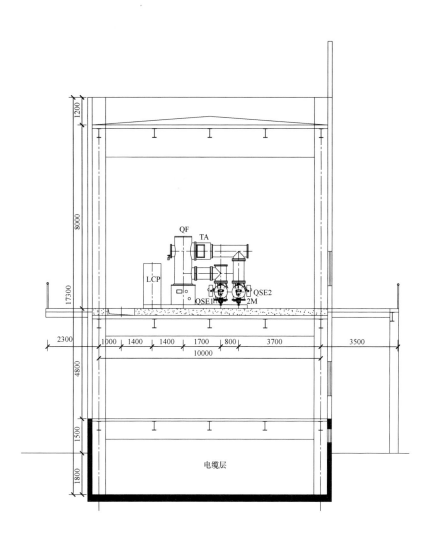

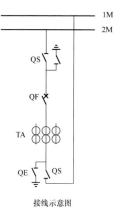

接线示意图

设 备 材 料 表

序号	名 称	型号及参数	单位	数量	备 注
1	110kV SF₆ 密封式组合电器	126kV 2500A 40kA/4s	间隔	1	按 GIS 整体计

符号说明：

QSE——三工位隔离/接地开关

QS——隔离开关

QF——断路器

QE——检修接地开关

TA——电流互感器

DV——三相带电显示

LCP——智能汇控柜

M——主母线

参照架空出线断面图相关内容。

SD－220－A3－2－D0104－07　110kV 配电装置母联间隔断面图

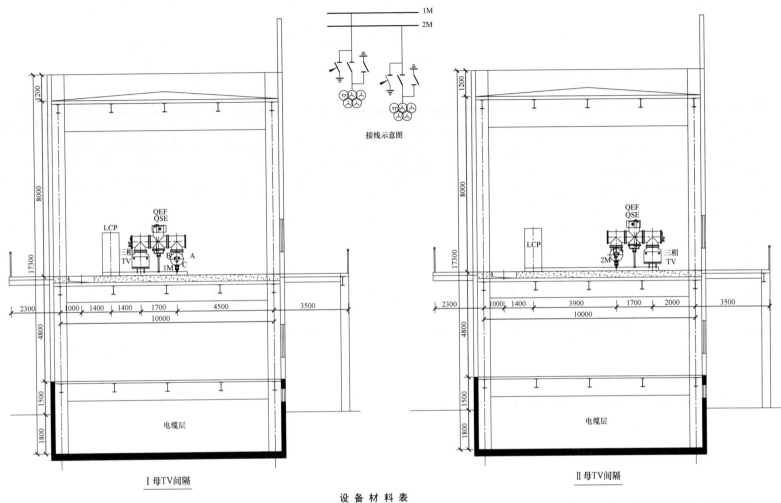

接线示意图

参照架空出线断面图相
关内容。

Ⅰ母TV间隔   Ⅱ母TV间隔

设 备 材 料 表

序号	名　称	型号及参数	单位	数量	备　注
1	110kV SF$_6$密封式组合电器	126kV 2500A 40kA/4s	间隔	1	按 GIS 整体计
2	110kV SF$_6$密封式组合电器	126kV 2500A 40kA/4s	间隔	1	按 GIS 整体计

符号说明：
QSE——三工位隔离/接地开关　　　QEF——快速接地开关
TV——三相电压互感器　　　　　　LCP——智能汇控柜
M——主母线

SD－220－A3－2－D0104－08　110kV 配电装置母线设备间隔断面图

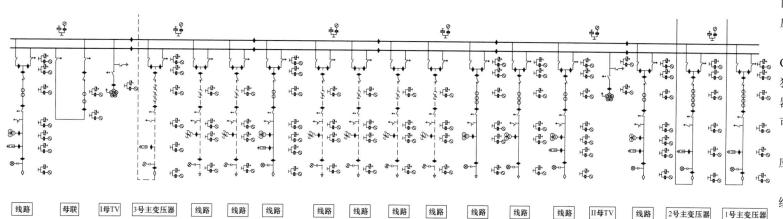

| 线路 | 母联 | I母TV | 3号主变压器 | 线路 | 线路 | 线路 | 线路 | 线路 | 线路 | 线路 | 线路 | 线路 | 线路 | II母TV | 线路 | 2号主变压器 | 1号主变压器 |

SD－220－A3－2－D0104－09 110kV GIS 设备气隔布置图

（1）对双母线结构的组合电器，同一出线间隔的不同母线隔离开关应各自设置独立隔室。

（2）双母线或单母线接线中，GIS 母线避雷器、电压互感器应设置独立的隔离开关；出线回路电压互感器宜设置可拆卸导体作为隔离部件，可拆卸导体应设置在独立的气室内。

（3）断路器和电流互感器气室间应设置隔板（盆式绝缘子）。

（4）每一个独立气室应装设密度继电器，严禁出现串联连接。

（5）GIS 气室应进行合理划分，单个气室长度不超过 15m，且单个母线气室长度对应间隔不超过 2 个。

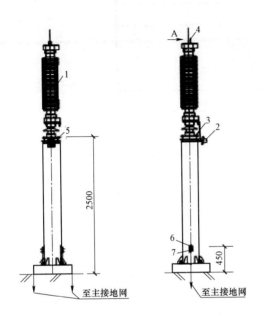

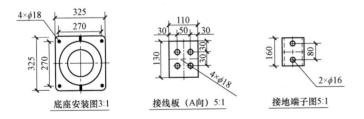

底座安装图3:1　　接线板（A向）5:1　　接地端子图5:1

序号	名称	型号及规范	单位	数量	备　注
1	金属氧化锌避雷器	10kA，102/266kV	台	1	
2	监测器		台	1	与避雷器成套供货
3	避雷器底座安装螺栓（镀锌）	M16×50	套	4	附螺母及垫圈
4	一次接线端子螺栓（镀锌）	M16×50	套	4	附螺母及垫圈
5	槽钢	[10 L=320mm	根	2	列入土建
6	接地螺栓	M12×60	套	4	附螺母及垫圈
7	接地扁钢		m		

（1）设备本体尺寸及接线端子板尺寸和材质应与厂家资料一致。

（2）接地线截面、朝向应合理。接地端子板尺寸应与接地线截面匹配，高度统一。

（3）设备支架应高于2500mm，支架高度应与断面图一致。

（4）在线监测仪安装高度应合理，安装尺寸应与厂家资料一致，朝向应方便巡视。

（5）应标出安装方向，如道路侧、配电装置楼侧。

（6）接线端子朝向应方便线夹接线。

（7）本图中的说明和材料表应完整、正确。

TY－D1－1MOA－01　110kV 氧化锌避雷器安装图

2.5 10kV 配电装置部分

序号	图　号	图　名	张数	套用原工程名称及卷册检索号，图号
1	SD－220－A3－2－D0105－01	卷册说明	1	
2	SD－220－A3－2－D0105－02	10kV 配电装置电气接线图	1	
3	SD－220－A3－2－D0105－03	10kV 配电装置平面布置图	1	
4	SD－220－A3－2－D0105－04	10kV 配电装置间隔断面图	1	
5	SD－220－A3－2－D0105－05	10kV 穿墙套管安装图	1	
6	SD－220－A3－2－D0105－06	主要设备材料汇总表	1	
7		10kV 开关柜安装图	1	TY－D1－AKG－××

（1）工程名、工程号应与设计计划书一致。

（2）图名与图号是应与每张图纸中图名图号一致。

主要规程规范：

DL/T 5352—2018 高压配电装置设计技术规程

《电力工程电气设计手册（电气一次部分）》第十章、第十一章

SD－220－A3－2－D0105－00　目录

卷 册 说 明

一、设计内容：

1. 本卷册设计范围：10kV 屋内配电装置，本卷册与主变压器卷册的分界点为穿墙套管，穿墙套管之外为主变压器卷册内容。

2. 本期工程 10kV 屋内配电装置采用真空断路器金属铠装中置式开关柜，户内双列布置。10kV 本期出线 12 回，采用单母线分段接线； 远期出线 36 回，为单母线六分段接线。主变压器柜通过封闭母线桥与穿墙套管连接，电容器柜、接地变压器柜、线路柜均采用电缆连接。

3. 10kV 配电装置采用户内开关柜双列布置。

二、施工说明：

1. 现场安装时请重新核对到货设备尺寸，确认无误后方可进行安装，安装方式详见各设备安装详图；如现场设备与设计图纸不符，请立即与设计代表联系。

2. 屏顶小母线应设置防护措施。

3. 所有安装材料均需热镀锌处理，施工时应尽量避免破坏镀锌层，安装施工完毕后镀锌层小面积被破坏处，应涂环氧富锌漆防锈。

4. 开关柜应采用螺栓固定，不得与基础型钢焊死。安装后立面应保持在一条直线上。

5. 开关柜基础型钢应与室内环形接地母线可靠连接。

三、设备型号：

本工程主要设备型号均为通用设备，生产厂家均由国网招标会议确定。

10kV 中标厂家为：×××，产品型号为×××，内部主要设备型式如下：

真空断路器：××× 4000A/31.5kA，1250A/31.5kA

电流互感器：×××

带电显示装置：×××

四、标准工艺应用清单：

序号	项目/工艺名称	编 号	使 用 部 位	采用数量及应用率
一	屏、柜安装工程	0102040100		
1	屏、柜安装	0102040101	35kV 开关柜	全站采用，100%
二	电气设备安装	0102030200		
1	穿墙套管安装	0102030205	35kV 穿墙套管	全站采用，100%
三	电缆终端制作及安装	0102050400		
1	电缆终端制作及安装	0102050401	电力电缆终端	全站采用，100%
四	接地装置安装	0102060200		
1	构支架接地安装	0102060202	接地引下线	全站采用，100%
2	屏柜内接地安装	0102060205	开关柜柜内接地	全站采用，100%

SD－220－A3－2－D0105－01 卷册说明

（1）对本站建设内容、配电装置型式和接线方式等的描述应正确；说明与其他卷册的分界点；应说明设备接地要求。

（2）应说明电气设备材料安装中采用的标准工艺。

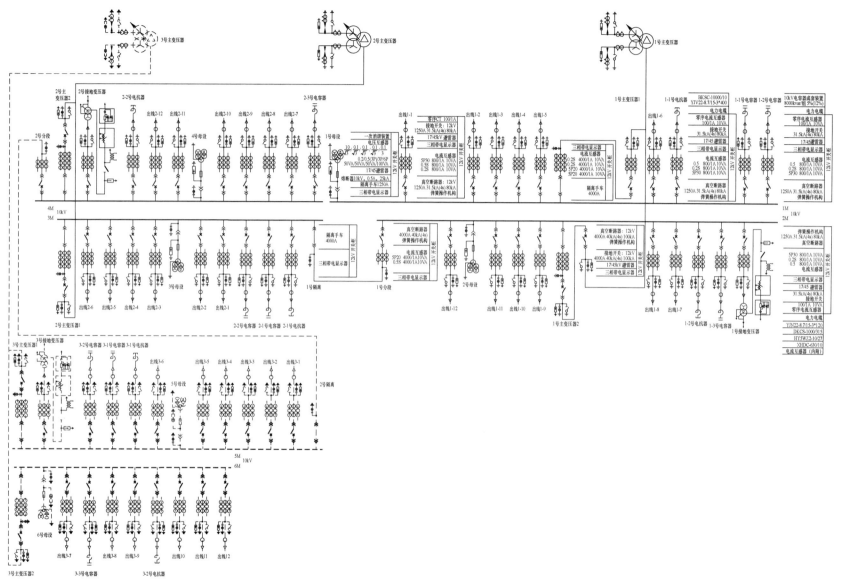

（1）现状、本期、远期接线方式、建设内容、出线排序应与系统资料（或初设批复）内容一致，注意小电源接入线路与常规出线配置区别。

（2）各间隔设备配置、型号、参数应与厂家资料、技术协议、初设批复内容一致。

（3）各间隔相对位置应与平面布置图一致。

（4）电容器及消弧线圈的参数是否与相应电容器及消弧线圈安装卷册一致。

（5）需要电气二次专业会签。

SD－220－A3－2－D0105－02 10V 配电装置电气接线图

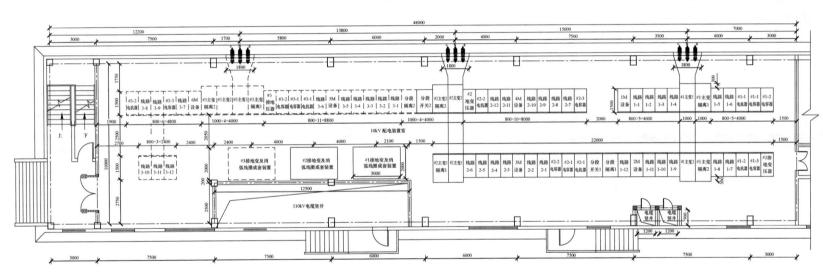

SD－220－A3－2－D0105－03　10kV配电装置平面布置图

（1）配电装置室总体尺寸应与电气总图一致。

（2）开关柜布置应与主接线一致，本期远景建设范围用不同线型或阴影表示清楚。

（3）穿墙套管定位应与主变压器安装卷册一致，穿墙套管至外墙立柱的距离应满足要求，并标出相序。

（4）预埋槽钢及预留孔洞位置应与厂家资料一致，开关柜的一次及二次电缆留孔位置避免与横梁冲突。

设 备 材 料 表

序号	编号	名 称	型式及规范	单位	数量	备 注
1	1ZB1~4、2ZB1~4	主变压器进线柜	AKG-4000/40-A	面	4/4	40kA（4S） 100kA，带进线母线桥4面断路器柜、4面隔离柜
2	1TV~4TV	母线设备柜	AKG-1250/31.5-A	面	4	
3	1FT	分段提升柜	AKG-4000/40-A	面	1	40kA（4S） 100kA
4	1F	分段柜	AKG-4000/40-A	面	2	40kA（4S） 100kA
5	1JDB~2JDB	接地变压器柜	AKG-1250/31.5-A	面	2	31.5kA（4S） 80kA
6	1K~4K	电抗器柜	AKG-1250/31.5-A	面	4	31.5kA（4S） 80kA
7	1L~24L	电缆出线相	AKG-1250/31.5-A	面	24	31.5kA（4s） 80kA
8		检修电源箱	LPXR-700×550×150（宽×高×深）	面	1	列入一体化电源系统二次线卷册
9		干式硅橡胶穿墙套管		只	6	
10		母线桥		套		随开关柜一同供货,用于主变压器进线
11		母线跨桥		套		随开关柜一同供货

SD-220-A3-2-D0105-04 10kV配电装置间隔断面图

（1）开关柜定位尺寸应与平面图一致。

（2）穿墙套管型号应与主变压器低压侧容量及站区污秽等级匹配。

（3）接线示意图应与设备布置、主接线图一致。

（4）层高应满足母线桥安装要求，并与总图卷册一致。

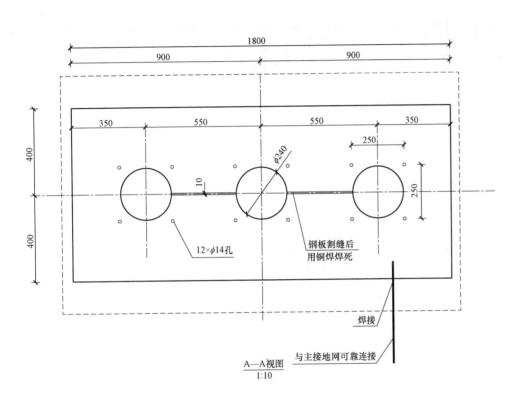

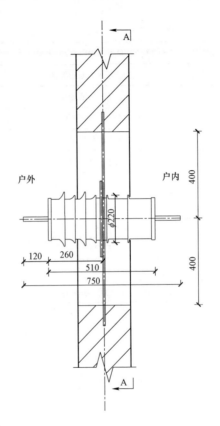

（1）设备外形尺寸应与厂家资料一致。

（2）钢板留空尺寸用与套管匹配。

（3）钢板留孔相间距离与平面图一致。

（4）钢板应通过接地线与主接地网可靠连接。

SD-220-A3-2-D0105-05　10kV 穿墙套管安装图

2.6 主变压器安装图

序号	图 号	图 名	张数	套用原工程名称及卷册检索号，图号
1	SD-220-A3-2-D0106-01	卷册说明	1	
2	SD-220-A3-2-D0106-02	主变压器电气接线图	1	
3	SD-220-A3-2-D0106-03	主变压器平面布置图	1	
4	SD-220-A3-2-D0106-04	主变压器断面图	1	
5	SD-220-A3-2-D0106-05	低压侧母线桥平断面图	1	
6	SD-220-A3-2-D0106-06	油色谱在线监测柜安装图	1	
7	SD-220-A3-2-D0106-07	风冷控制柜安装图	1	
8	SD-220-A3-2-D0106-08	智能组件柜安装图	1	
9	SD-220-A3-2-D0106-09	充氮灭火柜安装图	1	
10	SD-220-A3-2-D0106-10	主要设备材料汇总表（一）	1	
11	SD-220-A3-2-D0106-11	主要设备材料汇总表（二）	1	
12		220kV主变压器安装图（240MVA，三绕组，一体，户外）	1	TY-D1-2T-02
13		110kV中性点成套装置安装图	1	TY-D1-1BTK-01
14		220kV中性点成套装置安装图	1	TY-D1-1BTK-02
15		端子箱、动力箱、检修箱在混凝土墩上安装图	1	TY-D1-DXW-01
16		XWP-100耐张绝缘子串配单导线（可调）组装图	1	TY-D1-XWP-05
17		XWP-100耐张绝缘子串配双导线（可调）组装图	1	TY-D1-XWP-07

（1）工程名、工程号应与设计计划书一致。

（2）图名与图号是应与每张图纸中图名图号一致。

主要规程规范：

DL/T 5352—2018 高压配电装置设计技术规程

《电力工程电气设计手册（电气一次部分）》第五章、第十章

SD-220-A3-2-D0106-00 目录

卷 册 说 明

一、设计内容：

1. 本卷册设计范围：主变压器 220kV、110kV 进线至相应配电装置 GIS 主变压器间隔接线板止；主变压器 10kV 至穿墙套管止。

2. 本期建设 1 号、2 号主变压器，容量 2×240MVA，远期建设 3×240MVA 主变压器。

3. 220kV 及 110kV 主变压器进线均采用钢芯铝绞线接入，10kV 主变压器进线采用半绝缘管母接入。

二、施工说明：

1. 现场安装时请重新核对到货设备尺寸，确认无误后方可进行安装，安装方式详见各设备安装详图；如现场设备与设计图纸不符，请立即与设计代表联系。

2. 本工程所需线夹等金具的具体规格型号请施工单位核实设备实际尺寸后采购。

3. 所有安装材料均需热镀锌处理，施工时应尽量避免破坏镀锌层，安装施工完毕后镀锌层小面积被破坏处，应涂环氧富锌漆防锈。

4. 硬母线制作要求横平竖直，母线接头弯曲应满足规范要求，并尽量减少接头。

5. 支持绝缘子不得固定在弯曲处，固定点应在弯曲处两侧直线段 250mm 处。

6. 相邻母线接头不应固定在同一瓷瓶间隔内，应错开间隔安装。

7. 短导线压接时，将导线插入线夹内距底部 10mm，用夹具在线夹入口处将导线夹紧，从管口处向线夹底部顺序压接，以避免出现导线隆起现象。

8. 软母线线夹压接后，应检查线夹的弯曲程度，有明显弯曲时应校直，校直不得有裂纹。

9. 接地部分相关施工要求详见接地卷册说明。

10. 主变压器夹件、铁芯接地套管单接地；高、中压中性点设备双接地。

11. 油池应大于主变压器外廓每边各 1000mm，油池内铺设卵石层，其厚度不应小于 250mm，卵石直径宜为 50～80mm。

12. 施工过程中必需保证图中标注的电气距离，满足 DL/T 5352—2018《高压配电装置设计技术规程》并考虑连接线的合理及美观。

13. 变压器与基础的连接采用焊接。

三、设备型号：

本工程主要设备型号均为通用设备，生产厂家均由国网招标会议确定，型式如下：

主变：SFSZ—240000/220 （×××）

220kV 中性点成套装置：×××（×××）

110kV 中性点成套装置：×××（×××）

四、标准工艺应用清单：

序号	项目/工艺名称	编 号	使 用 部 位	采用数量及应用率
一	主变压器安装工程	0102010100		
1	主变压器、油浸式电抗器安装	0102010101	主变压器	全站采用，100%
2	主变压器接地、引线安装	0102010102	接地引下线	全站采用，100%
二	主变压器附属设备安装	0102010200		
1	中性点系统设备安装	0102010201	中性点成套装置	全站采用，100%
三	母线安装	0102030100		
1	绝缘子串组装	0102030101	220kV 绝缘子串	全站采用，100%
2	支柱绝缘子安装	0102030102	10kV 支柱绝缘子	全站采用，100%
3	引下线及跳线安装	0102030105	设备引下线	全站采用，100%
4	支持式管型母线安装	0102030107	母线桥导体	全站采用，100%
四	电气设备安装	0102030200		
1	穿墙套管安装	0102030205	穿墙套管	全站采用，100%
五	屏、柜安装工程	0102040100		
1	端子箱安装	0102040102	端子箱	全站采用，100%
2	就地控制柜安装	0102040103	智能控制柜	全站采用，100%
六	接地装置安装	0102060200		
1	构支架接地安装	0102060202	接地引下线	全站采用，100%
2	设备接地安装	0102060204	设备接地	全站采用，100%

SD－220－A3－2－D0106－01 卷册说明

（1）主变压器建设规模、本卷册包含内容及与其他卷册的分界点、金具选择、导线安装方式、设备接地要求、构支架防腐要求等。

（2）一次设备智能组件与相关专业的接口无误。

（3）电气设备材料安装中采用的标准工艺无误。

（4）设备的接地端子板朝向要保持一致。

（5）对本期主变压器建设规模，主变压器型式，三侧进线型号以及对油池、防火墙的描述是否正确。

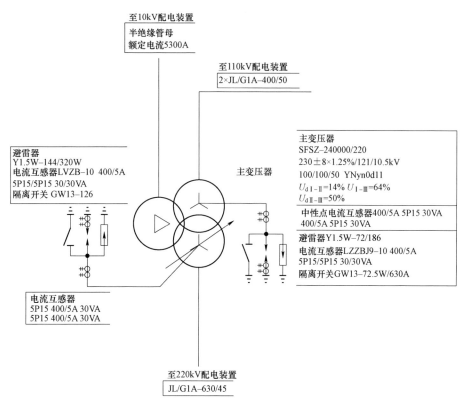

至10kV配电装置
半绝缘管母
额定电流5300A

至110kV配电装置
2×JL/G1A-400/50

避雷器
Y1.5W-144/320W
电流互感器LVZB-10 400/5A
5P15/5P15 30/30VA
隔离开关 GW13-126

主变压器

主变压器
SFSZ-240000/220
230±8×1.25%/121/10.5kV
100/100/50 YNyn0d11
U_{dI-II}=14% U_{I-III}=64%
$U_{dII-III}$=50%

中性点电流互感器400/5A 5P15 30VA
400/5A 5P15 30VA

避雷器Y1.5W-72/186
电流互感器LZZBJ9-10 400/5A
5P15/5P15 30/30VA
隔离开关GW13-72.5W/630A

电流互感器
5P15 400/5A 30VA
5P15 400/5A 30VA

至220kV配电装置
JL/G1A-630/45

SD-220-A3-2-D0106-02 主变压器电气接线图

（1）电气接线图应与主接线中设备、导体的型号、参数一致。

（2）YNyn0d11型主变压器画法应注意"星"与"角"的角度。

（3）电流互感器配置需二次专业会签。

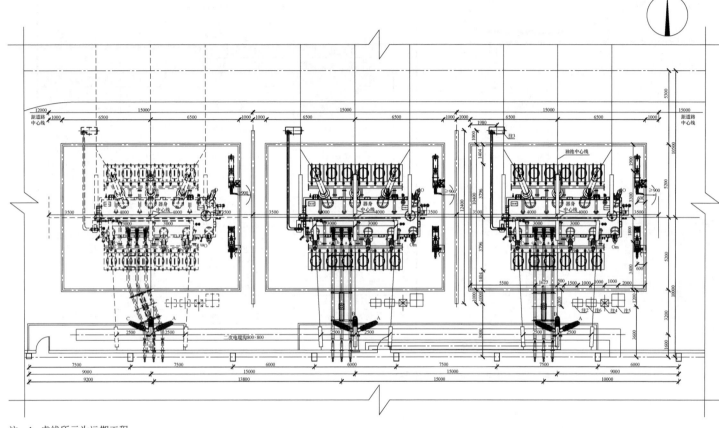

（1）与总平面中主变压器场地平面布置图一致，与初设一致，按规定标注指北针。

（2）详细标注主变压器及两侧构架、道路、主变压器器身、基础、油坑、防火墙、低压侧母线桥、中性点设备等中心线之间的距离，标注纵向、横向总尺寸。

（3）标注主变压器各级套管定位尺寸、引线挂线点定位尺寸和各附属设备的定位尺寸，并表示引线方向和相序。

（4）详细标注主变压器编号、相序、相间相地距离。

（5）表示主变压器充氮灭火消防柜、智能控制柜、冷却器控制柜等安装位置。

（6）主变压器在间隔内的定位合适，主变压器外形与厂家资料一致。

（7）生产综合楼上 110、10kV 套管定位尺寸与相应配电装置卷册一致。

（8）10kV 母线桥走向应合适，110kV 引线应合适。

（9）主变压器安装的硬母线力学计算深度要求如下：计算在短路状态时硬母线短路电动力，校验支柱绝缘子的破坏负荷，确定支柱绝缘子型号及间距。

（10）油池各边距离变压器外廓满足 1m 要求。

（11）防火墙长度超出油池两侧各 1m。

（12）主变压器本体端子箱、中性点机构箱等箱柜的门应绘制开启弧线，避免碰撞。

（13）中性点隔离开关安装方向要正确（开关合上时，动静触头均朝向防火墙一侧）。

（14）检修箱配置与二次要求一致。

（15）本图中的说明完整、正确。

（16）主变压器安装的软导线力学计算深度要求如下：计算在最高温度、最大荷载、最大风速、最低温度、三相（单相）上人检修等对应环境温度下的水平拉力、导线弧垂、支座反力；计算各种环境温度下的水平拉力、导线弧垂、导线长度。

注：1. 虚线所示为远期工程。
2. 此处为检修电源箱 LPXR－700×550×150（宽×高×深），侧壁安装，每台主变压器 1 只，本期共 2 只。
3. 此处为充氮灭火消防柜，每台主变压器 1 面，本期共 2 面，远期共 4 面。安装见本卷册基础图。
4. 此处为油色谱在线监测柜，每台主变压器 1 面，本期共 2 面，远期共 4 面。安装见本卷详图。
5. 此处为主变压器智能控制柜，每台主变压器 1 面，本期共 2 面，远期共 4 面。安装见本卷详图。
6. 此处为风冷控制柜，每台主变压器 1 面，本期共 2 面，远期共 4 面。安装见本卷详图。

SD－220－A3－2－D0106－03 主变压器平面布置图

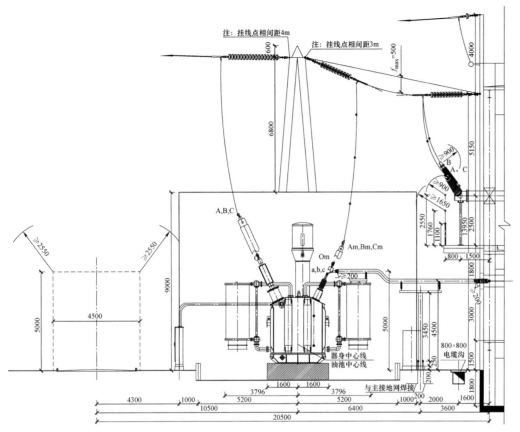

注：挂线点相间距4m

注：挂线点相间距3m

设 备 材 料 表					
编号	名　称	型式及规范	数量	单位	备　注
1	主变压器	SFSZ－240000/220 240/240/120MVA230± 8×1.25%/121/10.5YNynd11 U_{dI-II}=14% U_{dI-III}=64% $U_{dII-III}$=50%	1	台	
2	高压中性点成套装置	HT－ZJB－220	1	套	
3	中压中性点成套装置	HT－ZJB－110	1	套	
4	主变压器智能控制柜		1	面	随主变压器供货
5	充氮灭火装置		1	套	随主变压器供货
6	油色谱在线监测装置	SE3000	1	套	随主变压器供货
7	检修电源箱	LPXR－700×550	1	只	材料列入全站动力及照明卷册
8	钢芯铝绞线	JL/G1A－630/45	150	m	220kV 主变压器进线跨线及引下线
9	设备线夹	SYG－630/45A－100×100	6	套	220 套管
10	耐张绝缘子串	XWP－100	6	套	
11	耐张线夹	NY－630/45A	6	套	
12	钢芯铝绞线	2×（JL/G1A－400/50）	150	m	110kV 主变压器进线跨线及引下线
13	双导线设备线夹	SSYG－400/50A－100×100	6	套	110 套管
14	耐张绝缘子串	XWP－100	6	套	
15	耐张线夹	NY－400/50A	6	套	
16	间隔棒	MRJ－5/120	8	套	
17	镁铝合金管	6063G－T10 φ200/50	30	m	
18	管母水平设备线夹	MGP－150－180×180	6	套	低压套管
19	母线伸缩节	MSS－125×10	6	套	

注：材料表按 1 台主变压器统计。

SD－220－A3－2－D0106－04　主变压器断面图

（1）平面图应详细标注主变压器器身、基础、油坑、防火墙、构架等中心线之间的距离，标注主变压器各级套管定位尺寸、引线挂线点定位尺寸和各附属设备的定位尺寸，并表示引线方向和相序。
（2）断面图应标注主变压器及两侧构架、防火墙、各级套管、各中性点设备和支架高度。
（3）根据厂家资料标注变压器外形尺寸、重量，绘制主变压器器身固定方式，表示一次接线板外形尺寸、孔径和孔间距；示出光缆、电缆埋管要求。
（4）当采用状态监测装置时，应说明在线监测装置配置方案，应示意传感器的分布位置及类别。
（5）应列出软导线跨线温度－弧垂－张力的放线表（也可单独出图），标注跨线最大弧垂。
（6）设备材料表中的设备材料应注明编号、名称、型号及规格、单位、数量及备注。
（7）铁芯接地引下线应与夹件接地分别引出。
（8）套管引线应加软连接，使用双根接地排引下，与接地网主网格的不同边连接，每根引下线截面符合动热稳定校核要求。
（9）10kV 母线桥与主变压器片散和检修平台下梁的电气距离应满足要求。
（10）防火墙高度要高过油枕。
（11）110kV 进线与生产综合楼巡视平台间的电气距离应满足要求。
（12）设备爬电比距与站区污秽等级匹配。
（13）220kV 跨线与 110kV GIS 套管的电气距离满足要求。
（14）设备材料表应准确。
（15）断面图中的尺寸与平面图一致。
（16）中性点设备的断面中，其设备尺寸与厂家资料一致，其各高度与变压器中性点套管高度相近。
（17）套管接线端子尺寸、材质和朝向与厂家资料一致。
（18）生产综合楼及设备与 110kV 卷册和 10kV 卷册一致。
（19）本图中的说明完整、正确。

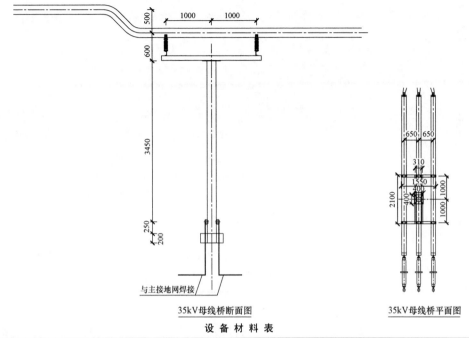

35kV母线桥断面图

35kV母线桥平面图

设 备 材 料 表

编号	名　称	型式及规范	单位	数量	备　注
1	支柱绝缘子	ZSW－24/10	6	只	
2	立柱		1	根	列入土建
3	接地板	[8 L=100 镀锌	6	块	列入土建
4	接地支线	－60×8　镀锌扁钢		m	材料列入防雷接地
5	镀锌槽钢	[10	4	根	列入土建
6	镀锌钢板	－320×320×10	6	块	列入土建

SD－220－A3－2－D0106－05　低压侧母线桥平断面图

（1）平面图：应详细标注主变压器油坑、低压配电间、低压侧母线桥的相对定位尺寸，标注主变压器低压套管和低压配电间穿墙套管的定位尺寸、相间距和相序；应标明母线桥横担和支柱绝缘子的位置，标注母线桥相间距。

（2）断面图：应标注变压器、母线桥支架、低压配电间墙（柱）等中心线之间的距离，标明变压器低压侧套管和各支柱绝缘子的位置；应标注变压器低压侧套管高度、母线桥支架高度、穿墙套管距低压配电间地面高度和配电间室内外高差，并标注安全距离。

（3）应提供母线桥支柱绝缘子和金具的安装详图。

（4）安装材料表应注明编号、名称、型号及规格、单位、数量及备注（土建专业提供材料须注明）。

（5）为防止出口短路，低压管母线应装设绝缘热缩保护，加装绝缘护层，引出线需用软连接引出。

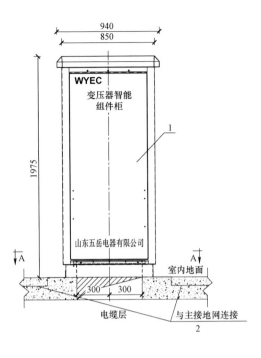

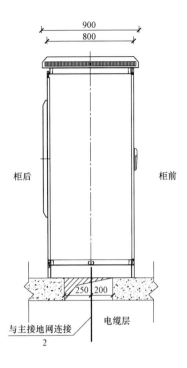

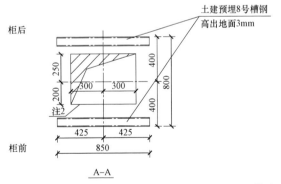

A–A

（1）设备本体尺寸、安装尺寸应与厂家资料一致。

（2）设备基础高度应与其他端子箱一致。

（3）电缆开孔应将设备底座开孔包住。

（4）检修电源箱配置数量满足站内各区域检修作业用电要求；考虑大功率负荷（如真空滤油机）用电需求；必须配置漏电保护器。

（5）驱潮加热装置完备；应配备专门的空开，防止与照明等空开共用。

（6）驱潮加热装置应与箱内电缆保持充足距离，防止破坏电缆绝缘层。

（7）箱内照明完好，箱门启动或箱内启动照明功能正常。

（8）箱体基础大于箱体本身。

（9）多面端子箱同一直线布置时，尽量将柜面布置在同一平面上。

（10）端子箱及检修电源箱安装图同此图。

注：1. 接地支线与主地网可靠焊接。
　　2. 土建预留 600×650mm 电缆孔至电缆层，电缆敷设完毕将孔洞封堵。
　　3. 主变压器智能控制柜采用与基础槽钢焊接安装。

设 备 材 料 表

编号	名　称	型式与规范	单位	数量	备　注
1	智能控制柜	WYEC－7000	套	1	
2	接地支线		m		列入防雷接地卷册

SD－220－A3－2－D0106－08　智能组件柜安装图

2.7 10kV 并联电容器安装

序号	图 号	图 名	张数	套用原工程名称及卷册检索号，图号
1	SD－220－A3－2－D0107－01	卷册说明	1	
2	SD－220－A3－2－D0107－02	10kV 并联电容器组接线图	1	
3	SD－220－A3－2－D0107－03	10kV 并联电容器组平面布置图	1	
4	SD－220－A3－2－D0107－04	10kV 并联电容器组断面图	1	
5	SD－220－A3－2－D0107－05	主要设备材料汇总表	1	
6		8Mvar/334kvar 户内框架式电容器安装图	1	TY－D1－AC（K8N）－01

（1）工程名、工程号应与设计计划书一致。

（2）图名与图号是应与每张图纸中图名图号一致。

主要规程规范：

GB 50227—2017 并联电容器装置设计规范

《电力工程电气设计手册（电气一次部分）》第九章

SD－220－A3－2－D0107－00   目录

卷 册 说 明

一、设计内容：

1. 本卷册设计范围：10kV 并联电容器，本卷册与 10kV 开关柜的分界点为 10kV 电容器柜电缆头，电缆头包含在本卷册内。

2. 本工程 10kV 并联电容器采用户内布置，经金属铠装移开式封闭开关柜接于 10kV 母线，电缆选用 YJV22 - 8.7/15 - 3×400。

本期工程建设 1～6 号电容器，远期共 9 组。

3. 10kV 并联电容器容量 8000kvar/组，电抗率为 5%。

二、施工说明：

1. 现场安装时请重新核对到货设备尺寸，确认无误后方可进行安装，安装方式详见各设备安装详图；如现场设备与设计图纸不符，请立即与设计代表联系。

2. 应保证并联电抗器的三相处于同一接地网格内，该网格不得有其他金属及导体的闭合回路，如有不满足处，水平接地体可绕行。

3. 所有安装材料均需热镀锌处理，施工时应尽量避免破坏镀锌层，安装施工完毕后镀锌层小面积被破坏处，应涂环氧富锌漆防锈。

4. 施工过程中电气人员要与土建施工配合，务必保持所注各部分电气距离的要求，并考虑接线的合理及美观。

5. 电容器基础应与室内环形接地母线可靠连接。

三、设备型号：

本工程主要设备型号均为通用设备，生产厂家均由国网招标会议确定。

10kV 并联电容器中标厂家为：×××，产品型号为×××，内部主要设备型式如下：

并联电容器：×××

放电线圈：×××

铁芯电抗器：×××

四、标准工艺应用清单：

（1）对本站建设内容、电容器型式和接线方式等的描述应正确；说明与其他卷册的分界点；应说明设备接地要求、金具选择。

（2）应说明电气设备材料安装中采用的标准工艺。

序号	项目/工艺名称	编 号	使 用 部 位	采用数量及应用率
一	电气设备安装	0102030200		
1	隔离开关安装	0102030202	隔离开关	全站采用，100%
2	干式电抗器安装	0102030207	电抗器	全站采用，100%
3	集合式电容器安装	0102030209	电容器组	全站采用，100%
4	放电线圈安装	0102030210	放电线圈	全站采用，100%
二	屏、柜安装工程	0102040100		
1	端子箱安装	0102040102	端子箱	全站采用，100%
三	电缆终端制作及安装	0102050400		
1	电缆终端制作及安装	0102050401	电力电缆	全站采用，100%

SD－220－A3－2－D0107－01　卷册说明

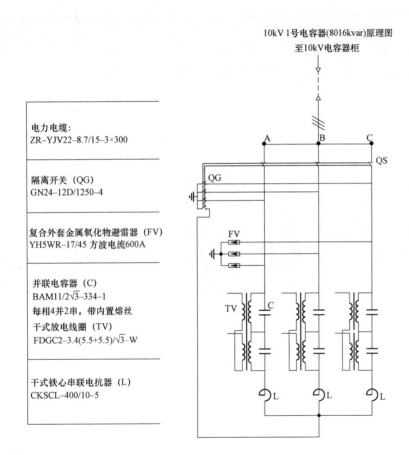

10kV 1号电容器(8016kvar)原理图
至10kV电容器柜

电力电缆：
ZR-YJV22-8.7/15-3×300

隔离开关（QG）
GN24-12D/1250-4

复合外套金属氧化物避雷器（FV）
YH5WR-17/45 方波电流600A

并联电容器（C）
BAM11/2√3-334-1
每相4并2串，带内置熔丝
干式放电线圈（TV）
FDGC2-3.4(5.5+5.5)/√3-W

干式铁心串联电抗器（L）
CKSCL-400/10-5

SD-220-A3-2-D0107-02　10kV 并联电容器组接线图

（1）接线方式、设备配置、型号、参数与厂家资料、技术协议、内容一致。

（2）电缆型号应与电容器容量匹配。

（3）并联电容器装置的分组回路，回路导体截面应按并联电容器组额定电流的1.3倍选择。

（4）放电线圈应采用全密封结构，放电线圈首、末端必须与电容器首、末端相连接。

（5）电容器组过电压保护用金属氧化物避雷器接线方式应采用星形接线、中性点直接接地方式。

（6）电容器组过电压保护用金属氧化物避雷器应安装在紧靠电容器高压侧入口处的位置。

（7）需二次专业会签。

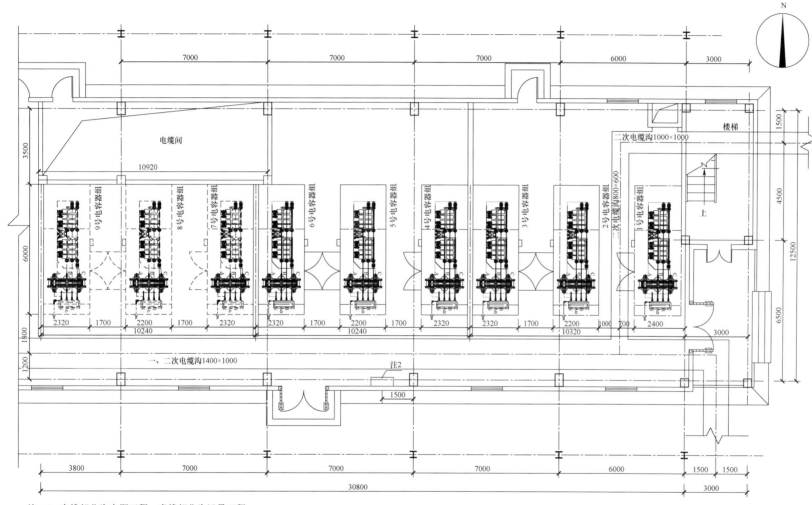

（1）详细标注电容器名称、相间距、相序。

（2）各设备的定位尺寸应与厂家资料一致。

（3）属于不同主变压器的屋内并联电容器装置之间，宜设置防火隔墙。

（4）并联电容器室的长度超过 7m 时，应设两个出口。

（5）应优化并联电容器组布局方式，避免相邻并联电容器组或其他设备检修时由于安全距离不足导致其他设备陪停（满足 D 值要求）。

（6）预埋槽钢及预留孔洞位置应与厂家资料一致，电容器的一次及二次电缆留孔位置避免与横梁冲突。

（7）干式空心电抗器下方接地线不应构成闭合回路，围栏采用金属材料时，金属围栏禁止连接成闭合回路，应有明显的隔离断开段，并不应通过接地线构成闭合回路。

注：1. 实线部分为本期工程，虚线部分为远景工程。
2. 此处为检修电源箱，共 1 只。

SD-220-A3-2-D0107-03　10kV 并联电容器组平面布置图

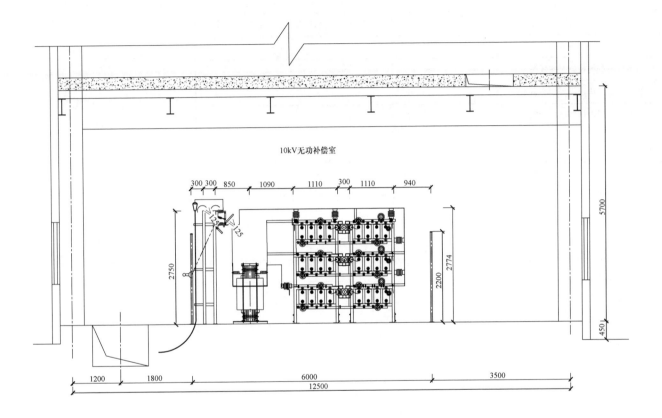

10kV无功补偿室

300 300 850 1090 1110 300 1110 940

5700

2774 2200

2750

450

1200 1800 6000 3500

12500

（1）各设备的定位尺寸应与平面图一致。

（2）电缆护管标示及定位应清楚。

（3）详细标注设备、支架、围栏、电容器等中心线之间的距离，标注断面总尺寸，标注安全净距。

（4）电容器组围栏完整，高度应在 1.7m 以上，如使用金属围栏则应留有防止产生感应电流的间隙，安全距离符合要求。

（5）电容器的汇流母线应采用铜排。

主 要 设 备 材 料 表

序号	名　　称	规　　范	单位	数量	备　注
	1号高压并联电容器	TBBB10－8016/334AC	套	1	
主要设备与导体如下：					
1	高压电力电缆	ZR－YJV22－8.7/15－3×400	m	100	
2	10kV电缆终端头	户内冷缩适用于3×400截面电缆	套	2	

SD－220－A3－2－D0107－04　10kV并联电容器组断面图

2.8 10kV 并联电抗器安装

序号	图 号	图 名	张数	套用原工程名称及卷册检索号, 图号
1	SD－220－A3－2－D0108－01	卷册说明	1	
2	SD－220－A3－2－D0108－02	10kV 并联电抗器组接线图	1	
3	SD－220－A3－2－D0108－03	10kV 并联电抗器组平面布置图	1	
4	SD－220－A3－2－D0108－04	10kV 并联电抗器组断面图	1	
5	SD－220－A3－2－D0108－05	主要设备材料汇总表	1	
6		35kV 并联电抗器（10Mvar, 户内油浸铁芯）	1	TY－D1－BL（K10N）－01

（1）工程名、工程号应与设计计划书一致。

（2）图名与图号是应与每张图纸中图名图号一致。

主要规程规范:

GB 50227—2017 并联电容器装置设计规范

《电力工程电气设计手册（电气一次部分）》第九章

SD－220－A3－2－D0108－00　目录

卷　册　说　明

一、设计内容：

1. 本工程 10kV 并联电抗器采用户内布置，经金属铠装移开式封闭开关柜接于 10kV 母线，进线电缆选用 ZR–YJV22–8.7/15–3×500。

2. 本期工程建设 1～4 号电抗器，远期共 6 组。

3. 采用三相干式铁芯并联电抗器，每组容量 10000kvar。

4. 应保证并联电抗器的三相处于同一接地网格内，该网格不得有其他金属及导体的闭合回路，如有不满足处，水平接地体可绕行。

5. 施工过程中电气人员要与土建施工配合，务必保持所注各部分电气距离的要求，并考虑接线的合理及美观。

二、施工说明：

1. 现场安装时请重新核对到货设备尺寸，确认无误后方可进行安装，安装方式详见各设备安装详图；如现场设备与设计图纸不符，请立即与设计代表联系。

2. 本工程所需线夹等金具的具体规格型号请施工单位核实设备实际尺寸后采购。

3. 在槽钢或角钢上采用螺栓固定设备时，槽钢及角钢内侧应穿入与螺栓规格相同的楔形方垫，不得使用圆平垫。

4. 接地部分相关施工要求详见接地卷册说明。

三、标准工艺应用清单见下表：

本工程主要设备选型及生产厂家均由国网招标会议确定，型式如下：　10kV 并联电抗器成套装置：××××

四、标准工艺应用清单：

序号	项目/工艺名称	编　号	使用部位	采用数量及应用率
一	电气设备安装	0102030200		
1	干式电抗器安装	0102030207	电抗器（GIS）	全站采用，100%
2	电力电缆终端制作及安装	0102050401		全站采用，100%

SD–220–A3–2–D0108–01　卷册说明

应包括以下内容：该卷册的建设规模、本卷册包含内容及与其他卷册的分界点、金具选择、设备接地要求、支架防腐要求等。

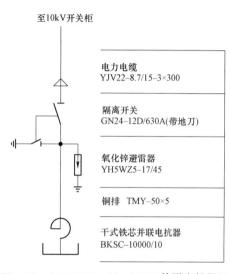

至10kV开关柜

电力电缆 YJV22–8.7/15–3×300	
隔离开关 GN24–12D/630A(带地刀)	
氧化锌避雷器 YH5WZ5–17/45	
铜排 TMY–50×5	
干式铁芯并联电抗器 BKSC–10000/10	

SD－220－A3－2－D0108－02 10kV 并联电抗器组接线图

（1）应与主接线中设备、导体的型号、参数一致，详细标注各间隔名称、设备编号等。

（2）并联电抗器宜采用中性点不接地星形接线方式。

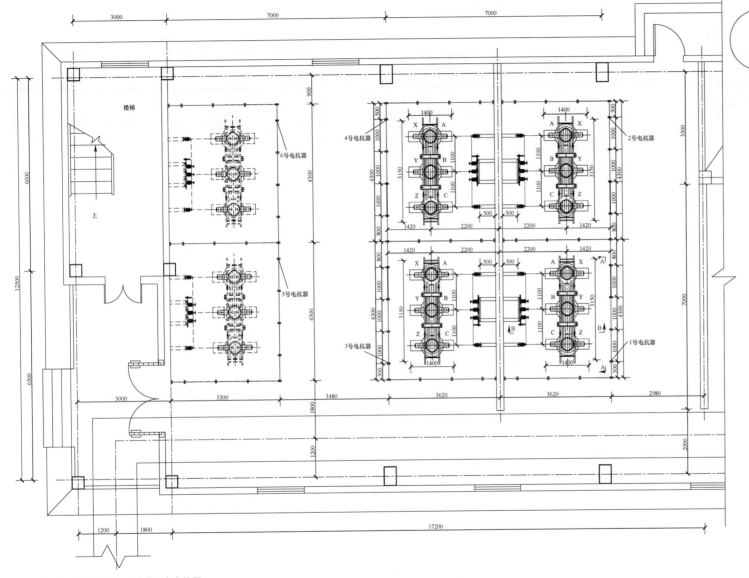

注：1. 本期建设1～4号共4台电抗器。

2. 虚线所示为远期工程。

SD－220－A3－2－D0108－03　10kV 并联电抗器组平面布置图

（1）与总平面中并联电容器平面布置图一致，按规定标注指北针；35kV 空心电抗器应采用一字型或品字型安装方式。

（2）详细标注设备、支架、围栏、电容器、集合式电容器油坑等中心线之间的距离，标注纵向、横向总尺寸。

（3）详细标注电容器名称、相间距、相序。

（4）距离电抗器中心为2倍直径的周边和垂直位置内，不得有金属闭环存在。

（5）三相水平安装电抗器间的最小中心距离应不小于电抗器外径的1.7倍。

（6）电抗器中心与周围金属围栏及其他导电体的最小距离应不小于电抗器外径的1.1倍。

（7）10kV 并联电容器采用户内布置时，应优先选用铁心电抗器。如需配置空心串抗，考虑到户内运行环境较好，可采用叠装布置以节省建筑面积。

（8）户外空心电抗器宜有通风、散热性能良好的防雨措施。

（9）在满足设备布置抗振要求前提下，电抗器间可采用20kV 或35kV 支持绝缘子，以适当加大电抗器相间距离。

（10）叠装电抗器加装非导磁材料的外罩，以防止小动物或鸟类窜入。

（11）围栏完整，高度在1.7m 以上，如使用金属围栏则应留有防止产生感应电流的间隙，安全距离符合要求；室外围栏底部应有排水孔。

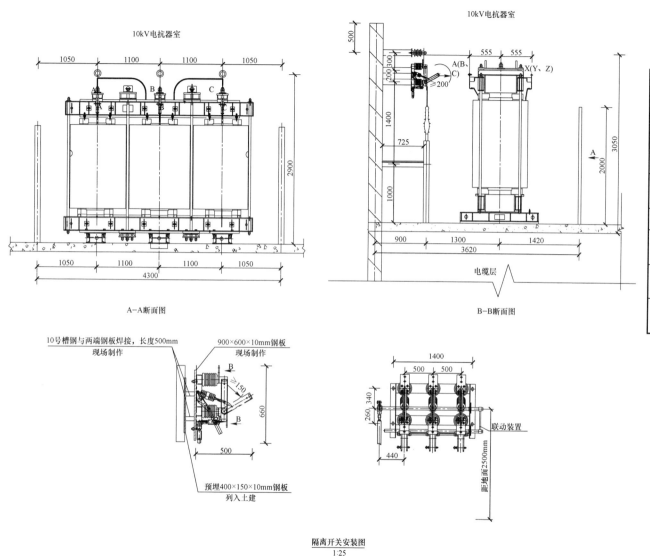

设 备 材 料 表

序号	名称	型号规格及材料	数量	单位	备注
1	围栏		1	套	由电抗器厂家提供
2	干式铁芯并联电抗器	BKSC－10000/10	1	套	三相为一套
3	金属氧化物避雷器	YH5WZ5－17/45	3	只	
4	铜母排	TMY－50×5	9	m	附绝缘热缩套
5	10kV 户内支柱绝缘子	ZS－10/4	12	套	
6	隔离开关	GN24－12D/630A（带地刀）	1	组	
7	10kV 单芯户内冷缩电缆终端	NLS－1－31/4#	6	支	包括开关柜侧

注：1. 本图中所有高压设备金属底座和外壳、支柱均需可靠接地，接地材料列入防雷接地卷册。

　　2. 围栏内设备支架、用于连接的铜母线及金具的布置需满足安全净距要求。

　　3. 现场制作并固定电缆终端夹头，固定夹头应采用非导磁材料，且不应形成闭合的环路。

　　4. 隔离开关基础由土建提供，厂家负责现场指导施工单位安装。

　　5. 本图设备材料表按 1 套电抗器开列。

SD－220－A3－2－D0108－04　10kV 并联电抗器组断面图

（1）应详细标注设备、支架、油浸式电抗器油坑、电抗器、防火墙等中心线之间的距离，标注断面总尺寸。

（2）设备材料表中的设备材料应注明编号、名称、型号及规格、单位、数量及备注，铜母排需附绝缘热缩套。

2.9 10kV 接地变压器及消弧线圈成套装置安装

序号	图 号	图 名	张数	套用原工程名称及卷册检索号,图号
1	SD－220－A3－2－D0109－01	卷册说明	1	
2	SD－220－A3－2－D0109－02	10kV 接地变压器及消弧线圈成套装置接线图	1	
3	SD－220－A3－2－D0109－03	10kV 接地变压器及消弧线圈成套装置平面布置图	1	
4	SD－220－A3－2－D0109－04	10kV 接地变压器及消弧线圈成套装置断面图	1	
5	SD－220－A3－2－D0109－05	主要设备材料表	1	
6		站用变压器兼接地变压器消弧线圈安装图（10kV）	1	TY－D1－AJT－02

（1）工程名、工程号应与设计计划书一致。

（2）图名与图号是应与每张图纸中图名图号一致。

主要规程规范:

DL/T 5222—2005 导体和电器选择设计技术规定

DL/T 5352—2018 高压配电装置设计技术规程

《电力工程电气设计手册（电气一次部分）》

SD－220－A3－2－D0109－00 目录

卷 册 说 明

一、设计内容：

1. 本卷册设计范围：10kV 接地变压器及消弧线圈成套装置，本卷册与 10kV 开关柜的分界点为 10kV 接地变压器柜电缆头，电缆头包含在本卷册内。

2. 本工程 10kV 接地变压器及消弧线圈成套装置采用户内布置，经金属铠装移开式封闭开关柜接于 10kV 母线，电缆选用 ZR－YJV－8.7/15－3×185。

本期工程建设 1～2 号接地变压器及消弧线圈成套装置，远景共 3 套。

3.10kV 接地变压器及消弧线圈成套装置中接地变压器容量为 1000kVA，其中消弧线圈容量为 630kVA，二次容量为 400kVA。

二、施工说明：

1. 现场安装时请重新核对到货设备尺寸，确认无误后方可进行安装，安装方式详见各设备安装详图；如现场设备与设计图纸不符，请立即与设计代表联系。

2. 接地变基础应与室内环形接地母线可靠连接。

3. 所有安装材料均需热镀锌处理，施工时应尽量避免破坏镀锌层，安装施工完毕后镀锌层小面积被破坏处，应涂环氧富锌漆防锈。

4. 施工过程中电气人员要与土建施工配合，务必保持所注各部分电气距离的要求，并考虑接线的合理及美观。

三、设备型号：

本工程主要设备型号均为通用设备，生产厂家均由国网招标会议确定。

10kV 接地变压器及消弧线圈成套装置中标厂家为：×××，产品型号为×××，内部主要设备型式如下：

干式接地变压器：××× DKSC－1000/35－400/0.4

干式消弧线圈：×××

四、标准工艺应用清单：

序号	项目/工艺名称	编号	使用部位	采用数量及应用率
一	站用变压器安装工程	0102020100		
1	干式站用变压器安装	0102020102	接地变压器	全站采用，100%
二	电缆终端制作及安装	0102050400		
1	电缆终端制作及安装	0102050401	电力电缆	全站采用，100%
三	屏、柜安装	0102040100		
1	屏、柜安装	0102040101	接地变柜	全站采用，100%

（1）对本站建设内容、接地变压器型式和接线方式等的描述应正确；说明与其他卷册的分界点；应说明设备接地要求。

（2）应说明电气设备材料安装中采用的标准工艺。

（3）当采用交直流一体化系统时，应说明与二次专业的接口。

SD－220－A3－2－D0109－01　卷册说明

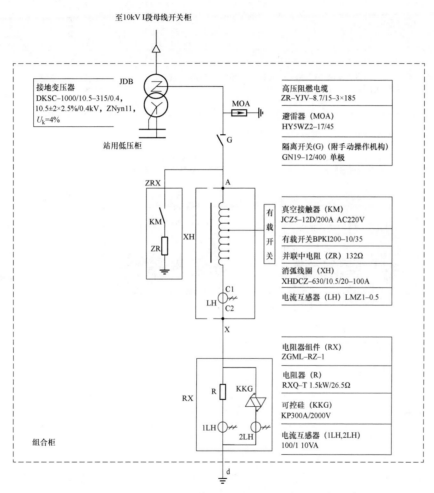

至10kV I段母线开关柜

接地变压器 JDB
DKSC–1000/10.5–315/0.4，
10.5±2×2.5%/0.4kV，ZNyn11，
U_k=4%

站用低压柜

ZRX

KM

ZR XH

有载开关

LH C1
C2

X

R KKG
RX

1LH 2LH

组合柜

d

MOA

| 高压阻燃电缆 |
| ZR–YJV–8.7/15–3×185 |
| 避雷器（MOA） |
| HY5WZ2–17/45 |
| 隔离开关(G)（附手动操作机构） |
| GN19–12/400 单极 |

| 真空接触器（KM） |
| JCZ5–12D/200A AC220V |
| 有载开关BPKI200–10/35 |
| 并联中电阻（ZR）132Ω |
| 消弧线圈（XH） |
| XHDCZ–630/10.5/20–100A |
| 电流互感器（LH）LMZ1–0.5 |

| 电阻器组件（RX） |
| ZGML–RZ–1 |
| 电阻器（R） |
| RXQ–T 1.5kW/26.5Ω |
| 可控硅（KKG） |
| KP300A/2000V |
| 电流互感器（1LH,2LH） |
| 100/1 10VA |

应绘出接地变压器母线引接，标明接地变压器及消弧线圈成套装置的名称、容量、规格等。

SD–220–A3–2–D0109–02　10kV 接地变压器及消弧线圈成套装置接线图

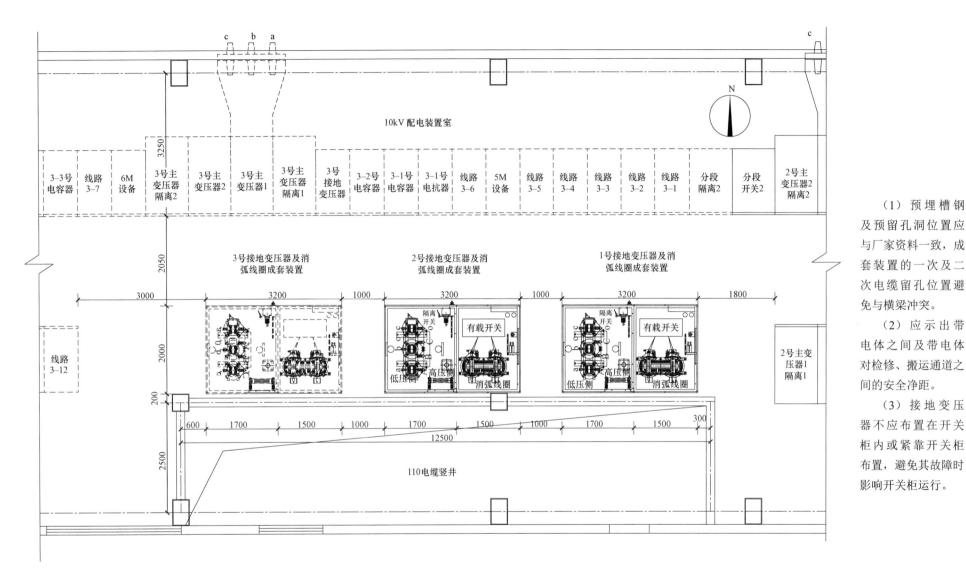

10kV 配电装置室

3-3号
电容器 | 线路
3-7 | 6M
设备 | 3号主
变压器
隔离2 | 3号主
变压器2 | 3号主
变压器1 | 3号主
变压器
隔离1 | 3号
接地
变压器 | 3-2号
电容器 | 3-1号
电容器 | 3-1号
电抗器 | 线路
3-6 | 5M
设备 | 线路
3-5 | 线路
3-4 | 线路
3-3 | 线路
3-2 | 线路
3-1 | 分段
隔离2 | 分段
开关2 | 2号主
变压器2
隔离2

3号接地变压器及消弧线圈成套装置

2号接地变压器及消弧线圈成套装置

1号接地变压器及消弧线圈成套装置

隔离开关　有载开关　消弧线圈　低压侧　高压侧

线路
3-12

2号主变
压器1
隔离1

110电缆竖井

注：1. 本期建设1号、2号接地变压器及消弧线圈成套装置，虚线部分为远景工程。

2. 接地变压器及消弧线圈成套装置采用组合柜式，设备内部接线由设备厂家提供并负责安装。

3. 箱壳可拆分为两部分，运输时最大柜尺寸：1700×2000×2400（长×宽×高）。

SD－220－A3－2－D0109－03　10kV 接地变压器及消弧线圈成套装置平面布置图

（1）预埋槽钢及预留孔洞位置应与厂家资料一致，成套装置的一次及二次电缆留孔位置避免与横梁冲突。

（2）应示出带电体之间及带电体对检修、搬运通道之间的安全净距。

（3）接地变压器不应布置在开关柜内或紧靠开关柜布置，避免其故障时影响开关柜运行。

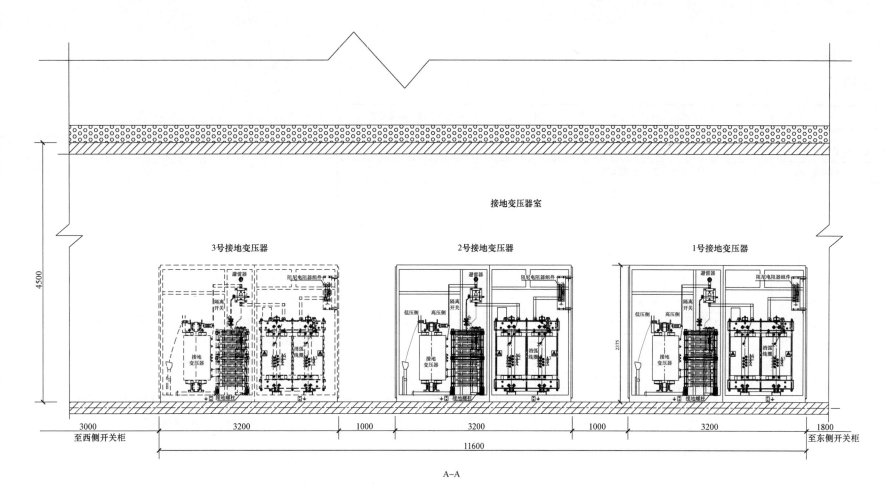

接地变压器室

3号接地变压器　　　　　2号接地变压器　　　　　1号接地变压器

A–A

应绘出设备外形尺寸、安装高度，并与厂家资料一致。

设 备 材 料 表

编号	名称	型号及规格	数量	单位	备 注
1	接地变压器	DKSC－1000/10.5－315/0.4	1	台	
2	消弧线圈	XHDCZ－630/10.5/20－100A	1	台	
3	高压电缆	ZR－YJV－8.7/15－3×185	45	m	
4	户内冷缩单芯橡塑绝缘电力电缆终端	配 ZR－YJV－8.7/15－3×185	2	套	含 10kV 开关柜侧
5	0.4kV 电力电缆	ZR－VV22－1.0 2×（3×185+1×95）			材料列在二次卷侧
6	0.4kV 电缆终端头	户内冷缩			材料列在二次卷侧
7	接地支线	镀锌扁钢－60×6	5	m	
8	接地端子压板		4	套	现场制作，包括接地变压器柜 2 套

注：1. 本期建设 1 号接地变压器及消弧线圈成套装置，虚线部分为远景工程。

2. 柜体内设备均由厂家成套供货，各设备间的布置需满足安全净距要求。

SD－220－A3－2－D0109－04　10kV 接地变压器及消弧线圈成套装置断面图

2.10 全站防雷接地

序号	图号	图名	张数	套用原工程名称及卷册检索号，图号
1	SD－220－A3－2－D0110－01	卷册说明	1	
2	SD－220－A3－2－D0110－02	全站防直击雷保护范围图	1	
3	SD－220－A3－2－D0110－03	全站屋外接地装置布置图	1	
4	SD－220－A3－2－D0110－04	220kV 生产综合楼一层接地网布置图	1	
5	SD－220－A3－2－D0110－05	220kV 生产综合楼二层接地网布置图	1	
6	SD－220－A3－2－D0110－06	220kV 生产综合楼屋顶避雷带布置图	1	
7	SD－220－A3－2－D0110－07	110kV 生产综合楼电缆层接地网布置图	1	
8	SD－220－A3－2－D0110－08	110kV 生产综合楼一层接地网布置图	1	
9	SD－220－A3－2－D0110－09	110kV 生产综合楼二层接地网布置图	1	
10	SD－220－A3－2－D0110－10	110kV 生产综合楼屋顶避雷带布置图	1	
11	SD－220－A3－2－D0110－11	水泵房接地布置图	1	
12	SD－220－A3－2－D0110－12	材料汇总表（一）	1	
13	SD－220－A3－2－D0110－13	材料汇总表（二）	1	
14		室内接地干线 临时接地端子盒安装示意图	1	TY－D1－IGTGT－01
15		接地线穿墙及穿楼板示意图	1	TY－D1－GFTW－01
16		接地线穿越沟道示意图	1	TY－D1－GLCC－01
17		铜、钢接地干线连接示意图	1	TY－D1－JD－01

（1）工程名、工程号应与设计计划书一致。

（2）图名与图号是应与每张图纸中图名图号一致。

主要规程规范：

（1）GB/T 50065—2011《交流电气装置的接地设计规范》。

（2）GB/T 50064—2014《交流电气装置的过电压保护和绝缘配合设计规范》。

（3）GB 50169—2016《电气装置安装工程接地装置施工及验收规范》。

（4）《电力工程电气设计手册（电气一次部分）》。

全站防雷、接地的计算深度要求如下：

（1）避雷针（线）防直击雷保护范围计算：进行独立避雷针及构架避雷针数量、位置、针高、保护范围的计算。

（2）接地计算：根据工程情况确定主接地网型式，并进行主接地网、集中接地体及设备引下线等截面选择计算；计算接地电阻、接地网的接触电位差及跨步电位差等；当接地电阻、最大接触电位差或跨步电位差不满足要求时应按照采取解决措施后的条件进行验算。

SD－220－A3－2－D0110－00　目录

卷 册 说 明

一、设计内容：

1. 本卷册设计范围：全站防雷及全站接地。

2. 经计算，变电站接地电阻小于××。接地网完成后，如实测值大于计算值，请与设计师联系解决。

3. 室外接地以敷设水平接地网为主，根据计算，主接地网用－60×8扁钢焊接成方孔网格状水平接地网，其外缘为闭合的圆弧形，圆弧半径不宜小于均压带间距的一半（取R=4m），埋设深度为××m，接地体四周敷设0.2m厚土壤电阻率较低的细土，并分层夯实。

二、施工说明：

1. 电缆沟的角钢或扁钢应沿着电缆沟的全长将所有断开处焊接成整体，并与主接地网可靠连接。当水平接地体横穿电缆沟时，应将此段接地体从电缆沟下穿过。

2. 本站所有电气一次设备均采用－60×8镀锌扁钢将设备接地端子与钢管上端接地件连接，外壳底座接地通过－80×8扁钢与主接地网连接，同一配电装置内接地引下线的朝向宜一致。其中避雷器、变压器均采用两根明接地线与主接地网连接。

3. 本变压器电站内下列部件采用－80×8扁钢的接地引下线就近与主接地网相连接：

a. 主变压器、接地变的中性点和箱体外壳；

b. 爬梯（与已经接地的金属构件相连接的爬梯除外）。

4. 变电站内下列部位应就近与接地线相连接：

a. 室内控制、保护用的屏（柜）的基础槽钢；

b. 室内外照明配电箱、检修电源箱、电源箱、端子箱的金属箱体或基础槽钢；

c. 电力电缆接线盒、终端盒的外壳；铠装电缆的金属外皮；穿电缆、电线的钢管；户外灯具金属外壳；

d. 靠近带电部分的金属围栏、金属网门；

e. 35kV交流系统单芯电力电缆金属层两端均直接接地。

5. 建筑物周围埋设的接地线离墙距离为1.5米，户外接地网与室内接地网应有不少2处的接地线连接点。

6. 为加强分流，变电站构架接地线应与线路的架空地线相连，且有便于分开的连接点。

7. 避雷带与接地引下线连接之间采用焊接。

8. 在接地线引入建筑物的入口处，应设标志。明敷的接地线表面应涂15～100mm宽度相等的绿色和黄色相间的条纹。

9. 与站外联系的管道在围墙处采用全绝缘管道。

10. 室内接地线沿墙暗敷时，离地坪宜保持300mm的高度。如遇门，应将该部分接线可靠地敷设于地表面下。

11. 站区大门入口，应敷设帽檐式均压带。

12. 接地线与接地极的连接，宜焊接。接地线与电气设备的连接，可用螺栓连接或焊接，用螺栓连接时应设防松螺帽或防松垫片。

13. 电气设备每个接地部分，应以单独的接地线与接地网相连接，严禁在一个接地线中串接几个需要接地的部分。

14. 主变压器、站用变压器周围的接地网应敷设成闭合环形。

15. 所有接地材料均应进行热镀锌处理。

三、标准工艺应用清单：

序号	项目/工艺名称	编号	使用部位	采用数量及应用率
一	接地装置安装	0102060200		
1	主接地网安装	0102060201	户外接地	全站采用，100%
2	构支架接地安装	0102060202	接地引下线	全站采用，100%
3	爬梯接地安装	0102060203	爬梯接地	全站采用，100%
4	设备接地安装	0102060204	设备接地	全站采用，100%
5	屏柜内接地安装	0102060205	屏柜接地	全站采用，100%
6	户内接地装置安装	0102060206	户内接地	全站采用，100%
二	建筑电气	0101011300		
1	室内接地	0101011306	室内接地	全站采用，100%
2	建筑物屋面避雷带	0101011307	屋面避雷带	全站采用，100%
三	照明接地装置安装	0101031100		
1	照明软线或扁钢接地	0101031101	照明接地	全站采用，100%

（1）说明防直击雷、接地设计原则。

（2）说明防直击雷、接地的设计范围及主要内容。

（3）避雷针（线）设置方式。

（4）接地网及设备接地引下线截面选择及设置方式，全站设备支架及架构接地件布置方向。

（5）电缆沟接地布置，屋内接地母线布置。

（6）接地电阻及最大接触电位差、跨步电位差计算值、允许值；尤其是关于降低接地电阻、跨步电势和接触电势的描述要合理。

（7）当因接地电阻过高无法满足最大接触电位差或跨步电位差要求时，应说明解决方法及处理措施。

（8）简要说明与本卷册相关的强制性条文要求及施工验收规范的要求。

（9）应说明接地安装中采用的标准工艺。

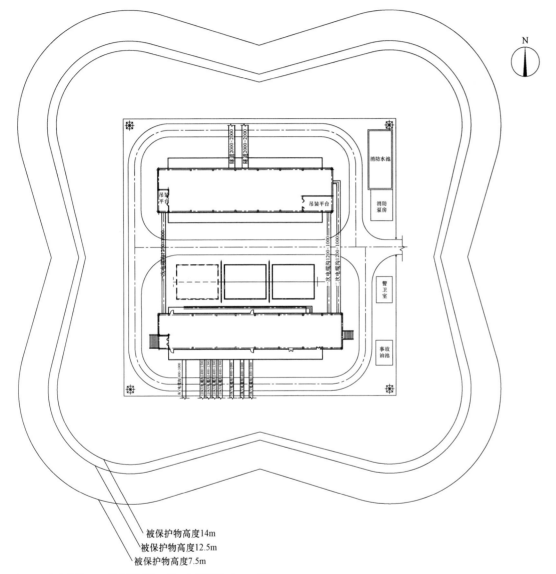

被保护物高度14m
被保护物高度12.5m
被保护物高度7.5m

避雷针保护范围计算结果

避雷针编号	避雷针高度（m）	被保护物高度 h_x（m）	避雷针有效高度 h_a（m）	单针保护半径 r_x（m）	两针间距离 D（m）	两针间等效距离 D'（m）	两针间最低保护高度 h_o（m）	双针保护最小宽度 b_x（m）	高度影响系数
1-2	35-35	14	21-21	22.8-22.8	81.0	81.0	22.6	13.6	0.93
1-2	35-35	12.5	22.5-22.5	25.6-25.6	81.0	81.0	22.6	15.8	0.93
1-2	35-35	7.5	27.5-27.5	34.9-34.9	81.0	81.0	22.6	24.3	0.93
1-3	35-35	14	21-21	22.8-22.8	113.8	113.8	17.5	7	0.93
1-3	35-35	12.5	22.5-22.5	25.6-25.6	113.8	113.8	17.5	9.7	0.93
1-3	35-35	7.5	27.5-27.5	34.9-34.9	113.8	113.8	17.5	18.7	0.93
1-4	35-35	14	21-21	22.8-22.8	80	80	22.7	13.7	0.93
1-4	35-35	12.5	22.5-22.5	25.6-25.6	80	80	22.7	15.9	0.93
1-4	35-35	7.5	27.5-27.5	34.9-34.9	80	80	22.7	24.5	0.93
2-3	35-35	14	21-21	22.8-22.8	80	80	22.7	13.7	0.93
2-3	35-35	12.5	22.5-22.5	25.6-25.6	80	80	22.7	15.9	0.93
2-3	35-35	7.5	27.5-27.5	34.9-34.9	80	80	22.7	24.5	0.93
2-4	35-35	14	21-21	22.8-22.8	113.8	113.8	17.5	7	0.93
2-4	35-35	12.5	22.5-22.5	25.6-25.6	113.8	113.8	17.5	9.7	0.93
2-4	35-35	7.5	27.5-27.5	34.9-34.9	113.8	113.8	17.5	18.7	0.93
3-4	35-35	14	21-21	22.8-22.8	81.0	81.0	22.6	13.6	0.93
3-4	35-35	12.5	22.5-22.5	25.6-25.6	81.0	81.0	22.6	15.8	0.93
3-4	35-35	7.5	27.5-27.5	34.9-34.9	81.0	81.0	22.6	24.3	0.93

注：1. 全站共设35m等高避雷针4基，如图所示（1-4号）。

2. 被保护物高度的确定：220kV主变压器进线挂点（14m）、220kV出线套管（12.5m）、主变压器高压侧套管（7.5m）。

3. 避雷针保护范围的计算结果如上表所示。

SD-220-A3-2-D0110-02　全站直击雷保护范围图

应绘出被保护物及避雷针（线）的相对位置尺寸、针（线）编号、高度，并示出其保护范围，列出保护范围计算结果表。

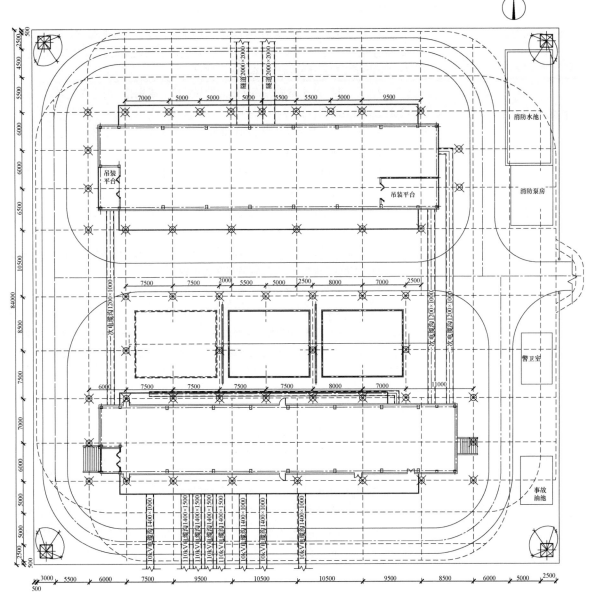

材 料 表						
序号	符号	名 称	规 范	单位	数量	备 注
1	⊠	垂直接地体	L=2500mm，ϕ14.2mm 铜镀钢棒	组	52	
2	——	水平接地体	−60×8 扁钢	m	2500	户外主地网
3		接地支线	−80×8 扁钢	m	200	室外设备、架构与接地网的连接
4	- - -	水平接地体	−40×4 扁钢	m	600	110kV 生产综合楼、220kV 生产综合楼筏板下接地网
5	—·—·—	等电位地网接地线	−25×4 铜带	m	960	沿电缆沟敷设（包括110kV 生产综合楼、220kV 生产综合楼）
6		电缆	VV−1.0−1×120	m	200	用于智能组件柜、就地端子箱与等电位地网的连接
7		电缆	VV−1.0−1×50	m	200	用于屏柜与等电位地网的连接、等电位地网与主接地网的连接
8		软铜线	RBV−1×4	m	200	用于柜体接地及测保设备与等电位铜排连接
9		铜绞线	TJ−120	m	300	用于屏、柜内接地母线与主接地网连接
10		焊药	熔焊材料，放热焊接焊点	个		根据现场实际情况确定
11	⊗	集中接地装置	3 根ϕ17.2mm，L=2500mm 铜镀钢接地棒−60×8 镀锌扁钢 30m	组	4	

SD−220−A3−2−D0110−03　全站屋外接地装置布置图（一）

说明：1. 本站户外主地网水平接地体及接地支线采用扁铜接地材料，生产综合楼户内接地网采用镀锌扁钢接地材料。

2. 主接地网的外缘各角应做成半径不小于 6m 的闭合圆弧形，在进站大门处敷设两条与主接地网相连的"帽沿式"均压带，做法见详图。

3. 主变压器区及户外设备支架周围须铺设不小于 1000Ω·m 的高阻瓷砖。

4. 垂直接地体采用铜镀钢棒，单点钻深 2.5m（相对水平网），与地网连接采用焊接方式。布置时间距不应小于 5m。

5. 沿生产综合楼顶四周设环形接地圆钢，用圆钢多点沿外墙引下与变电站接地网相连，并与屋内各层接地网及钢筋混凝土内钢筋等电位连接。挂避雷线处墙上设挂线环，环形接地圆钢上设地线连接端子，线路避雷线经地线绝缘子挂在挂线环上，并与地线连接端子相连，见详图。

6. 避雷器附近应埋设垂直地极，并与主接地网连接。

7. 沿电缆沟敷设等电位铜排，采用 380V 绝缘子固定于电缆沟内最上层支架上方的电缆沟壁，绝缘子采用膨胀螺栓现场固定，铜排与绝缘子采用螺栓固定。

8. 电缆沟内通长扁钢与主接地网每隔 20～30m 连接一次，连接点不少于 2 个。

9. 接地线与电缆沟交叉时，不应被截断，应从电缆沟以下穿越。

10. 本图中长度单位：m。

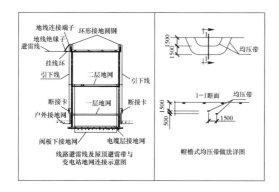

SD－220－A3－2－D0110－03　全站屋外接地装置布置图（二）

（1）应绘出主接地网及集中接地装置的水平接地体和垂直接地体的布置，主接地网网格尺寸，变电站大门和主控楼入口处地下的均压措施；并应说明主接地网的埋设深度和与建筑物、设备的距离要求。

（2）应绘出断线卡紧固件连接示意图和反措要求铜排（铜电缆）敷设示意图，设备及接地体的图例说明。

（3）应表示各避雷针（线）的接地引下点位置集中接地装置的布置方式，并说明其与主接地网的连接方式。

（4）设备材料表中的设备材料应注明编号、名称、型号及规格、单位、数量及备注；充分考虑接地材料施工过程中压接损耗。

（5）电焊点数量充分考虑现场施工单根扁钢长度和搭接需求。

（6）平面图为最终版本。

（7）主地网、均压带按不等间距原则布置，并尽可能方便接地引下线的引接。

（8）边缘采用圆弧形，且圆弧形画法正确。

（9）独立避雷针的接地装置与主接地网的地中距离应大于 3m（不满足的应有可靠隔离及均压措施），与电气设备、架构接地部分空气距离不小于 5m，接地电阻不大于 10Ω；当接地电阻值有困难难以满足时，该接地装置可与主接地网连接，但避雷针与主接地网的地下连接点至变压器、35kV 及以下设备与主接地网的地下连接点之间，沿接地体的长度不得小于 15m。与道路或建筑物的出、入口的距离应大于 3m，当小于或等于 3m 时，应采取均压措施或铺设卵石或沥青地面。

（10）垂直接地极布置合理，间距不小于本身长度两倍。

（11）避雷线与地网连接示意图正确。

（12）接地线截面满足动热稳定校验。

（13）降阻措施合适，设备操作区需铺绝缘地坪。

（14）接地体连接加工图应包含站内所有接地体连接、搭接方法详图，包括十字交叉，T 字搭接、棒板连接、爬梯、抱箍、横梁、法兰联接盘、接地端子等位置防雷接地细部做法。

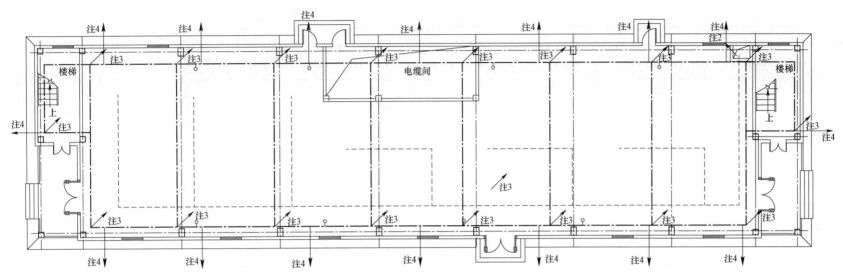

（1）所有的基础预埋件均合理地连接至地网。

（2）接地板的大小合理，数量准确。

（3）屋内水平地网和支线选型正确。

（4）接线端子数量和布置合理。

（5）与主地网相连的水平线位置与全站接地网布置图一致。

设 备 材 料 表

序 号	符 号	名 称	型号及规范	单位	数量	备 注
1	- · · -	镀锌扁钢	−60×8	m	400	一层一次接地网材料（包括接地支线材料）
2	——	水平接地体	−60×8 镀锌扁钢	m	300	用于电缆沟
3	- - - -	等电位地网接地体	−25×4 扁铜	m		等电位接地铜网，材料列入本卷 04 图
4	♀	接地端子	2×M8×30	m	6	双螺栓连接
5	→	镀锌扁钢	−80×8	m	100	与户外主接地网连接
6		电缆	BVR−120	m		用于屏柜与等电位地网的连接，材料列入本卷 04 图
7						

注：1. 接地网水平接地体沿墙离地 30cm 或沿地面抹面下敷设，经过入口的接地扁钢沿地面抹面下敷设，接地线应镀锌。

2. 由此引上与二层等电位地网连接。

3. 由此引上与楼上接地网连接。

4. 由此与室外主地网相连。

5. 所有电气设备金属外壳、底座传动机构、金属支架、电缆护管、楼梯间内扶手和围栏等，均应根据规程用 −60×8 的接地扁钢进行接地。

6. 接地网与生产综合楼钢筋混凝土立柱钢筋可靠焊接。

7. 电缆竖井内的电缆支架与在此设的接地扁钢焊为一体并与综合楼一层和二层的主接地网可靠焊接。

8. 图中各独立型钢均应采用不少于两根导体在不同地点与接地网相连接。

9. 电缆沟采用金属支架两侧需敷设水平接地体。

SD−220−A3−2−D0110−04　220kV 生产综合楼一层接地网布置图

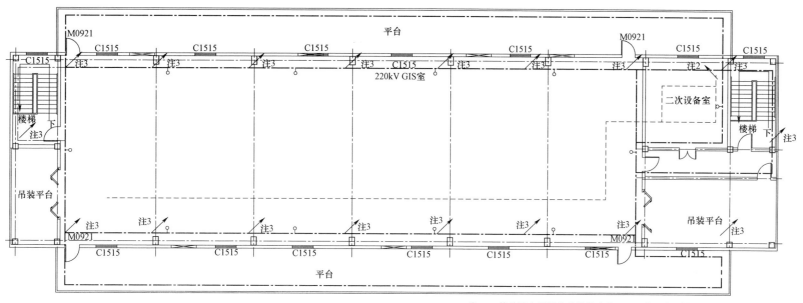

设 备 材 料 表

序号	符号	名　称	型号及规范	单位	数量	备　注
1	—··—	镀锌扁钢	－60×8	m	800	二层一次接地网材料（包括接地支线材料）
2	—·－·—	等电位地网接地体	－25×4扁铜	m		等电位接地铜网，材料列入本卷04图
3	↑	接地端子	2×M8×30	m	4	双螺栓连接
4						

注：1. 接地网水平接地体沿墙离地 30cm 或沿地面抹面下敷设，经过入口的接地扁钢沿地面抹面下敷设，接地线应镀锌。

2. 由此引下与一层等电位地网连接。

3. 由此引下与楼上接地网连接。

4. 所有电气设备金属外壳、底座传动机构、金属支架、电缆护管、楼梯间内扶手和围栏等，均应根据规程用 －60×8 的接地扁钢进行接地。

5. 接地网与生产综合楼钢筋混凝土立柱钢筋可靠焊接。

6. 电缆竖井内的电缆支架与在此设的接地扁钢焊为一体并与综合楼一层和二层的主接地网可靠焊接。

7. 图中各独立型钢均应采用不少于两根导体在不同地点与接地网相连接。

（1）所有的基础预埋件均合理地连接至地网。

（2）屋内水平地网和支线选型正确。

（3）接地板的大小合理，数量准确。

（4）接地点尺寸，供货范围与220kV配电装置卷册一致。

（5）接线端子数量和布置合理。

（6）与主地网相连的水平线位置与全站接地网布置图一致。

（7）本图中的说明和材料表完整、正确。

SD－220－A3－2－D0110－05　220kV生产综合楼二层接地网布置图

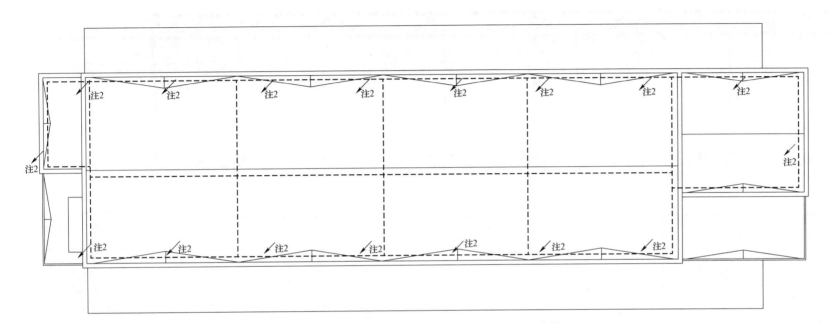

设备材料表

序号	符号	名称	型号及规范	单位	数量	备　　注
1	－ － － －	镀锌圆钢	$\phi12$	m	500	屋顶避雷带材料（包括引下线接地材料）
2		镀锌支架	－25×5 自制	套	若干	支撑避雷带用
3	○	避雷线接地端子		只	12	
4	▭	断接卡	自制	套	12	附专用保护箱距离室外地坪1.8m

注：1. 生产综合楼楼顶铺设避雷带，避雷带采用$\phi12$圆钢，沿屋角，屋脊，屋檐和檐角等易受雷击的部位内侧敷设，并在整个屋面组成不大于10m×10m的网格。

2. 此处用$\phi12$圆钢与主接地网相连，连接处埋设垂直接地极（材料列入本卷05图），引下线沿外墙靠近立柱暗敷。

3. 避雷带引下线应沿建筑物四周均匀或对称布置，其间应不大于18m。

4. 在避雷带引下线距地面1.8m处设置断接卡，断接卡应设保护措施。

5. 施工时可根据现场情况，适当调整引下线位置，从而避免引下线、断接卡保护箱与风机或落水管等冲突。

6. 屋顶避雷带有高差处，需在该处屋顶避雷带向下引线连接为一体。

7. 避雷带敷设时支架间距为1m，转弯处为0.5m。

（1）屋面避雷带网格不大于 10m×10m 或 12m×8m。

（2）避雷带应每隔10～20m 引下与主接地网连接，并在连接处加集中接地极，避雷带引下线应与各层接地网进行连接。

（3）避雷线接地端子位置应与避雷线出线位置一致。

（4）建筑结构钢筋应提出等电位连接接地要求。

（5）SD－220－A3－2－D0110－10 110kV 生产综合楼屋顶避雷带布置图参照本图。

SD－220－A3－2－D0110－06　220kV 生产综合楼屋顶避雷带布置图

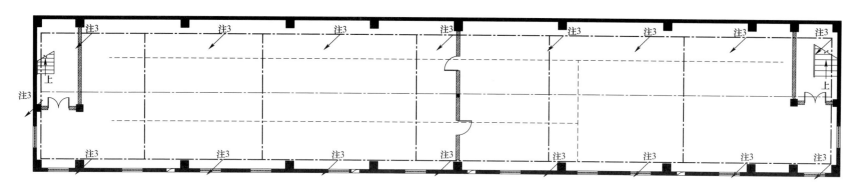

（1）引上线位置与一层和楼顶一致。

（2）土建结构柱内钢筋与接地网的连接表示清楚。

（3）本图中的说明和材料表完整、正确。

设备材料表

序号	符 号	名 称	型号及规范	单位	数量	备 注
1	—·—	镀锌扁钢	—60×8	m	300	一次接地网材料（包括接地支线材料）
2	— — —	等电位地网接地体	—25×4 铜排	m		等电位接地铜网，材料列入本卷 04 图
3	♀	接地端子	2×M8×30	套	4	双螺栓连接

注：1. 接地网水平接地体沿墙离地 30cm 或沿地面抹面下敷设，经过入口的接地扁钢沿地面抹面下敷设，接地线应镀锌。

2. 接地网与生产综合楼钢筋混凝土立柱的钢筋焊接在一起。

3. 电缆层接地网在此处上引，与一层接地网连接。

4. 沟内铺设 —25×4 铜带，与生产综合楼内等电位地网连接，材料列入本卷 03 图。

5. 电缆桥架应根据规程用 —60×8 的扁钢就近与接地网焊接。

6. 由此与一层等电位地网连接。

SD－220－A3－2－D0110－07　110kV 生产综合楼电缆层接地网布置图

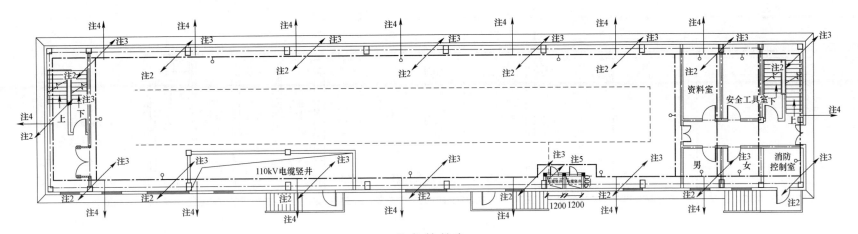

设 备 材 料 表

序号	符号	名 称	型号及规范	单位	数量	备 注
1	—·—	镀锌扁钢	—60×8	m	500	一层一次接地网材料（包括接地支线材料）
2	-----	等电位地网接地体	—25×4 扁铜	m		等电位接地铜网，材料列入本卷 04 图
3	○	接地端子	2×M8×30	m	15	双螺栓连接
4	→	镀锌扁钢	—80×8	m	100	与户外主接地网连接
5		电缆	BVR—120	m		用于屏柜与等电位地网的连接，材料列入本卷 04 图
6						

注：1. 接地网水平接地体沿墙离地 30cm 或沿地面抹面下敷设，经过入口的接地扁钢沿地面抹面下敷设，接地线应镀锌。

2. 由此引下与电缆层接地网连接。

3. 由此引上与楼上接地网连接。

4. 由此与室外主地网相连。

5. 由此引上与二层等电位地网连接。

6. 所有电气设备金属外壳、底座传动机构、金属支架、电缆护管、楼梯间内扶手和围栏等，均应根据规程用—60×8 的接地扁钢进行接地。

7. 接地网与生产综合楼钢筋混凝土立柱钢筋可靠焊接。

8. 电缆竖井内的电缆支架与在此设的接地扁钢焊为一体并与综合楼一层和二层的主接地网可靠焊接。

SD－220－A3－2－D0110－08　110kV 生产综合楼一层接地网布置图

（1）所有的基础预埋件均合理地连接至地网。

（2）屋内水平地网和支线选型正确。

（3）土建结构柱内钢筋与接地网的连接表示清楚。

（4）引下线和引上线位置与一层和楼顶一致。

（5）接线端子数量和布置合理。

（6）与主地网相连的水平线位置与全站接地网布置图一致。

（7）本图中的说明和材料表完整、正确。

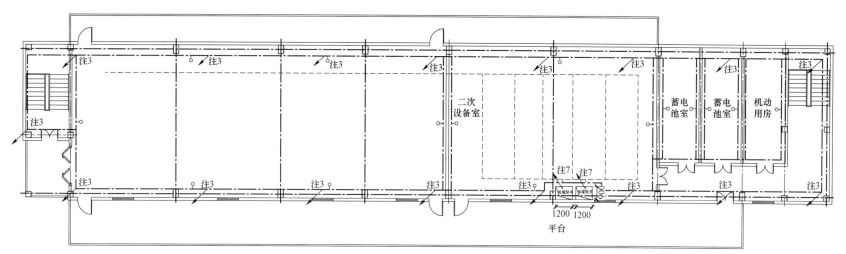

右侧说明文字：

（1）所有的基础预埋件均合理地连接至地网。

（2）接地板的大小合理，数量准确。

（3）土建结构柱内钢筋与接地网的连接表示清楚。

（4）屋内水平地网和支线选型正确。

（5）接地点尺寸，供货范围与110kV 配电装置卷册一致。

（6）引下线位置应与一层一致。

（7）接线端子数量和布置合理。

（8）本图中的说明和材料表完整、正确。

设 备 材 料 表

序号	符 号	名 称	型号及规范	单位	数量	备 注
1	—··—	镀锌扁钢	-60×8	m	600	二层一次接地网材料（包括接地支线材料）
2	-----	等电位地网接地体	-25×4 铜排	m		等电位接地铜网，材料列入本卷04 图
3	♀	接地端子	2×M8×30	套	7	双螺栓连接
4		电缆	BVR-120	m		用于屏柜与等电位地网的连接，材料列入本卷04 图
5		电缆	BVR-50	m		用于等电位地网与主接地网的连接，材料列入本卷04 图

注：1. 接地网水平接地体沿墙离地 30cm 或沿地面抹面下敷设，经过入口的接地扁钢沿地面抹面下敷设，接地线应镀锌。

2. 接地网与配电综合楼钢筋混凝土立柱钢筋可靠焊接。

3. 在此处与一层接地网连接。

4. 所有电气设备金属外壳、底座传动机构、金属支架、电缆护管、楼梯间内扶手和围栏等，均应根据规程用 -60×8 的接地扁钢进行接地。

5. 电缆沟内电缆支架应与接地扁铁多点可靠连接。

6. 等电位地网在电缆竖井处用 4 根 BVR-50 电缆与主地网相连。

7. 由此引下与一层等电位地网连接。

SD-220-A3-2-D0110-09　110kV 生产综合楼二层接地网布置图

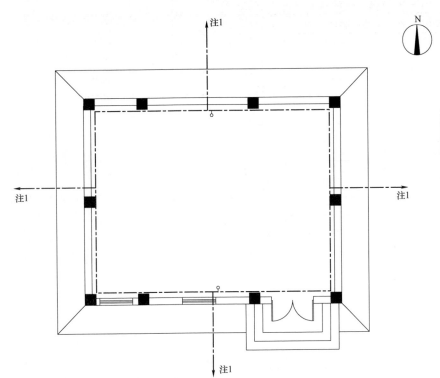

材料表

序号	符号	名称	型式及规范
1	—·—·	镀锌扁钢	—60×8
2	♀	接地端子	2×M8×30
3		接地标志牌	

注：1. 由此用—60×8镀锌扁钢与室外主接地网相连。

2. 经过出入口的接地扁钢沿地面抹面下敷设。

3. 接地网施工时应与土建基础施工配合进行。

4. 此为接地引上线，用于楼梯扶手及围栏接地。引上线高出地面50～100mm。

（1）接线端子数量和布置合理。

（2）与主地网相连的水平线位置与全站接地网布置图一致。

（3）本图中的说明和材料表完整、正确。

SD－220－A3－2－D0110－11 水泵房接地布置图

2.11 全站动力及照明

序号	图 号	图 名	张数	套用原工程名称及卷册检索号，图号
1	SD－220－A3－2－D0111－01	卷册说明	1	
2	SD－220－A3－2－D0111－02	照明系统图	1	
3	SD－220－A3－2－D0111－03	动力系统图（一）	1	
4	SD－220－A3－2－D0111－04	动力系统图（二）	1	
5	SD－220－A3－2－D0111－05	室外照明平面布置图	1	
6	SD－220－A3－2－D0111－06	220kV 生产综合楼一层照明平面布置图	1	
7	SD－220－A3－2－D0111－07	220kV 生产综合楼二层照明平面布置图	1	
8	SD－220－A3－2－D0111－08	110kV 生产综合楼一层照明平面布置图	1	
9	SD－220－A3－2－D0111－09	110kV 生产综合楼二层照明平面布置图	1	
10	SD－220－A3－2－D0111－10	110kV 生产综合楼电缆层照明平面布置图	1	
11	SD－220－A3－2－D0111－11	220kV 生产综合楼一层应急照明平面布置图	1	
12	SD－220－A3－2－D0111－12	220kV 生产综合楼二层应急照明平面布置图	1	
13	SD－220－A3－2－D0111－13	110kV 生产综合楼一层应急照明平面布置图	1	
14	SD－220－A3－2－D0111－14	110kV 生产综合楼二层应急照明平面布置图	1	
15	SD－220－A3－2－D0111－15	水泵房照明动力平面布置图	1	
16	SD－220－A3－2－D0111－16	220kV 生产综合楼一层动力布置图	1	
17	SD－220－A3－2－D0111－17	220kV 生产综合楼二层动力布置图	1	
18	SD－220－A3－2－D0111－18	110kV 生产综合楼一层动力布置图	1	
19	SD－220－A3－2－D0111－19	110kV 生产综合楼二层动力布置图	1	
20	SD－220－A3－2－D0111－20	110kV 生产综合楼电缆层动力布置图	1	
21	SD－220－A3－2－D0111－21	检修电源箱接线图（一）	1	
22	SD－220－A3－2－D0111－22	检修电源箱接线图（二）	1	

序号	图 号	图 名	张数	套用原工程名称及卷册检索号，图号
23	SD－220－A3－2－D0111－23	检修电源箱接线图（三）	1	
24	SD－220－A3－2－D0111－24	照明部分材料表（一）	1	
25	SD－220－A3－2－D0111－25	照明部分材料表（二）	1	
26	SD－220－A3－2－D0111－26	动力部分材料表	1	
27		投光灯安装图	1	TY－D1－TGD－01
28		照明开关面板、插座安装图	1	TY－D1－ZM－01
29		户内挂式箱体安装图	1	TY－D1－IEB－01

（1）工程名、工程号应与设计计划书一致。

（2）图名与图号是应与每张图纸中图名图号一致。

主要规程规范：

DL/T 5390—2014《发电厂和变电站照明设计技术规定》

《电力工程电气设计手册（电气一次部分）》第十八章

本卷册计算深度要求如下：

（1）照度计算：计算照度，根据照度计算结果布置灯具。

（2）照明、动力配电计算：统计计算照明、动力负荷（考虑同时系数）、回路工作电流，选择各回路开关、保护设备参数、规格。

（3）照明、动力导体选择计算：根据照明、动力回路负荷及工作电流，选择电缆、导线截面。

SD－220－A3－2－D0111－00　目录

卷 册 说 明

一、设计内容：

1. 本卷册设计范围：本卷册包括全站户外、220kV 配电装置室、110kV 配电装置室、10kV 配电装置室、二次设备室、10kV 电容器室、蓄电池室等照明设计。

2. 照明采用 TN－C－S 系统，即照明配电箱的电源线中，其中性线（N 线）和保护接地线（PE 线）合并，而照明配电箱以后的支线的中性线（N 线）和保护接地线（PE 线）分开，PE 线在照明箱处集中接地。

3. 工程所用各电源箱、照明箱的电源进线均引自站用电屏，应急照明箱的电源引自直流屏。

二、施工说明：

1. 电源箱、照明箱、户内检修箱均采用挂式安装，各配电箱所有进出线管路，包括备用回路,均应一次埋设至电缆沟。

2. 各照明箱、电源箱、风机控制箱的安装高度为箱底距所在地面 1.5m；检修箱的安装高度为箱底距所在地面 1.3m；开关的安装高度为底边距地 1.3m；疏散指示灯底边距地 0.5m，安全出口灯置于门框上 0.1m。普通插座安装高度为底边距地 0.3m，风机插座靠近风机安装。

3. 插座、灯具安装位置可根据设备实际布置现场做调整,所有灯具不得安装在设备正上方。

4. 凡导线型号采用电力电缆时，应按电缆清册中开列的规格进行敷设。

5. BV－0.5－3×4 规格电线用于户内照明回路；BV－0.5－3×10 规格电线用于插座回路；VV₂₂－1.0 电缆用于户外照明回路。

6. 屋内线路应穿管敷设在墙壁内，并应少走弯路，图中照明线走线均为示意，现场施工时，可根据实际情况敷设、调整。所有埋管内穿一根拉线钢丝以便以后电线敷设。

7. 所有照明配电箱、电源箱的外壳，灯具的金属外壳，电缆的金属外壳、空调外机及金属保护管等均应接地。
路灯金属外壳用铜缆与接地网相连。

8. 所有光源的功率因数不得小于 0.9，显色指数 Ra 不得小于 80。

9. 户内灯具（辅助用房除外），效率不低于 75%。

三、标准工艺应用清单：

序号	项目/工艺名称	编号	使用部位	采用数量及应用率
一	建筑电气	0101011300		
1	吊杆式灯具	0101011301	户内	全站采用，100%
2	吸顶式灯具	0101011302	户内	全站采用，100%
3	壁灯	0101011303	户内	全站采用，100%
4	专用灯具	0101011304	户内	全站采用，100%
5	建筑室内配电箱、开关及插座	0101011305	户内	全站采用，100%
二	照明接地装置安装	0101031100		
1	照明软线或扁铁接地	0101031101	站区	全站采用，100%

（1）照明设计原则，照明网络的接线方式无误。

（2）检修及巡视照明的设置无误。

（3）工作照明箱及事故照明箱的电源引接及管线敷设方式无误。

（4）开关的布置方式，照明灯具接地保护无误。

（5）照明灯、穿管及电缆敷设的图例说明以及施工中注意事项无误。

（6）箱体、开关、插座、灯具等的安装位置的注意事项无误。

SD－220－A3－2－D0111－01　卷册说明

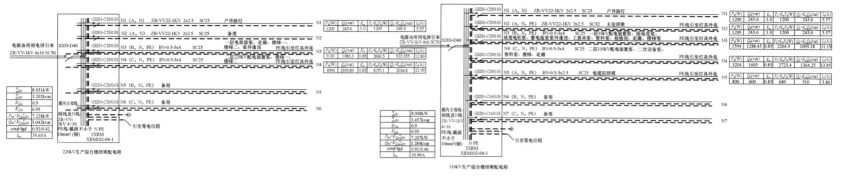

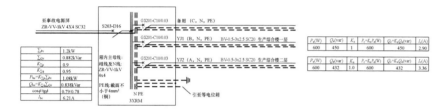

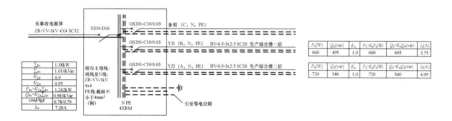

（1）各照明回路的名称、负荷大小、工作电流正确。

（2）开关、导线选型合理。

（3）三相的负荷均匀分布。

（4）PE线设置合理。

（5）照明网络的工作中性线（N线）必须有两端接地。

（6）本图中的说明完整、正确。

（7）至站用电柜电缆型号应与二次一致。

3. P_e——用电设备组的设备功率，kW。

K_x——需要系数。

P_c、Q_c、I_c——用电设备组的计算负荷，kW，kvar，A。

$\cos\phi$、$tg\phi$——用电设备功率因数、用电设备功率因数角相对应的正切值。

$K_{\Sigma p}$、$K_{\Sigma q}$——有功功率、无功功率同时系数。

P_{bc}、Q_{bc}、I_{bc}——配电干线的计算负荷，kW，kvar，A。

4. 所有照明开关带漏电保护功能。

说明：1. BV－N1×N2，表示单芯 BV 型导线，N1 表示导线数量，N2 表示导线截面。

ZR－VV22－1kV N1×N2，表示 VV22－1kV 型电缆，N1 表示电缆芯数，N2 表示电缆截面。

2. 站内灯具功率因数不能低于下表：

灯具类别	吊杆荧光灯	投光灯具	节能灯	吸顶灯	节能灯	泛光灯	LED 灯
$\cos\phi$	0.9	0.9	1	0.8	0.8	0.9	0.98
$tg\phi$	0.484	0.484	0	0.75	0.75	0.484	0.2031

SD－220－A3－2－D0111－02　照明系统图

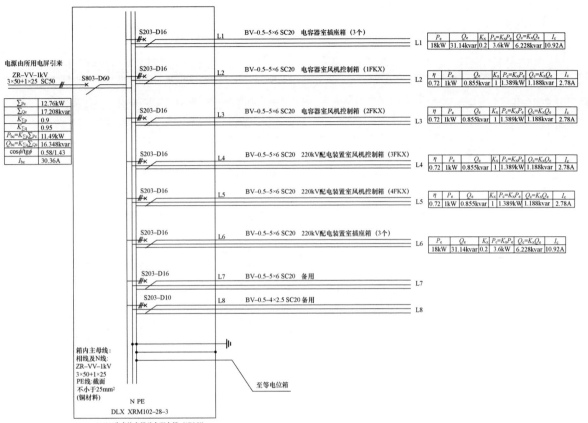

电源由所用电屏引来
ZR-VV-1kV
3×50+1×25 SC50

∑Pe	12.76kW
∑Qe	17.208kvar
$K_{\Sigma p}$	0.9
$K_{\Sigma q}$	0.95
$P_{bc}=K_{\Sigma p}\Sigma P_e$	11.49kW
$Q_{bc}=K_{\Sigma q}\Sigma Q_e$	16.348kvar
cosφ/tgφ	0.58/1.43
I_{bc}	30.36A

S803-D60

S203-D16 L1 BV-0.5-5×6 SC20 电容器室插座箱（3个）

P_e	Q_e	K_x	$P_c=K_xP_e$	$Q_c=K_xQ_e$	I_c
18kW	31.14kvar	0.2	3.6kW	6.228kvar	10.92A

S203-D16 L2 BV-0.5-5×6 SC20 电容器室风机控制箱（1FKX）

η	P_e	Q_e	K_x	$P_c=K_xP_e$	$Q_c=K_xQ_e$	I_c
0.72	1kW	0.855kvar	1	1.389kW	1.188kvar	2.78A

S203-D16 L3 BV-0.5-5×6 SC20 电容器室风机控制箱（2FKX）

η	P_e	Q_e	K_x	$P_c=K_xP_e$	$Q_c=K_xQ_e$	I_c
0.72	1kW	0.855kvar	1	1.389kW	1.188kvar	2.78A

S203-D16 L4 BV-0.5-5×6 SC20 220kV配电装置室风机控制箱（3FKX）

η	P_e	Q_e	K_x	$P_c=K_xP_e$	$Q_c=K_xQ_e$	I_c
0.72	1kW	0.855kvar	1	1.389kW	1.188kvar	2.78A

S203-D16 L5 BV-0.5-5×6 SC20 220kV配电装置室风机控制箱（4FKX）

η	P_e	Q_e	K_x	$P_c=K_xP_e$	$Q_c=K_xQ_e$	I_c
0.72	1kW	0.855kvar	1	1.389kW	1.188kvar	2.78A

S203-D16 L6 BV-0.5-5×6 SC20 220kV配电装置室插座箱（3个）

P_e	Q_e	K_x	$P_c=K_xP_e$	$Q_c=K_xQ_e$	I_c
18kW	31.14kvar	0.2	3.6kW	6.228kvar	10.92A

S203-D16 L7 BV-0.5-5×6 SC20 备用

S203-D10 L8 BV-0.5-4×2.5 SC20 备用

箱内主母线:
相线及N线:
ZR-VV-1kV
3×50+1×25
PE线:截面
不小于25mm²
(铜材料)
N PE
DLX XRM102-28-3
220kV生产综合楼动力配电箱（1DLX）

至等电位箱

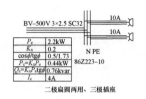

BV-500V 3×2.5 SC32 10A 10A N PE 86Z223-10

P_e	2.2kW
K_x	0.2
cosφ/tgφ	0.5/1.73
$P_c=K_xP_e$	0.44kW
$Q_c=K_xP_e$tgφ	0.76kvar
I_c	4A

二极扁圆两用、三极插座

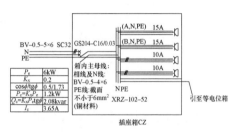

BV-0.5-5×6 SC32 GS204-C16/0.03 (A,N,PE) 15A (B,N,PE) 15A 10A 10A
N PE
箱内主母线:
相线及N线:
BV-0.5-4×6
PE线:截面
不小于6mm²
(铜材料)
XRZ-102-52
引至等电位箱

插座箱CZ

（1）插座配电箱和风机控制箱的回路数与各平面布置图一致。

（2）各回路的名称、负荷大小、工作电流正确。

（3）开关、导线选型合理。

（4）插座箱配置漏电保护。

（5）PE 线设置合理。

（6）至站用电柜电缆型号应与二次一致。

（7）风机分布与暖通资料一致。

（8）本图中的说明完整、正确。

说明：P_e——用电设备组的设备功率，kW。

K_x——需要系数。

P_c、Q_c、I_c——用电设备组的计算负荷，kW，kvar，A。

cosφ、tgφ——用电设备功率因数、用电设备功率因数角相对应的正切值。

$K_{\Sigma p}$、$K_{\Sigma q}$——有功功率、无功功率同时系数。

P_{bc}、Q_{bc}、I_{bc}——配电干线的计算负荷，kW，kvar，A。

η——电动机的满载时效率。

注：1. 所有 PE 线都汇总至等电位箱。

2. 所有箱子的长度，宽度必须一致。

SD－220－A3－2－D0111－03　动力系统图（一）

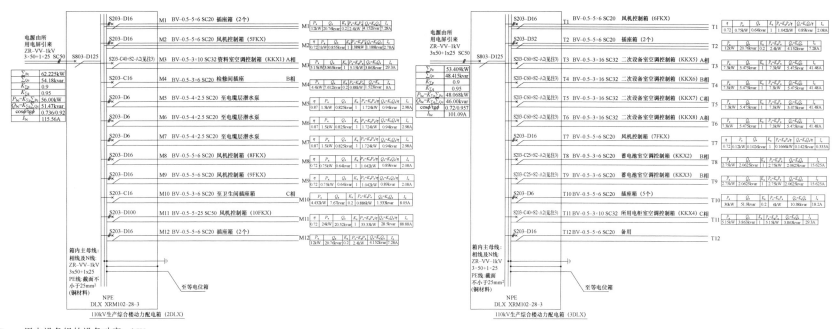

说明：P_e——用电设备组的设备功率，kW。

　　　K_x——需要系数。

　　　P_c、Q_c、I_c——用电设备组的计算负荷，kW，kvar，A。

　　　$\cos\phi$、$tg\phi$——用电设备功率因数、用电设备功率因数角相对应的正切值。

　　　$K_{\Sigma p}$、$K_{\Sigma q}$——有功功率、无功功率同时系数。

　　　P_{bc}、Q_{bc}、I_{bc}——配电干线的计算负荷，kW，kvar，A。

　　　η——电动机的满载时效率。

注：1. 所有 PE 线都汇总至等电位箱。

　　2. 所有箱子的长度，宽度必须一致。

　　3. 空调控制回路，与消防系统连锁，当出现火警时，立即将回路切断。空调控制回路与消防连锁由智能辅助系统空调控制器实现。

SD－220－A3－2－D0111－04　动力系统图（二）

主要设备材料表

序号	图例	名称	型号规格	单位	数量	备注
1	⊷	节能投光灯具	400W	个	12	单杆单灯，灯杆就近接地，安装高度2m，防水防尘
2	⊷	节能投光灯具	400W	个	6	壁装，安装高度见图纸标识
3	—	电缆	ZR－VV22－1KV 2×2.5	m	350	
4	—	电缆	ZR－VV22－1KV 3×2.5	m	200	
5	⌐	暗装单联翘板开关	250V，10A 防水	个	3	
6	⌐	暗装双联翘板开关	250V，10A 防水	个	1	
7		钢管	SC32	m	540	
8	⊠	检修电源箱	XW1	只	1	电源来自所用电屏

（1）室外立柱安装灯具，应避开上下水道、管沟等地下设施，并与消防栓保持2m距离；灯杆（柱）距路边的距离宜为1~1.5m；距独立避雷针距离不小于5m。

（2）室外照明需要设置漏电保护措施。

（3）根据业主要求决定设置配电箱至大门处电源。

说明：1. ⫴ 电缆沟。

2. 主变区投光灯仅为1号主变压器区照明。

3. 站内灯具功率因数不能低于下表：

灯具类别	LED 灯
$\cos\phi$	0.983
$\text{tg}\phi$	0.203

4. 图中 $A\dfrac{B}{C}$ 和 $A\dfrac{B}{-}$ 分别表示灯数 $\dfrac{容量}{安装高度}$ 和灯数 $\dfrac{容量}{吸顶(吊杆)位置}$。

5. 路灯安装高度2m，灯杆及灯的金属外壳就地接地，地面支架安装的灯具备上下和左右转头的功能。

SD－220－A3－2－D0111－05 室外照明布置图

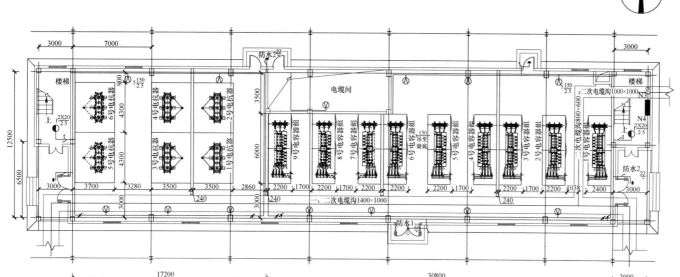

（1）表示出照明、灯具及开关位置，照明回路照明灯数量、容量、安装高度、导线和电缆敷设路径、导线根数及截面，穿管及电缆敷设的图例说明。

（2）表示出各个灯具引接自照明箱回路的编号，编号应能示出引自的照明箱的名称。

（3）设备材料表中的设备材料应注明编号、名称、型号及规格、单位、数量、图例及备注；整个工程的图例符号应统一。

（4）照明灯具选型、布置合理。

（5）所选导线型号与接线图一致。

（6）各回路名称、负荷工作电流等参数是否与接线图一致。

（7）本图中的说明和材料表应完整、正确。

（8）图上比例应表示正确，建构筑物及门窗应表示清楚。

（9）室外蓬顶、卫生间、电缆层灯具及其开关为防尘防水型。

（10）灯具布置尽量均匀，室内设备光照亮度一致。

（11）楼梯间、110kV 配电装置室、220kV 配电装置室、10kV 配电装置室、电缆层的照明用双控开关控制。

说明：1. 图中金卤泛光灯与壁灯在同一位置时，应上下对齐安装。

2. 请在施工时注意照明配电箱、应急照明配电箱和消防箱安装位置。

3. 图中虚线所示为远期工程。

4. 站内灯具功率因数不能低于下表：

灯具类别	吸顶灯	节能灯	泛光灯	LED 灯	荧光灯
$\cos\phi$	0.8	0.8	0.9	0.98	0.9
$\text{tg}\phi$	0.75	0.75	0.484	0.203	0.484

5. P_e——用电设备组的设备功率，kW。

K_x——需要系数。

P_c、Q_c、I_c——用电设备组的计算负荷，kW，kvar，A。

$\cos\phi$、$\text{tg}\phi$——用电设备功率因数、用电设备功率因数角相对应的正切值。

6. 图中 $A\dfrac{B}{C}$ 和 $A\dfrac{B}{-}$ 分别表示灯数 $\dfrac{容量}{安装高度}$ 和灯数 $\dfrac{容量}{吸顶(吊杆)位置}$。

SD-220-A3-2-D0111-06 220kV 配电装置楼一层照明平面布置图（一）

主 要 设 备 材 料 表

序号	图例	名 称	型 号 规 格	单位	数量	备 注
1	▬	照明配电箱（1XRM）	XRM102－04－1	个	1	电源来自所用电屏配电箱底边距地面1.5m嵌墙安装
2	▭	等电位箱		个	1	底边距地面0.3m安装
3	Ⓥ	LED 投光灯	70W	个	3	吊杆安装，吊至梁底，杆长约1.5m。吊杆由灯具厂家提供。
4	Ⓥ	LED 投光灯	70W	个	12	壁装，安装高度见图纸标识。
5	●	吸顶灯	22W 节能灯、防水	个	5	用于室外蓬顶，防水防尘
6	◗	壁灯	$\dfrac{2\times20W}{2.5}$ 节能灯	个	2	用于走廊、楼梯间
7	/	暗装单联翘板开关	250V，6A 声控	个	2	控制楼梯间壁灯
8	/	暗装单联翘板开关	250V，6A	个	1	
9	/	暗装单联翘板开关	250V，6A 防水防尘	个	5	用于室外蓬顶
10	/	暗装双联双控翘板开关	250V，6A	个	4	用于10kV 电容器室
11	/	暗装单联双控翘板开关	250V，6A	个	4	用于10kV 电容器室
12	——	导线	BV－0.5－3×4 SC25	m	440	干线，已折成单根
13	——	导线	BV－0.5－5×2.5 SC25	m	1250	支线，已折成单根，用于双控开关
14	——	导线	BV－0.5－3×2.5 SC25	m	70	支线，已折成单根，用于单控开关
15		钢管	SC25	m	420	用于 BV－0.5－1×2.5 的导线
16	——	等电位线	BV－0.5－1×25 SC32	m	400	用于各配电箱的 PE 线、设备金属外壳的等电位连接，
17		钢管	SC32	m	400	长度现场实测为准用于 BV－0.5－1×25 的导线
18	——	电缆	ZR－VV－1kV 4×16	m	90	照明配电箱至所用电屏
19		钢管	SC50	m	50	用于从照明配电箱至二次电缆沟处电缆 ZR－VV－1kV 4×16

SD－220－A3－2－D0111－06 **220kV 配电装置楼一层照明平面布置图（二）**

（12）蓄电池室灯具选择防爆型，开关装在蓄电池室外。

（13）室顶安装的灯具避开梁的干扰。

（14）如果主控制室和继电器室内有吊顶，则可以采用嵌入式格栅荧光灯，如果没有吊顶，则可以采用吸顶式荧光灯。

（15）站用变压器室和站用消弧线圈室照明可以采用小功率投光灯或者壁灯，为检修方便安装在围栏之外。

（16）110kV 生产综合楼一、二层照明平面布置图参照本图。

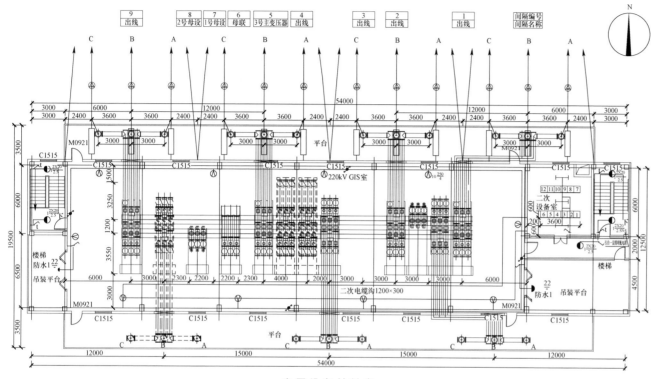

说明：1. 图中金卤泛光灯与壁灯在同一位置时，应上下对齐安装。
2. 请在施工时注意照明配电箱、应急照明配电箱和消防箱安装位置。
3. 图中虚线所示为远期工程。
4. 站内灯具功率因数不能低于下表：

灯具类别	吸顶灯	节能灯	泛光灯	LED灯	荧光灯
$\cos\phi$	0.8	0.8	0.9	0.98	0.9
$\mathrm{tg}\phi$	0.75	0.75	0.484	0.203	0.484

5. P_e——用电设备组的设备功率，kW。

K_x——需要系数。

P_c、Q_c、I_c——用电设备组的计算负荷，kW，kvar，A。

$\cos\phi$、$\mathrm{tg}\phi$——用电设备功率因数、用电设备功率因数角相对应的正切值。

6. 图中 $A\dfrac{B}{C}$ 和 $A\dfrac{B}{-}$ 分别表示灯数 $\dfrac{容量}{安装高度}$ 和

$$灯数\dfrac{容量}{吸顶(吊杆)位置}。$$

主 要 设 备 材 料 表

序号	图例	名 称	型 号 规 格	单位	数量	备 注
1		节能泛光灯	GT301-G-L250W	个	10	壁装，安装高度见图纸标识。
2		壁灯	$\dfrac{2\times20W}{2.5}$ 节能灯	个	5	用于走廊、楼梯间
3		吸顶灯	22W 节能灯、防水	个	2	用于室外蓬顶，防水防尘
4		暗装单联翘板开关	250V，6A 声控	个	4	控制楼梯间壁灯
5		暗装双联双控翘板开关	250V，6A	个	4	用于220kV GIS室
6		暗装单联翘板开关	250V，6A	个	4	
7		导线	BV-0.5-3×4 SC25	m	490	干线，已折成单根
8		导线	BV-0.5-5×2.5 SC25	m	640	支线，已折成单根，用于双控开关
		导线	BV-0.5-3×2.5 SC25	m	80	支线，已折成单根，用于单控开关
		钢管	SC25	m	320	用于 BV-0.5-1×2.5 的导线

SD-220-A3-2-D0111-07　220kV 配电装置楼二层照明平面布置图

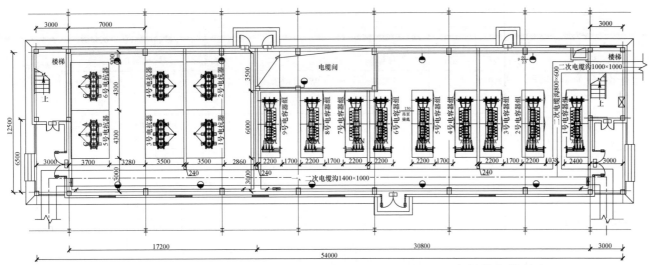

（1）表示出照明、灯具位置，照明回路照明灯数量、容量、安装高度、导线和电缆敷设路径、导线根数及截面，穿管及电缆敷设的图例说明。

（2）表示出各个灯具引接自照明箱回路的编号，编号应能示出引自的照明箱的名称。

（3）设备材料表中的设备材料应注明编号、名称、型号及规格、单位、数量、图例及备注；整个工程的图例符号应统一。

（4）应急照明灯具的布置应合理。

（5）所选导线型号应与接线图一致。

（6）各回路名称、负荷工作电流等参数应与接线图一致。

（7）本图中的说明和材料表应完整、正确。

（8）图上比例应表示正确，建构筑物及门窗应表示清楚。

（9）应急照明灯具宜采用能快速可靠点亮的光源。

（10）应急照明网络不设置插座。

（11）其他楼层应急照明图参照本图。

说明：1. 图中金卤泛光灯与壁灯在同一位置时，应上下对齐安装。

2. 请在施工时注意照明配电箱、应急照明配电箱和消防箱安装位置。

3. 图中虚线所示为远期工程。

4. 站内灯具功率因数不能低于下表：

灯具类别	节能灯
$\cos\phi$	0.8
$\mathrm{tg}\phi$	0.75

5. P_e——用电设备组的设备功率，kW。

K_x——需要系数。

P_c，Q_c，I_c——用电设备组的计算负荷，kW，kvar，A。

$\cos\phi$、$\mathrm{tg}\phi$——用电设备功率因数、用电设备功率因数角相对应的正切值。

6. 图中 $A\dfrac{B}{C}$ 和 $A\dfrac{B}{-}$ 分别表示灯数 $\dfrac{\text{容量}}{\text{安装高度}}$ 和灯数 $\dfrac{\text{容量}}{\text{吸顶(吊杆)位置}}$。

主要设备材料表

序号	图例	名称	型号规格	单位	数量	备注
1		应急照明配电箱	XRM102−02−01	个	1	电源来自直流屏 配电箱底边距地面 1.5m 嵌墙安装
2		壁灯	节能灯 $\dfrac{1\times 60W}{2.5}$	个	9	
3		暗装单联翘板开关	250V，6A	个	1	
4		暗装双联双控翘板开关	250V，6A	个	4	用于 10kV 电容器室
5		方向指示灯	2W，220V	套	3	
6	E	出口指示灯	2W，220V	套	8	安装于门的上方
7		导线	BV−0.5−3×2.5	m	470	干线，已折成单根
8		导线	BV−0.5−5×2.5	m	860	支线，已折成单根，用于双控开关
9		导线	BV−0.5−3×2.5	m	20	支线，已折成单根，用于单控开关
10		钢管	SC25	m	340	用于 BV−0.5−1×2.5 的导线
11		电缆	ZR−VV−1kV 4X4	m	95	应急照明配电箱至直流屏
12		钢管	SC32	m	50	用于从应急照明配电箱至二次电缆沟处电缆 ZR−VV−1kV 4x4

SD−220−A3−2−D0111−11　220kV 配电装置楼一层应急照明平面布置图

主 要 设 备 材 料 表

序号	图例	名 称	型号规格	单位	数量	备 注
1	▭	动力照明控制柜				数量统计在二次卷册
2	DW	等电位箱		个	1	距地面 0.3m 安装
3	●	吸顶灯	22W 节能灯、防水	个	1	用于室外棚顶
4	◉	壁灯	2×20W 节能灯	个	3	用于水泵房
5	—	导线	BV－0.5－3×2.5 SC25	m	75	已折算单根长度,用于照明回路
6	——	导线	BV－0.5－5×6 SC20	m	4	已折算单根长度,用于插座箱
7	——	导线	BV－0.5－3×10 SC25	m	40	插座回路干线,已折算单根长度
8	——	导线	BV－0.5－3×6 SC20	m	10	插座回路支线,已折算单根长度
9	⌐	暗装单联翘板开关	250V,6A 防水	个	2	
10	CZ	插座箱	XRM－102－52 防水	个	1	安装于距地面0.3m处
11	⊤⊤	二极扁圆两用、三极插座	250V,20A 防水	个	3	安装于距地面1.3m处
12		钢管	SC25	m	25	统计在照明部分
13		钢管	SC20	m	5	统计在动力部分
14		钢管	SC32	m	14	统计在动力部分
15		分线盒				按需装设

（1）水泵房设置供电暖气用电的插座。

（2）照明动力若由水泵房二次屏柜供电,向二次专业提资。

（3）应急照明电缆走线埋管需提资土建专业。

（4）水泵房所用灯具、开关、插座、插座箱均为防水型。

说明: 1. 此处插座用于电暖气供电。

2. 此处为动力柜,列入二次卷册。

3. 照明、插座回路采用 BV 塑料线穿钢管沿墙体或楼板敷设。

4. 土建施工时请与电气人员配合,并注意满足电气距离的要求。

5. 分线盒按施工需要装设。

SD－220－A3－2－D0111－15 水泵房照明动力平面布置图

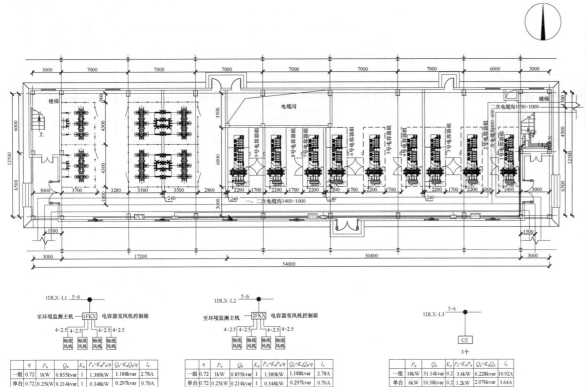

主 要 设 备 材 料 表

序号	图例	名称	型号规格	单位	数量	备注
1	□	动力配电箱	XRM102-28-3	个	1	电源由所用电屏引来，配电箱底边距地面1.5m嵌墙安装
2	CZ	插座箱	XRZ-102-52	个	3	室内安装于距地面0.3m处
3		智能型超低噪声轴流风机	ZTF-5，转速960r/min，$L \geqslant 6635\text{m/h}$，$H \geqslant 73.7\text{Pa}$，噪声$\leqslant 43\text{DB}$，$N=0.25\text{kW}$，$V=380\text{V}$	个	6	土建已做
4	1FKX	风机控制箱		个	1	共四路，数量统计在智能辅助系统卷册，控制电容器室4个智能型超低噪声轴流风机
5	2FKX	风机控制箱		个	1	共四路，数量统计在智能辅助系统卷册，控制电容器室4个智能型超低噪声轴流风机
6	—	导线	BV-0.5-4×2.5	m	1600	风机控制箱至风机的连线，已折成单根
7	——	导线	BV-0.5-5×6	m	600	动力箱至风机控制箱及插座箱的连线，已折成单根
8		钢管	SC20	m	520	
9	—	电缆	ZR-VV-1kV 3×50+1×25	m	100	动力配电箱至所用电屏
10	DYX	检修电源箱		个	3	电源来自所用电屏

说明：1. 站内设备功率因数不能低于下表：

设备类别	风机	插座/插座箱
$\cos\phi$	0.76	0.5
$\text{tg}\phi$	0.855	1.73

2. P_e——用电设备组的设备功率，kW。
   K_x——需要系数。
   P_c、Q_c、I_c——用电设备组的计算负荷，kW，kvar，A。
   $\cos\phi$、$\text{tg}\phi$——用电设备功率因数、用电设备功率因数角相对应的正切值。
   η——电动机的满载时效率。

3. 风机控制箱由智能辅助监控系统厂家提供，本卷册含交流配电箱、动力配电箱至风机控制箱的导线及埋管。

（1）图上比例应表示正确，建构筑物及门窗应表示清楚。

（2）应表示动力箱、插座位置，动力回路容量、导线和电缆敷设路径、导线根数及截面，穿管及电缆敷设的图例说明。

（3）设备材料表中的设备材料应注明编号、名称、型号及规格、单位、数量、图例及备注。整个工程的图例符号应统一。

（4）从动力电源箱出线的风机和插座箱回路数多，合理布置出线，方便运维人员。

（5）风机控制箱控制风机数量根据厂家资料确定，控制箱数量经济合理。

（6）风机的位置、数量是与暖通资料一致。

SD-220-A3-2-D0111-16 220kV 配电装置楼一层动力布置图

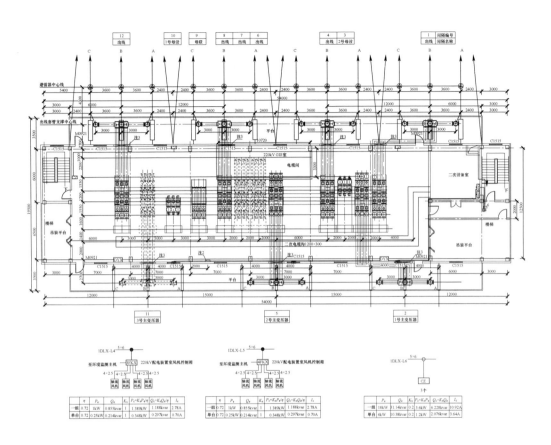

主 要 设 备 材 料 表

序号	图例	名称	型号规格	单位	数量	备注
1	CZ	插座箱	XRZ-102-52	个	3	室内安装于距地面0.3m处
2		智能型超低噪声轴流风机	ZTF-5,转速960r/min,L≥6635m/h,H≥73.7Pa,噪声≤43DB,N=0.25kW,V=380V	个	8	土建已做
3	3FKX	风机控制箱		个	1	共四路,数量统计在智能辅助系统卷册,控制220kV配电装置室4个智能型超低噪声轴流风机
4	4FKX	风机控制箱		个	1	共四路,数量统计在智能辅助系统卷册,控制220kV配电装置室4个智能型超低噪声轴流风机
5	—	导线	BV-0.5-4×2.5	m	1850	风机控制箱至风机的连线,已折成单根
6	—	导线	BV-0.5-5×6	m	850	动力箱至风机控制箱及插座箱的连线,已折成单根
7		钢管	SC20	m	630	
8	DYX	检修电源箱		个	2	电源来自所用电屏

（7）风机回路名称、用电负荷和工作电流等与接线图一致。

（8）插座布置与暖通资料中空调和暖气的位置匹配,所选插座型号要满足暖通资料中的空调暖气的需要。

（9）各房间的插座布置人性化,方便运行人员使用。

（10）有电缆的房间门口建议放置一个插座,用于安装驱鼠器。

（11）插座回路名称、用电负荷和工作电流等要与接线图一致。

（12）风机控制箱、插座箱的安装位置合理,尺寸正确。

（13）所选导线型号与接线图保持一致。

（14）本图中的说明和材料表应完整、正确。

（15）110kV生产综合楼动力布置图参照本图。

说明：1. 站内设备功率因数不能低于下表：

设备类别	风机	插座/插座箱
$\cos\phi$	0.76	0.5
$tg\phi$	0.855	1.73

2. P_e——用电设备组的设备功率,kW。

K_x——需要系数。

P_c、Q_c、I_c——用电设备组的计算负荷,kW,kvar,A。

$\cos\phi$、$tg\phi$——用电设备功率因数、用电设备功率因数角相对应的正切值。

η——电动机的满载时效率。

3. 风机控制箱由智能辅助监控系统厂家提供,本卷册含交流配电箱、动力配电箱至风机控制箱的导线及埋管。

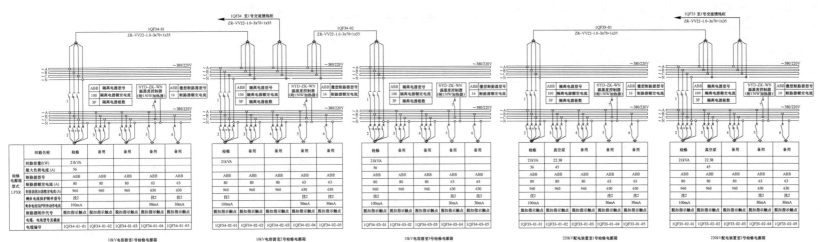

右侧文字：

（1）提资给二次检修电源箱容量，并根据二次返回资料确定检修电源箱到馈线柜及检修电源箱之间的电缆型号。

（2）检修电源箱数量和平面图中数量一致。

（3）主变压器区检修电源箱充分考虑大功率负荷（如真空滤油机）用电需求，必须配置漏电保护器。

（4）SD－220－A3－2－D0111－22、SD－220－A3－2－D0111－23 参照本图。

注：1. 各检修电源箱进线处应设 4 根 25×4mm 铜排小母线，以便于进线电缆的引接。铜排与开关之间设绝缘板。

2. 断路器的漏电保护器与开关本体是一体的，不需要单独订货。

3. 箱内设截面不小于 100mm² 的接地铜排，施工时使用截面不小于 100mm² 的铜缆将该接地铜排与等电位接地铜网可靠连接；

4. 断路器、微型断路器和隔离电器型号均采用塑壳，由 ABB 公司生产。

SD－220－A3－2－D0111－21　检修电源箱接线图（一）

2.12 光缆、电缆敷设及防火封堵

序号	图 号	图 名	张数	套用原工程名称及卷册检索号，图号
1	SD－220－A3－2－D0112－01	卷册说明	1	
2	SD－220－A3－2－D0112－02	室外光缆、电缆敷设布置图	1	
3	SD－220－A3－2－D0112－03	电缆层一次桥架平面布置图	1	
4	SD－220－A3－2－D0112－04	电缆层二次桥架平面布置图	1	
5	SD－220－A3－2－D0112－05	室外光缆、电缆敷设防火封堵图	1	
6	SD－220－A3－2－D0112－06	主要设备材料表（一）	1	
7	SD－220－A3－2－D0112－07	主要设备材料表（二）	1	
8		电缆穿管防火封堵图	1	TY－D1－FPIP－01
9		电缆沟阻火墙安装图（单侧）	1	TY－D1－CTFSW－01
10		电缆沟阻火墙安装图（双侧）	1	TY－D1－CTFSW－02
11		电缆桥架穿墙孔洞防火封堵安装图	1	TY－D1－CTFPH－01
12		电缆桥架防火封堵安装图	1	TY－D1－CTFS－01
13	屏柜电缆沟及抗静电地板上安装孔洞防火封堵安装图		1	TY－D1－CFS－01
14		电缆沟支架加工图	1	TY－D1－CTS－01

（1）工程名、工程号应与设计计划书一致。

（2）图名与图号是应与每张图纸中图名图号一致。

主要规程规范：

GB 50229—2006 火力发电厂与变电所设计防火规范

GB 50217—2018 电力工程电缆设计规范

《电力工程电气设计手册（电气一次部分）》第十七章

SD－220－A3－2－D0112－00　目录

卷 册 说 明

一、电缆敷设施工说明

1. 电缆从地下引出地面的部分应采用钢管保护。沿设备本体敷设的电缆，可采用金属软管保护。

2. 户外裸露的塑料电缆应尽可能敷设在背阳处或采取一定的遮阳措施。

3. 电缆沟内的电缆支架应作热镀锌处理。

4. 电缆长度应根据现场实际位置核准后进行截取，电缆走向根据现场情况可作适当调整。

5. 电缆敷设完毕，应及时做好防火，防水，防止小动物进入沟内和室内等工作。

6. 在二次设备室电缆沟内，靠近屏柜敷设 100mm² 接地铜排，形成网格状等电位接地网；

在 35kV-10kV 开关室及户外二次电缆沟第三层支架，靠近开关柜、智能控制柜敷设 100mm² 接地铜排，就近与主接地网可靠连接。

7. 站用变至站用电柜的双路主电源电缆分别敷设至站用电柜。

8. 对于双电源供电的电力电缆，原则要求电缆分别敷设于电缆沟的两侧。

9. 全站光缆尾缆采用槽盒敷设。二次电缆沟最下层支架敷设光缆槽盒。

10. 等电位接地网应满足以下要求：

1）应在二次设备室、敷设二次电缆的沟道、开关场的就地智能控制柜等处，使用截面不小于 100mm² 的裸铜排敷设与主接地网紧密连接的等电位接地网。

2）在二次设备室按柜屏布置的方向敷设 100mm² 的专用铜排，将该专用铜排首末端连接，形成等电位接地网。等电位接地网

与站内的主接地网只能存在唯一连接点。为保证连接可靠，连接线必须用至少 4 根以上截面不小于 50mm² 的铜排构成共点接地。

3）保护装置之间、保护装置至开关场就地智能控制柜之间联系电缆屏蔽层应双端接地，使用截面不小于 4mm² 多股铜质软导线可靠连接到等电位接地网的铜排上。

4）静态保护和控制装置的屏柜下部应设有截面不小于 100mm² 的接地铜排。屏柜上装置的接地端子应用截面不小于 4mm² 的多股铜线和接地铜排相连。

5）开关场的就地智能控制柜内应设置截面不小于 100mm² 的裸铜排，并使用截面不小于 100mm² 的铜缆与电缆沟道内的等电位接地网连接。

6）由开关场的变压器、断路器、隔离刀闸和电流、电压互感器等设备至开关场就地端子箱之间的二次电缆应经金属管从一次设备的接线盒（箱）引至电缆沟，并将金属管的上端与上述设备的底座和金属外壳良好焊接，下端就近与主接地网良好焊接。

上述二次电缆的屏蔽层在就地端子箱处单端使用截面不小于 4 平方毫米多股铜质软导线可靠连接至等电位接地网的铜排上，在一次设备的接线盒（箱）处不接地。

11. 二次设备室内等电位接地铜排与二次电缆沟最上层支架间采用耐火型 380V 低压绝缘子隔离。

二、防火封堵施工说明

1. 在下列位置设置阻火墙：

（1）至二次设备室和配电装置的沟道入口处；

（2）在公用主沟道引接分支沟道处；

（3）长距离沟道内每相隔约 60m 区段处；

（4）多段配电装置对应的沟道适当分段处。

2. 对下列孔洞应根据不同部位，可采用有机堵料、无机堵料、耐火隔板或阻火包实施阻火分隔：

（1）进入二次屏（柜）底部开孔处；

（2）动力箱、端子箱、开关柜底部开孔处；

（3）保护管两端；

（4）电缆贯穿隔墙、楼板的孔洞处。

3. 为防止火灾扩大，电缆全部或局部区域应涂刷防火涂料：

（1）对直流电源、事故照明、消防报警等重要回路的电缆应全部涂刷；

（2）屏（柜）和箱底部的电缆一般涂其孔洞下部 1m 长；

（3）户外电缆沟进入户内的 2m 范围内电缆应涂刷；

（4）阻火墙两侧电缆各 1m 长应涂刷。

（5）在电缆接头两侧各约 3m 区段和该范围并列敷设的其他电缆上，应采用防火涂料、包带作阻燃处理。

4. 当电力电缆与控制电缆或通讯电缆在同一电缆沟（道）布置时，必须采用防火槽（盒）或防火隔板将电力电缆与其他电缆隔离。动力电缆与控制电缆在同一电缆沟中敷设时，采用分层敷设并用防火隔板隔开。

5. 对靠近含油设备（如电缆终端或电流、电压互感器、断路器等）的电缆沟盖板，应作密封（如用水泥砂浆）处理。

6. 在楼板和电缆沟道处设置的防火封堵，应能承受巡视、维护人员的荷载，并具有稳固性。

7. 以上内容依据 GB 50229—2006《火力发电厂与变电所设计防火规范》、GB 50217—2007《电力工程电缆设计规范》设计。本说明若与最新有关规定规程相悖时，以新规定和规程为准。

应说明本卷册包含内容，主要设计原则，设备材料订货要求，施工注意事项，与其他卷册的分界点等。

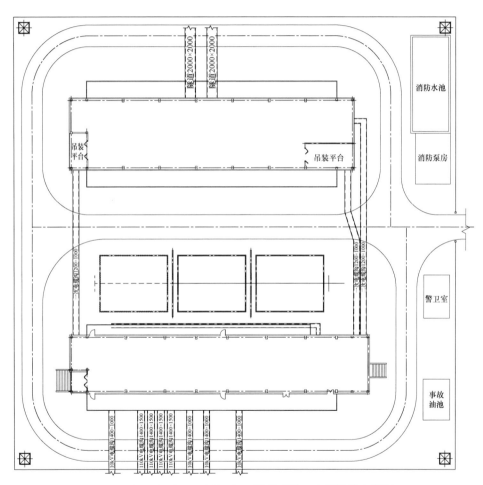

消防水池

消防泵房

警卫室

事故
油池

隧道2000×2000

隧道2000×2000

吊装平台

吊装平台

SD－220－A3－2－D0112－02　室外光缆、电缆敷设布置图

绘制变电站站区、各级配电装置、主控制楼各层以及辅助建筑物各层的光缆、尾缆、电缆敷设路径图。

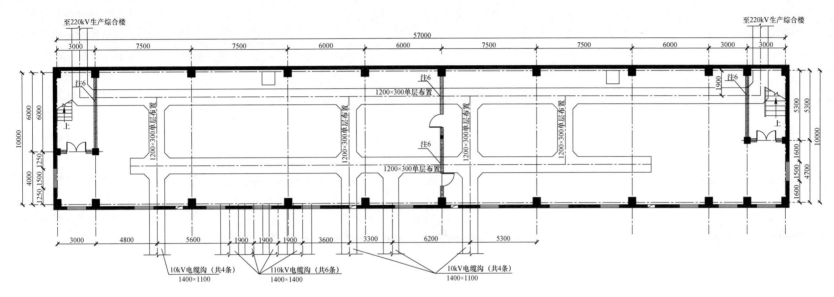

注：1. 电缆桥架布置尺寸仅供参考，具体应有专业制造厂家现场实测校对后，再生产安装。
2. 设备材料表依据桥架布置尺寸统计用量，设计上细节未到部分具体按现场实际用量计。
3. 电缆层内所有竖向高压电缆必须安装有捆绑电缆支架，捆绑点距地 1800mm 左右。
4. 电缆桥架应就近可靠多点接地，桥架连接点处采用软铜线进行电气连接。
5. 供货厂家需在合适位置装设人员通过小桥，并就近用外观明显的专用接地线与主接地网连接。
6. 此处每层电缆桥架预留 1300×400 的孔，待电缆敷设完毕后需防火封堵。

SD−220−A3−2−D0112−03 电缆层一次桥架平面布置图

（1）平面图与土建图纸一致，立柱、集水坑的尺寸准确。

（2）一次桥架布置合理；所有的一次电缆均可落在桥架上。

（3）避开所有的二次桥架和立柱。

（4）一次桥架与室外一次电缆沟衔接。

（5）一次电缆桥架布置与开关柜一次电缆孔位置承接，引接方便。

（6）一次电缆桥架和电缆沟容量满足远景要求。

（7）尽量避免双层桥架和电缆交叉。

（8）开关柜从一层到夹层的一次电缆需加支撑，防止开关柜内电缆终端受拉力过大。

（9）与暖通专业对接，避免桥架与消防管道、自动灭火装置碰撞。

（10）本图中的说明是否完整、正确。

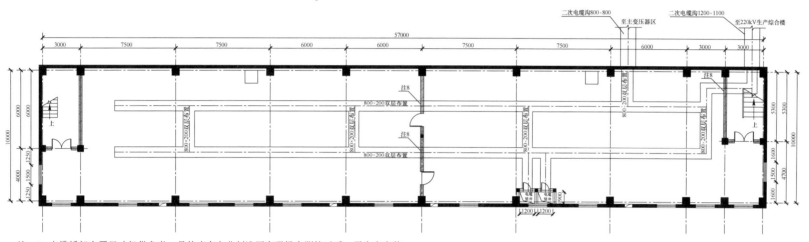

（1）二次桥架出线布置合理，至屏柜二次电缆引接方便，所有的二次电缆均可通过侧引顺利地落在桥架上。

（2）应避开了所有的一次桥架和立柱。

（3）二次桥架与室外二次电缆沟衔接。

（4）二次桥架和二次电缆沟的容量满足远景要求。

（5）竖井内支架数量可以满足二次电缆的需要。

（6）竖井内电缆支架能与电缆层二次桥架方便衔接。

（7）与暖通专业对接，避免桥架与消防管道、自动灭火装置碰撞。

（8）本图中的说明完整、正确。

注：1. 电缆桥架布置尺寸仅供参考，具体应有专业制造厂家现场实测校对后，再生产安装。
2. 设备材料表依据桥架布置尺寸统计用量，设计上细节未到部分具体按现场实际用量计。
3. 二次控制电缆竖井制成成品门式竖井，由厂家现场测量后制作并安装，具体见土建图纸。
4. 主变控制电缆均使用电缆桥架，由厂家现场测量后制作并安装。
5. 电缆层内所有竖向高压电缆必须安装有捆绑电缆支架，捆绑点距地 1800mm 左右。
6. 电缆桥架应就近可靠多点接地，桥架连接点处采用软铜线进行电气连接。
7. 二次电缆桥架底层在通道处距离地面高度不低于 1.6m，以便于人通过。
8. 此处每层电缆桥架预留 800×300 的孔，待电缆敷设完毕后需防火封堵。

SD－220－A3－2－D0112－04　电缆层二次桥架平面布置图

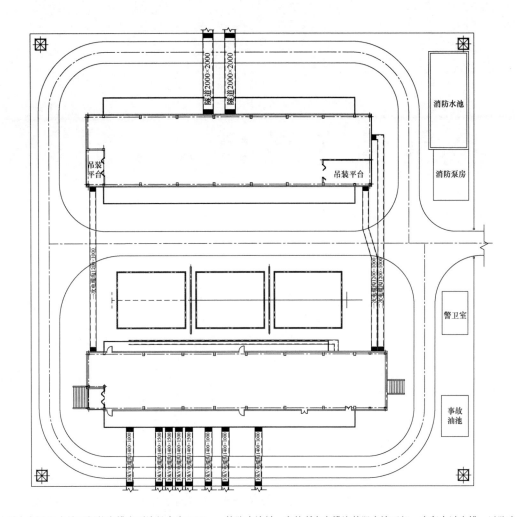

（1）表示出变电站站区、各级配电装置、主控制楼以及辅助建筑物内光、电缆防火设施的布置，包括耐火光、电缆槽盒、防火隔板、防火墙等，并注明规格、数量。

（2）表示出光、电缆防火封堵的规格型式；绘制各种型式防火封堵单元图纸，单元图纸应表示此种防火封堵的施工方法及所需设备材料并说明施工注意事项。

（3）电缆沟内防火墙布置长度间距不大于60m。

注：1. 电缆沟■处设阻火墙，每处阻火墙两侧的电缆表面涂长度为1000mm的防火涂料，户外所有电缆沟的阻火墙下部，应留有过水槽，以防水渗泡阻火墙。

2. 由户外进入配电装置楼的电缆沟处，电缆沟交叉处，电缆竖井与电缆沟连接处均应设阻火墙。

3. 电缆夹层隔墙处，采用阻火墙封堵。

4. 电缆沟位置视现场具体位置确定。

5. 110kV配电装置楼二层配电装置室通往二次设备室穿墙处需进行防火封堵。

SD－220－A3－2－D0112－05 室外光缆、电缆敷设防火封堵图

第3章

电 气 二 次 部 分

本章为220kV模块化建设施工图设计SD-220-A3-2实施方案变电二次部分设计说明，共包含十六小节。

3.1　电气二次施工图说明

目　录

编制要点：

（1）说明工程设计依据及内容、对初步设计评审意见的执行情况、施工及运行中的注意事项。

（2）二次设备配置方案，重点说明与初步设计、初设评审意见、通用设计的差异。

（3）当设计方案需限制运行方式及使用条件时，应明确说明。

（4）扩建、部分改建工程时应描述原工程现状及与本期工程接口情况。

（5）说明采用的标准工艺、质量通病防治措施、强制性条文执行情况。

（6）列出二次施工图卷册目录。

（7）说明二次设备接地、防雷、抗干扰措施、对等电位接地铜排的具体要求，应明确接地点接地具体技术要求：接地引线截面、接地体与地网的连接方式和连接点。

（8）列出系统继电保护、安全自动装置、调度自动化、站内通信、电气二次的主要设备材料，包括名称、型号及规格、单位、数量及备注，并说明主要设备生产厂家。

（9）重点说明甲供、乙供设备范围。

（10）模块化变电站采用预制光缆。

（11）与一次、土建专业设备分界，特别是消防、接地设备。

（12）根据《国家电网有限公司十八项电网重大反事故措施（2018年版）》要求，涉及系统稳定的220kV智能变电站采用常规互感器时，应通过二次电缆直接接入保护装置。

3.2 公用设备二次线

序号	图号	图名	张数	套用原工程名称及卷册检索号，图号	序号	图号	图名	张数	套用原工程名称及卷册检索号，图号
1	SD－220－A3－2－D0202－01	卷册说明	1		21	SD－220－A3－2－D0202－21	110kV 母线设备智能控制柜柜面布置图	1	
2	SD－220－A3－2－D0202－02	二次设备室屏位布置图	1		22	SD－220－A3－2－D0202－22	关口电能表柜电流、电压回路图	1	
3	SD－220－A3－2－D0202－03	220kV GIS 室及 220kV 二次设备室屏位布置图	1		23	SD－220－A3－2－D0202－23	关口电能表柜柜面布置图	1	
4	SD－220－A3－2－D0202－04	110kV GIS 室屏位布置图	1		24	SD－220－A3－2－D0202－24	电量采集计量系统通信示意图1	1	
5	SD－220－A3－2－D0202－05	母线设备配置图	1		25	SD－220－A3－2－D0202－25	电量采集计量系统通信示意图2	1	
6	SD－220－A3－2－D0202－06	220kV 母线设备二次系统信息逻辑图	1		26	SD－220－A3－2－D0202－26	关口电能表柜端子排图	1	
7	SD－220－A3－2－D0202－07	110kV 母线设备二次系统信息逻辑图	1		27	SD－220－A3－2－D0202－27	主变压器电能表柜柜面布置图	1	
8	SD－220－A3－2－D0202－08	220kV 母线设备电压回路及采样值信息逻辑图（第一套）	1		28	SD－220－A3－2－D0202－28	主变压器电能表柜端子排图	1	
9	SD－220－A3－2－D0202－09	220kV 母线设备电压回路及采样值信息逻辑图（第二套）	1		29	SD－220－A3－2－D0202－29	10kV 母线电压互感器接线图	1	
10	SD－220－A3－2－D0202－10	220kV Ⅰ、Ⅱ母设备隔离开关控制回路图	1		30	SD－220－A3－2－D0202－30	10kV 母线测控信号回路图	1	
11	SD－220－A3－2－D0202－11	220kV Ⅰ母 TV 信号回路图	1		31	SD－220－A3－2－D0202－31	10kV 母线设备柜端子排图1	1	
12	SD－220－A3－2－D0202－12	220kV Ⅱ母 TV 信号回路图	1		32	SD－220－A3－2－D0202－32	10kV 母线设备柜端子排图2	1	
13	SD－220－A3－2－D0202－13	110kV 母线设备电压回路及采样值信息逻辑图（第一套）	1		33	SD－220－A3－2－D0202－33	10kV Ⅱ、Ⅲ 母电压并列原理接线图	1	
14	SD－220－A3－2－D0202－14	110kV 母线设备电压回路及采样值信息逻辑图（第二套）	1		34	SD－220－A3－2－D0202－34	10kV 1 号隔离柜端子排图1	1	
15	SD－220－A3－2－D0202－15	110kV Ⅰ、Ⅱ母设备隔离开关控制回路图	1		35	SD－220－A3－2－D0202－35	10kV 1 号隔离柜端子排图2	1	
16	SD－220－A3－2－D0202－16	110kV Ⅰ母 TV 信号回路图	1		36	SD－220－A3－2－D0202－36	公用控制信号回路图	1	
17	SD－220－A3－2－D0202－17	110kV Ⅱ母 TV 信号回路图	1		37	SD－220－A3－2－D0202－37	公用测控柜面布置图	1	
18	SD－220－A3－2－D0202－18	220kV Ⅰ（Ⅱ）母 TV 智能控制柜端子排图	1		38	SD－220－A3－2－D0202－38	公用测控柜端子排图1	1	
19	SD－220－A3－2－D0202－19	110kV Ⅰ（Ⅱ）母 TV 智能控制柜端子排图	1		39	SD－220－A3－2－D0202－39	公用测控柜端子排图2	1	
20	SD－220－A3－2－D0202－20	220kV 母线设备智能控制柜柜面布置图	1						

SD－220－A3－2－D0202－00　目录

（1）卷册检索号应与项目计划一致。

（2）图纸张数应与实际一致。

（3）图纸编号、名称应与具体图纸一致。

主要设计依据：

GB 14285—2006　继电保护和安全自动装置技术规程

GB/T 50062—2008　电力装置的继电保护和自动装置设计规范

GB/T 50063—2017　电力装置的电测量仪表装置设计规范

GB/T 50976—2014　继电保护及二次回路安装及验收规范

GB 50217—2018　电力工程电缆设计标准

DL/T 5044—2014　电力工程直流系统设计技术规程

DL/T 5149—2001　220kV～500kV 变电所计算机监控系统设计技术规程

DL/T 5136—2012　火力发电厂、变电站二次接线设计技术规程

DL/T 866—2004　电流互感器和电压互感器选择及计算导则

Q/GDW 10381.5—2017　国家电网有限公司输变电工程施工图设计内容深度规定第 5 部分：220kV 智能变电站

Q/GDW 1161—2013　线路保护及辅助装置标准化设计规范

Q/GDW 1175－2013　变压器、高压并联电抗器和母线保护及辅助装置标准化设计规范

Q/GDW 10766—2015　10kV～110（66）kV 线路保护、元件保护及辅助装置标准化设计规范

Q/GDW 441—2010　智能变电站继电保护技术规范

Q/GDW 11398—2015　变电站设备监控信息规范

国家电网有限公司十八项电网重大反事故措施（2018 年版）

基建技术〔2018〕29 号　输变电工程设计常见病清册

国家电网企管〔2017〕1068 号　变电站设备验收规范

调监〔2012〕303 号　220kV 变电站典型信息表

鲁电调〔2016〕772 号　山东电网继电保护配置原则

鲁电企管〔2018〕349 号　山东电网二次设备命名规范

历年下发的标准差异条款

工程规模	远景	主变数量	220kV系统接线	220kV出线	110kV系统接线	110kV出线	10kV系统接线	10kV出线	10kV母线PT	10kV电容器	10kV接地变及消弧线圈	特殊说明
		3	双母线接线	6	双母线接线	12	单母线分段	12	4	9	3	
	本期	主变数量	220kV系统接线	220kV出线	110kV系统接线	110kV出线	10kV系统接线	10kV出线	10kV母线PT	10kV电容器	10kV接地变及消弧线圈	
		1	双母线接线	3	双母线接线	6	单母线分段	6	1	3	1	

220kV母线电压互感器参数	形式	数量	绕组参数		
	电磁式电压互感器	3台/每个母线PT间隔	220/√3 /0.1/√3 /0.1/√3 /0.1/√3 /0.1kV 0.2/0.5 (3P) /0.5 (3P) /6P 30/10/10/10VA		

110kV母线电压互感器参数	形式	数量	绕组参数		
	电磁式电压互感器	3台/每个母线PT间隔	110/√3 /0.1/√3 /0.1/√3 /0.1/√3 /0.1kV 0.2/0.5 (3P) /0.5 (3P) /6P 30/10/10/10VA		

10kV母线电压互感器参数	形式	数量	绕组参数		
	电磁式电压互感器	3台/每个母线PT间隔	10/√3 /0.1/√3 /0.1/√3 /0.1/√3 /3kV 0.2/0.5 (3P) /0.5 (3P) /6P 40/40/40/40VA		

其他主要设备制造商	主变	220kV GIS	110kV GIS	10kV开关柜	全站时间同步系统	电能质量在线监测系统	避雷器在线监测系统
	****有限公司	****有限公司	****有限公司	****有限公司	****有限公司	****有限公司	****有限公司

特殊说明	
	1. 本站220kV GIS采用户内布置。
	2. 全站防误闭锁分为三个层次，站控层闭锁、间隔层联闭锁和机构电气闭锁。站控层闭锁宜由监控主机实现；间隔层联闭锁宜由测控装置实现，间隔间闭锁信息通过GOOSE方式传输；机构电气闭锁实现设备本间隔内的防误闭锁，保留跨间隔电气闭锁回路；站控层闭锁、间隔层联闭锁和机构电气闭锁属于串联关系，站控层闭锁失效时不影响间隔层联闭锁，站控层和间隔层联闭锁均失效时不影响机构电气闭锁。主变三侧联闭锁保留电气闭锁回路。全站闭锁逻辑由监控厂家提交业主单位确认。
	3. 本工程屏、柜安装应满足《国家电网公司输变电工程工艺标准库—变电电气工艺标准库》0102040101、0102040103的工艺标准要求；二次回路接线应满足《国家电网公司输变电工程工艺标准库—变电电气工艺标准库》0102040104的工艺标准要求。

间隔名称	设备集成商	装置名称	装置型号	装置生产厂家	安装位置
220kV母线智能装置配置					
220kV I母PT智能控制柜	****有限公司	220kV I/II母PT合并单元1	****	****有限公司	220kV GIS配电装置区
		220kV I母PT智能终端	****	****有限公司	
220kV II母PT智能控制柜	****有限公司	220kV I/II母PT合并单元2	****	****有限公司	
		220kV II母PT智能终端	****	****有限公司	

间隔名称	设备集成商	装置名称	装置型号	装置生产厂家	安装位置
110kV母线智能装置配置					
110kV I、II母PT智能控制柜	****有限公司	110kV I/II母PT合并单元1	****	****有限公司	110kV GIS配电装置室
		110kV I/II母PT合并单元2	****	****有限公司	
		110kV I母PT智能终端	****	****有限公司	
		110kV II母PT智能终端	****	****有限公司	
		110kV母线测控装置	****	****有限公司	
		110kV公用测控装置	****	****有限公司	

SD－220－A3－2－D0202－01　卷册说明

（1）应说明本卷册包含内容，主要设计原则，设备订货情况，与其他卷册的分界点等。

（2）施工图设计阶段，一体化监控厂家不能实现保信子站时，应提供独立装置。

（3）本卷册接收通信专业通信屏柜数量的提资，一次专业应急照明电源容量的提资。

（4）本卷册向一次、土建专业提资二次设备室、220kV二次设备小室屏柜数量、定位、接地，电缆沟设置，向土建专业提资屏柜尺寸、基础、预埋线缆。向一次专业提资电压互感器参数，智能组件数量、安装位置等。

（5）本卷册向一体化电源卷册设计人提资电源要求，包括负荷容量、本侧开关配置、是否双重化配置等。

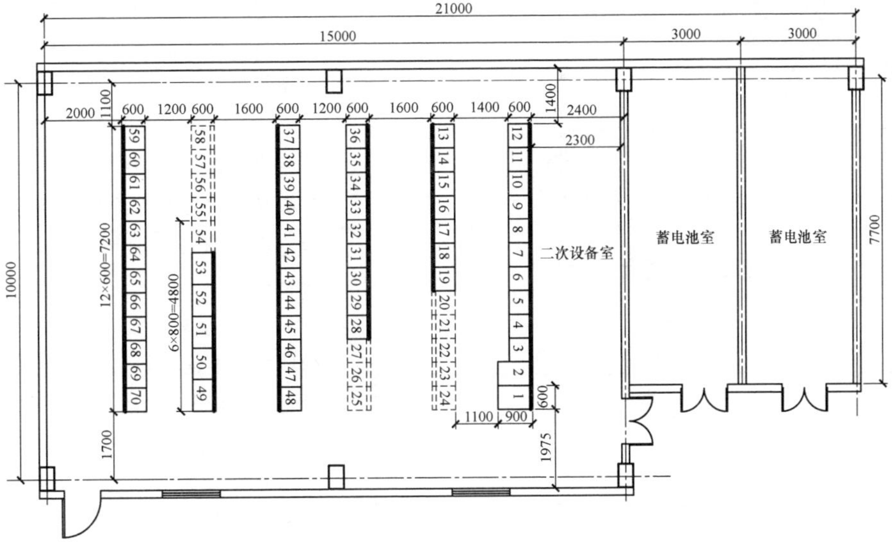

屏位一览表					
屏号	名称	数量			备注
		单位	本期	远期	
1	监控主机柜	面	1		监控主机 2 台
2	综合应用服务器柜	面	1		综合应用服务器 1 台+正反向隔离各 2 台
3	调度数据网设备柜	面	1		路由器 2 台+纵向加密 4 台+交换机 4 台
4	I 区远动通信柜	面	1		I 区通信网关机 2 台+I 区站控层中心交换机 2 台+防火墙 2 台
5	II 区及Ⅲ/Ⅳ区远动通信柜	面	1		II 区网关机 2 台+III/IV 区网关机 1 台+II 区站控层中心交换机 2 台
6	站控层网络设备柜	面	1		站控层交换机 6 台
7，8	网络报文记录分析系统柜	面	2		
9	时钟同步主时钟柜	面	1		
10	时钟同步扩展柜	面	1		
11，12	智能辅助控制系统柜	面	2		
13，14	1 号主变压器保护柜	面	2		
15	1 号主变压器测控柜	面	1		
16，17	2 号主变压器保护柜	面	2		
18	2 号主变压器测控柜	面	1		
19	1 号、2 主变压器充氮灭火控制柜	面	1		
20，21	预留 3 号主变压器保护柜	面		2	
22	预留 3 号主变压器测控柜	面		1	
23	预留 3 号主变压器充氮灭火控制柜	面		1	
24～27	备用	面		4	
28	主变压器电能表柜 I	面	1		
29	主变压器电能表柜 II	面	1		
30	110kV 母线保护柜	面	1		110kV 母线保护 1 套+110kV 过程层中心交换机4台
31	110kV 故障录波装置柜	面	1		
32	主变压器故障录波装置柜	面	1		
33	低频低压减载柜	面	1		
34	消弧线圈控制柜 I	面	1		
35	消弧线圈控制柜 II	面	1		
36	公用及 10kV 母线测控柜	面	1		
37，38	通信电源柜	面	2		
39，40	UPS 电源柜	面	2		
41～48	直流电源柜	面	8		
49～53	站用电柜	面	5		
54～58	备用	面		5	
59	保护通信接口装置柜	面	1		
60～70	通信用柜	面	11		

（1）标注二次设备室布置尺寸，设备至墙（柱）中心线间的距离、通道的净尺寸、纵向及横向布置尺寸等，主要检修通道、屏柜之间、屏柜至墙的距离满足规程及通用设计要求。

（2）标注二次设备室屏柜布置、柜内设备、屏柜尺寸等信息；根据屏柜接线光电缆数量，合理选择前显示前接线、前显示后接线型式屏柜。

（3）二次设备室疏散出口满足消防规程要求。

（4）屏柜应按虚实线标注本期及远期规模，备用屏柜满足规程要求。

（5）分别标注屏柜至建筑中心线，屏柜至墙边距离，与一次图纸定位一致。

（6）屏柜名称、设备名称应符合鲁电企管〔2018〕349 号《山东电网二次设备命名规范》的要求。并要求各卷册与本卷命名统一。

SD－220－A3－2－D0202－02　二次设备室屏位布置图

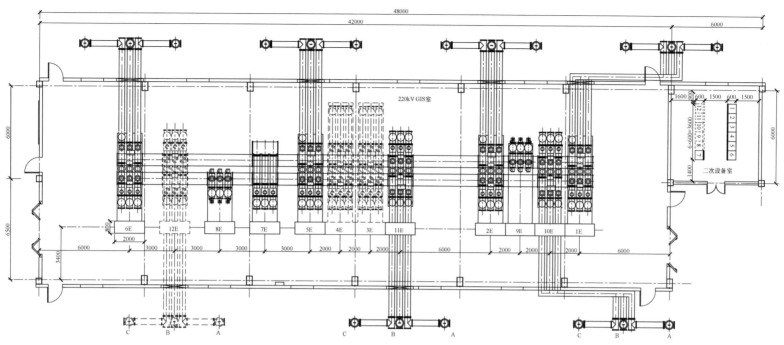

（1）在一次平面布置图上标注智能控制柜编号、名称柜内设备等信息。

（2）屏柜名称、设备名称应符合鲁电企管〔2018〕349号《山东电网二次设备命名规范》的要求。并要求各卷册与本卷命名统一。

（3）考虑到配电装置区运行环境的限制，同时220kV公用设备数量较多、距离二次设备室较远，在220kV配电装置区设置二次设备小室。110kV公用二次设备布置于二次设备室。

（4）屏柜标注与一次图纸一致。

220kV GIS 室屏位一览表

屏号	名　称	单位	本期	远期	备　注
1E～6E	220kV 线路智能控制柜	面	4	2	保护1，2+测控+智能终端1，2+合并单元1，2+过程层交换机1，2+电能表
7E	220kV 母联智能控制柜	面	1		保护1，2+测控+智能终端1，2+合并单元1，2+过程层交换机1，2
8E	220kV 母线智能控制柜	面	1		母线测控+智能终端+合并单元1
9E	220kV 母线智能控制柜	面	1		智能终端+合并单元 2+避雷器状态监测 IED
10E～12E	220kV 主变压器智能控制柜	面	2	1	智能终端1，2+合并单元1，2

二次设备室屏位一览表

屏号	名　称	单位	本期	远期	备　注
1，2	直流分电柜	面	2		
3	220kV 公用测控及站控层设备柜	面	1		220kV 公用测控+220kV 站控层交换机 4 台
4	220kV 时钟同步扩展柜	面	1		
5	220kV 故障录波装置柜	面	1		
6，7	220kV 母线保护柜	面	2		220kV 母线保护+过程层中心交换机
8～12	备用	面		5	

SD－220－A3－2－D0202－03　220kV GIS 室及 220kV 二次设备室屏位布置图

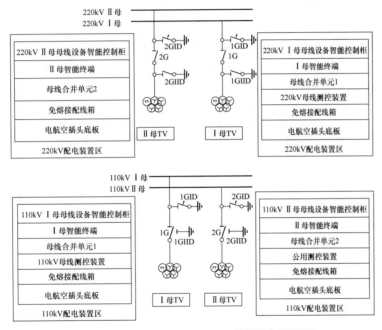

SD－220－A3－2－D0202－05　母线设备配置图

（1）说明 220、110kV 母线电压互感器的主接线图，二次绕组数量、智能组件的配置和组屏方案。

（2）双母线接线两段母线按双重化配置双套合并单元，每段母线配置 1 台智能终端。

（3）通常将 220kV 避雷器在线监测 IED 布置于母线智能控制柜，确认厂家图纸时注意预留位置。

（4）110kV 母线智能组件受制于合并单元输出光口数量多的限制，不采用智能终端合并单元集成装置。

（5）设备配置与一次主接线一致。

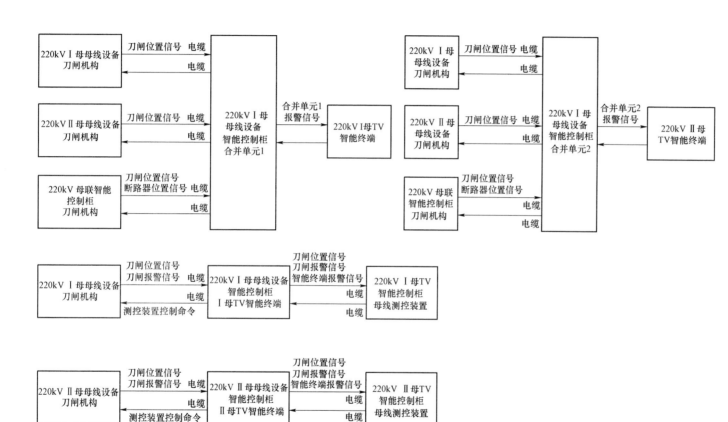

说明母线智能组件与一次
设备、二次设备间逻辑信息。

SD-220-A3-2-D0202-06 220kV 母线设备二次系统信息逻辑图

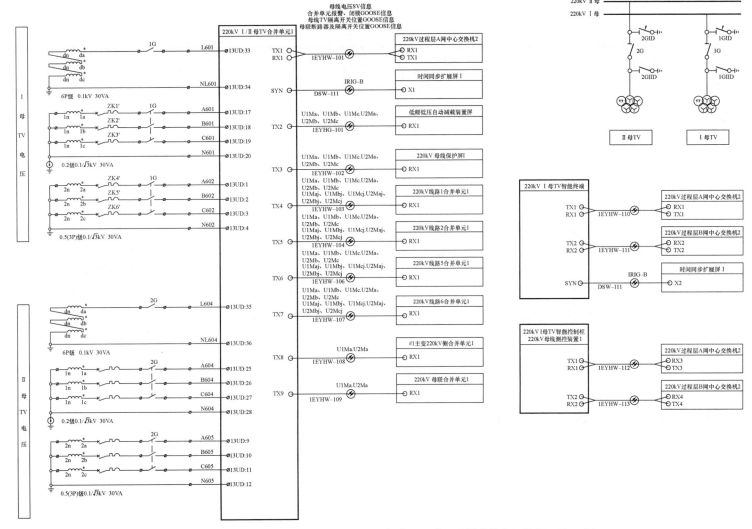

SD－220－A3－2－D0202－08　220kV 母线设备电压回路及采样值信息逻辑图（第一套）

（1）电压互感器二次绕组数量、准确级、容量满足保护、测量、计量的要求。

（2）电压互感器二次绕组接地型式满足《国家电网有限公司十八项电网重大反事故措施（2018 年版）》的要求，计量级电压互感器在电压并列处接地。

（3）为防止电压反馈，电压互感器二次线均应经刀闸辅助接点引出。

（4）除开口三角外，电压互感器二次线应经空气开关引出；公用的电压互感器，在负荷处各自增设空气开关，且应考虑级差配合。

（5）作为双重化配置的母线合并单元，合并单元 1 接入保护 1 电压，合并单元 2 接入保护 2 电压。

（6）经并列和数字转化的母线电压通过光缆至采的方式传输至各间隔合并单元、低频低压减载装置、中心交换机。

（7）母线及母联断路器位置信息经间隔智能终端通过网络方式传输至母线合并单元。

（8）电压回路不同二次绕组回路不应合用一个电缆，电缆截面积满足 DL/T 866—2004、DL/T 5202—2004、GB/T 50976—2014 要求。

（9）母线合并单元与间隔合并单元不同厂家时，注意核实规约一致性。

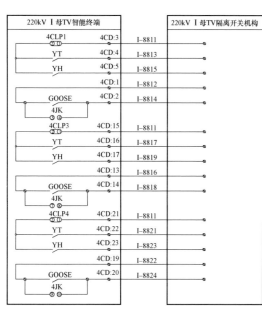

220kV Ⅰ母TV智能终端		220kV Ⅰ母TV隔离开关机构		
4CLP1	4CD:3 I-8811		遥控公共端	
YT	4CD:4 I-8813		1G遥控分闸	
YH	4CD:5 I-8815		1G遥控合闸	
	4CD:1 I-8812		GOOSE联锁	
GOOSE 4JK	4CD:2 I-8814		联锁解除	隔离开关控制回路
4CLP3	4CD:15 I-8811		遥控公共端	
YT	4CD:16 I-8817		1GID遥控分闸	
YH	4CD:17 I-8819		1GID遥控合闸	
	4CD:13 I-8816		GOOSE联锁	
GOOSE 4JK	4CD:14 I-8818		联锁解除	
4CLP4	4CD:21 I-8811		遥控公共端	
YT	4CD:22 I-8821		1GIID遥控分闸	
YH	4CD:23 I-8823		1GIID遥控合闸	
	4CD:19 I-8822		GOOSE联锁	
GOOSE 4JK	4CD:20 I-8824		联锁解除	

220kV Ⅱ母TV智能终端		220kV Ⅱ母TV隔离开关机构		
4CLP1	4CD:3 II-8811		遥控公共端	
YT	4CD:4 II-8813		2G遥控分闸	
YH	4CD:5 II-8815		2G遥控合闸	
	4CD:1 II-8812		GOOSE联锁	
GOOSE 4JK	4CD:2 II-8814		联锁解除	隔离开关控制回路
4CLP3	4CD:15 II-8811		遥控公共端	
YT	4CD:16 II-8817		2GID遥控分闸	
YH	4CD:17 II-8819		2GID遥控合闸	
	4CD:13 II-8816		GOOSE联锁	
GOOSE 4JK	4CD:14 II-8818		联锁解除	
4CLP4	4CD:21 II-8811		遥控公共端	
YT	4CD:22 II-8821		2GIID遥控分闸	
YH	4CD:23 II-8823		2GIID遥控合闸	
	4CD:19 II-8822		GOOSE联锁	
GOOSE 4JK	4CD:20 II-8824		联锁解除	

（1）应表示智能终端与隔离（接地）开关之间的控制、闭锁等回路联系及编号。

（2）通用设计按照取消采用硬接点的跨间隔连锁。本方案按照GOOSE联锁回路串入隔离开关控制回路中，目前采取与跨间隔的电气联锁串联的方式。具体可根据工程属地单位运检部门意见进行适当调整。

SD－220－A3－2－D0202－10　220kVⅠ、Ⅱ母设备隔离开关控制回路图

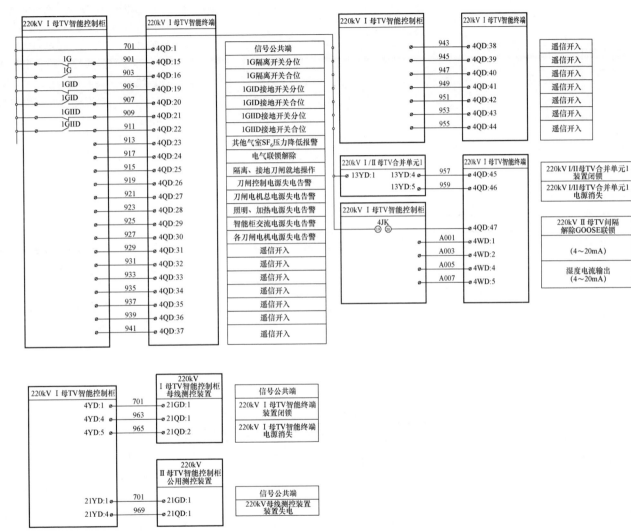

（1）标示智能终端与断路器、隔离（接地）开关及柜内其他设备之间的信号回路及回路号。

（2）本间隔的智能终端故障和失电信号发至测控装置，测控装置故障和失电信号互发。

（3）隔离刀闸位置采用双点信号，其余信号采用单点信号。

（4）应按照 Q/GDW 11398—2015《变电站设备监控信息规范》要求配置开入信号，信号名称尽量一致。

（5）智能控制柜内的交直流空开具备失电报警接点。

SD－220－A3－2－D0202－11　220kV Ⅰ 母 TV 信号回路图

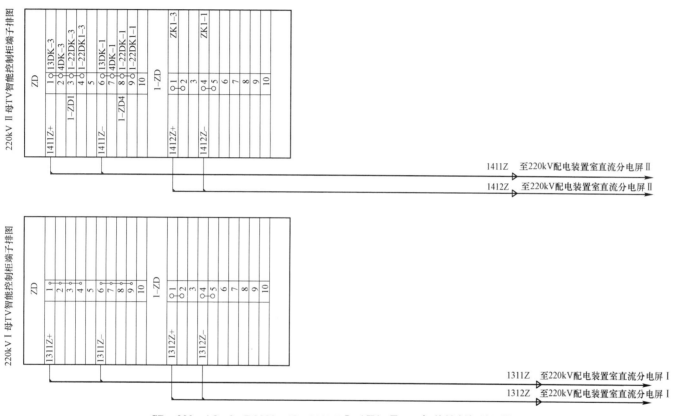

SD-220-A3-2-D0202-18　220kV Ⅰ（Ⅱ）母 TV 智能控制柜端子排图

（1）应表示出端子排的外部去向，包括回路号、电缆去向及电缆编号。当采用预制电缆时，应表示预制电缆的预制方式、插头型号、插座编号、电缆去向、芯数及编号等。

（2）公共端、同名出口端采用端子连线。

（3）交流电流和交流电压采用试验端子。

（4）跳闸回路采用红色试验端子，正负电源间、直流正电源与跳闸出口间隔 1 个端子。

（5）一个端子的每一端只能接一根导线。

（6）室内屏柜取消柜内照明回路。

（7）柜内预留备用端子，确认厂家配置的交流环网接线端子型号与电缆匹配。

（8）应明确接地点位置。

（9）智能终端控制电源及空气开关配置满足载流量和级差配合要求。

（10）保护、信号、自动装置宜分别设置空气开关。

（11）不同安装单位、双重化配置设备、强弱电、交直流不应合用一根电缆。

（12）备用电流互感器短接接地，禁止开路。

（13）截面积不大于 4mm² 的电缆预留备用芯。

（14）确认厂家图纸中端子排布置、电缆型号、截面积、空开配置是否满足要求。

（15）智能柜设置双套加热装置，与其他元件和线缆距离不小于 50mm。

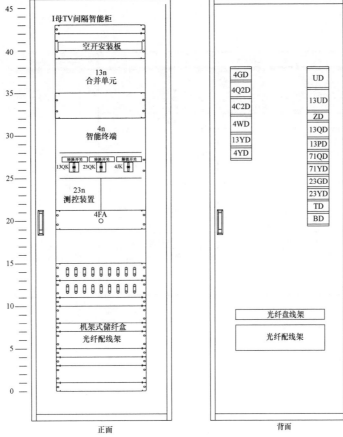

正面

背面

注：Ⅱ母TV智能控制柜同Ⅰ母。

材料表					
序号	符号	名称	型号	数量	备注
1	13n	合并单元		1	
2	4n	智能终端		1	
3	23n	测控装置		1	

SD－220－A3－2－D0202－20 220kV 母线设备智能控制柜柜面布置图

（1）包括屏柜正面、背面布置图及元件参数表。布置图应包括柜内各装置、压板的布置及屏柜外形尺寸等、交直流空气开关、外部接线端子布置等。

（2）元件参数表应包括设备编号、设备名称、规格型式、单位数量等。

（3）屏柜内设备、端子排编号应按照保护及辅助装置编号原则执行。

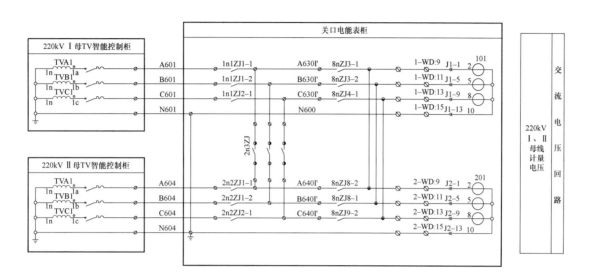

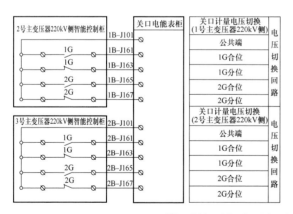

（1）设置关口表时，柜内需设置电压并列和切换装置。

（2）计量电压互感器接地点设置在本柜内。

（3）电能表采用三相四线或者三相三线的要求见 GB/T 50063—2017。

（4）电能表电流回路采用三相六线接线型式，可在汇控柜内接地。

（5）重要的关口计量点电能表可采用双表配置，关口计量点设置原则见 DL/T 5202—2004、GB/T 50063—2017。

（6）采用双表时，需增加配置专用的电流互感器。

（7）计量电压电流回路控制电缆截面积不应小于 4mm²。

SD－220－A3－2－D0202－22 关口电能表柜电流、电压回路图

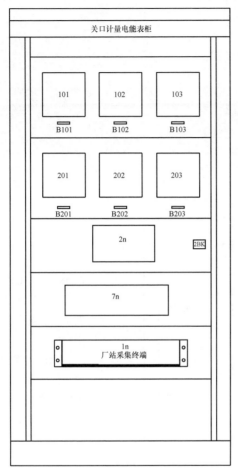

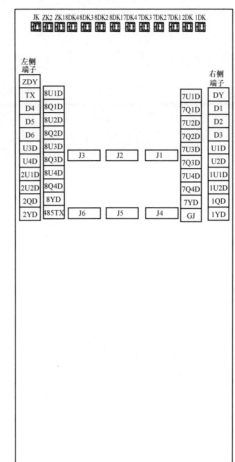

（1）电能表柜端子排、空开及附件的配置应按远景规模设计。

（2）通常将电能量远方终端与关口电能表组 1 面柜，便于模拟量电压并列和切换。

（3）关口表配置原则及精度的要求见 DL/T 5202—2004。

（4）屏柜接地端子排的设计满足《国家电网有限公司十八项电网重大反事故措施（2018 年版）》的要求。

材料表					
序号	符号	名称	型号	数量	备注
1	101－203	电能表位		6	
2	1n	电能量远方终端		1	
3	J1－J6	三相四线接线盒		6	
4	2n	220kV 电压并列装置		1	
5	7n	220kV 电压切换装置		1	

SD－220－A3－2－D0202－23 关口电能表柜柜面布置图

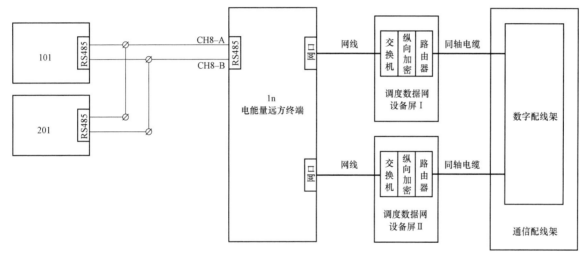

SD-220-A3-2-D0202-24　电量采集计量系统通信示意图1

（1）电能量采集终端通过RS485 串口的方式采集站内所有电能表信息，通过网线连接至双平面的调度数据网，上传调度电能量主站。

（2）山东地区站端电能量终端采用DL/T 719 规约，与营销部主站规约不一致，营销部通常在站端增配1 台厂站终端。

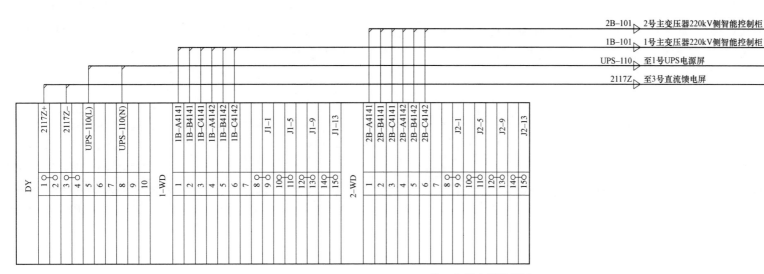

SD-220-A3-2-D0202-26 关口电能表端子排图

右侧文字说明：

（1）应表示出端子排的外部去向，包括回路号、电缆去向及电缆编号。

（2）公共端、同名出口端采用端子连线。

（3）交流电流和交流电压采用试验端子。

（4）正负电源间、直流正电源与跳闸出口端子间隔1个端子。

（5）一个端子的每一端只能接一根导线。

（6）室内屏柜取消柜内照明回路。

（7）柜内预留足够备用端子。

（8）截面积不大于 4mm² 的电缆预留备用芯。

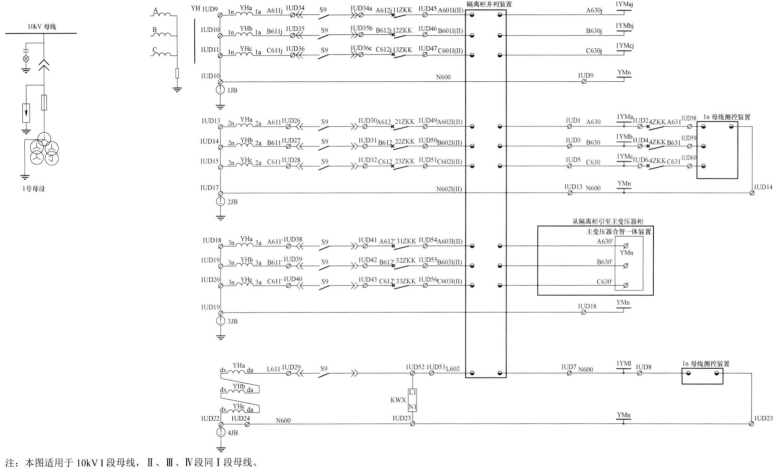

（1）电压互感器二次绕组数量、准确级、容量满足保护、测量、计量的要求。

（2）电压互感器二次绕组接地型式满足《国家电网有限公司十八项电网重大反事故措施（2018年版）》的要求，电压互感器可在电压并列处一点接地，并在就地设置放电间隙接地。

（3）为防止电压反馈，电压互感器二次线均应经刀闸辅助接点引出。

（4）除开口三角外，电压互感器二次线应经空气开关引出；公用的电压互感器，在负荷处各自增设空气开关，且应考虑级差配合。

（5）10kV开关柜采用电压小母线。

（6）开口三角电压处可设置微机消谐装置。

（7）电压回路不同二次绕组回路不应合用一个电缆，电缆截面积满足 DL/T 866—2004、GB/T 50976—2014 要求。

（8）设备配置与一次主接线一致。

注：本图适用于10kV I 段母线，II、III、IV段同 I 段母线。

SD－220－A3－2－D0202－29　10kV 母线电压互感器接线图

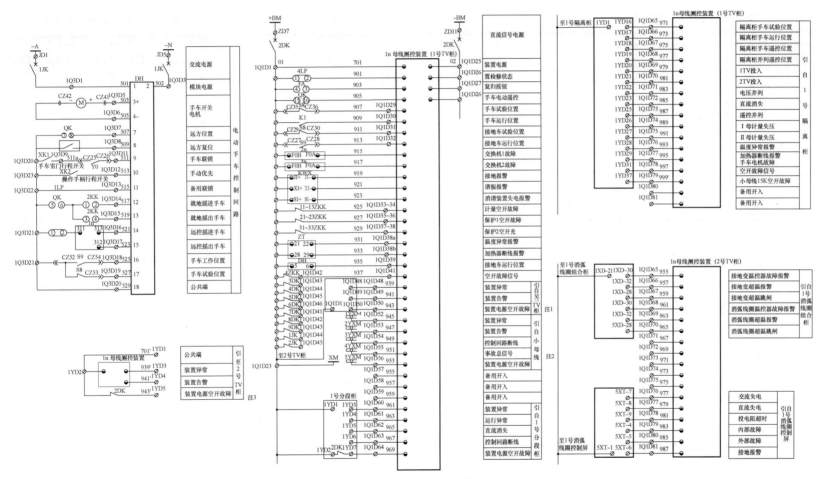

SD-220-A3-2-D0202-30　10kV 母线测控信号回路图

（1）各装置信号应满足典型信息表的要求。

（2）信号编号、端子号与对侧卷册图纸统一。

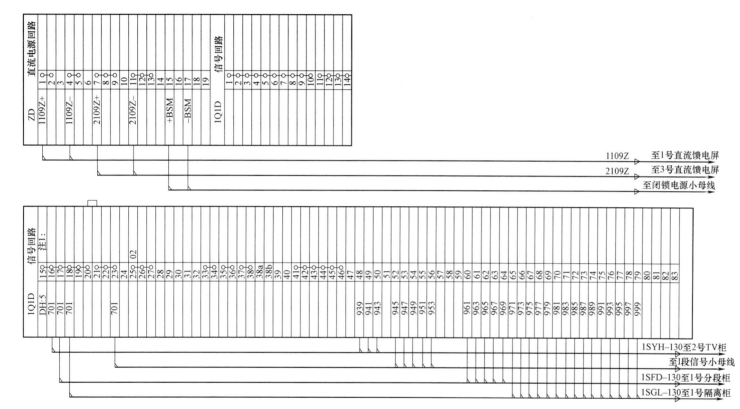

SD-220-A3-2-D0202-31　10kV 母线设备柜端子排图1

（1）应表示出端子排的外部去向，包括回路号、电缆去向及电缆编号。

（2）公共端、同名出口端采用端子连线。

（3）交流电流和交流电压采用试验端子。

（4）正负电源间、直流正电源与跳闸出口端子间隔1个端子。

（5）一个端子的每一端只能接一根导线。

（6）室内屏柜取消柜内照明回路。

（7）柜内预留足够备用端子。

（8）电压互感器公共接地点应标注明确。

（9）截面积不大于 4mm² 的电缆预留备用芯。

（10）确认厂家图纸中端子排布置、电缆型号、截面积、空开配置是否满足要求。

（11）不同安装单位、双重化配置设备、强弱电、交直流不应合用一根电缆。

（12）电压回路号与其他电压等级统筹考虑。

（13）检查端子排回路号、端子号与原理图一致。

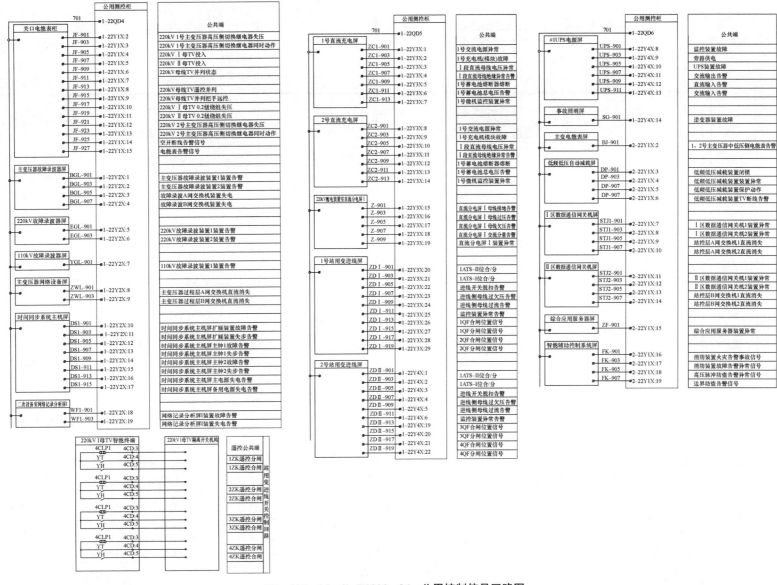

SD－220－A3－2－D0202－36　公用控制信号回路图

（1）各装置信号应满足典型信息表的要求。

（2）信号编号、端子号与对侧卷册图纸统一。

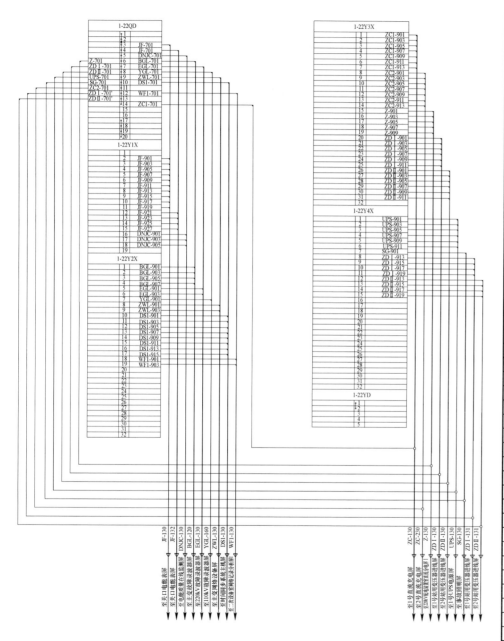

遥信输入位置	回路号	标　　　字
		关口电能表柜
1－22Y1X:2	JF－901	220kV 1 号主变压器高压侧切换继电器失压
1－22Y1X:3	JF－903	220kV 1 号主变压器高压侧切换继电器同时动作
1－22Y1X:4	JF－905	220kV Ⅰ母 TV 投入
1－22Y1X:5	JF－907	220kV Ⅱ母 TV 投入
1－22Y1X:6	JF－909	220kV 母线 TV 并列状态
1－22Y1X:7	JF－911	220kV 母线 TV 并列装置直流失电
1－22Y1X:8	JF－913	220kV 母线 TV 遥控并列
1－22Y1X:9	JF－915	220kV 母线 TV 并列把手远控
1－22Y1X:10	JF－917	220kV Ⅰ母 TV 0.2 级绕组失压
1－22Y1X:11	JF－919	220kV Ⅱ母 TV 0.2 级绕组失压
1－22Y1X:12	JF－921	220kV 2 号主变压器高压侧切换继电器失压
1－22Y1X:13	JF－923	220kV 2 号主变压器高压侧切换继电器同时动作
1－22Y1X:14	JF－925	空开断线告警信号
1－22Y1X:15	JF－927	电能表告警信号
		主变压器故障录波屏
1－22Y2X:1	BGL－901	主变压器故障录波装置 1 装置告警
1－22Y2X:2	BGL－903	主变压器故障录波装置 2 装置告警
1－22Y2X:3	BGL－905	故障录波 A 网交换机装置失电
1－22Y2X:4	BGL－907	故障录波 B 网交换机装置失电
		220kV 故障录波器屏
1－22Y2X:5	EGL－901	220kV 故障录波装置 1 装置告警
1－22Y2X:6	EGL－903	220kV 故障录波装置 2 装置告警
		110kV 故障录波器屏
1－22Y2X:7	YGL－901	110kV 故障录波装置 1 装置告警
		主变压器网络设备屏
1－22Y2X:8	ZWL－901	主变压器过程层 A 网交换机直流消失
1－22Y2X:9	ZWL－903	主变压器过程层 B 网交换机直流消失
		时间同步系统主机屏
1－22Y2X:10	DS1－901	时间同步系统主机屏扩展装置故障告警
1－22Y2X:11	DS1－903	时间同步系统主机屏扩展装置失步告警
1－22Y2X:12	DS1－905	时间同步系统主机屏主钟 1 故障告警
1－22Y2X:13	DS1－907	时间同步系统主机屏主钟 1 失步告警
1－22Y2X:14	DS1－909	时间同步系统主机屏主钟 2 故障告警
1－22Y2X:15	DS1－911	时间同步系统主机屏主钟 2 失步告警
1－22Y2X:16	DS1－913	时间同步系统主机屏主电源失电告警
1－22Y2X:17	DS1－915	时间同步系统主机屏备用电源失电告警
		二次设备室网络记录分析屏 Ⅰ
1－22Y2X:18	WF1－901	网络记录分析屏 Ⅰ装置故障告警
1－22Y2X:19	WF1－903	网络记录分析屏 Ⅰ装置失电告警

（1）应表示出端子排的外部去向，包括回路号、电缆去向及电缆编号。

（2）公共端、同名出口端采用端子连线。

（3）交流电流和交流电压采用试验端子。

（4）正负电源间、直流正电源与跳闸出口端子间隔 1 个端子。

（5）一个端子的每一端只能接一根导线。

（6）室内屏柜取消柜内照明回路。

（7）柜内预留足够备用端子。

（8）需做接地处理的应明确接地点位置。

（9）设置切换把手时两路直流电源分别取自不同直流母线。

（10）截面积不大于 4mm² 的电缆预留备用芯。

（11）确认厂家图纸中端子排布置、电缆型号、截面积、空开配置是否满足要求。

（12）端子排回路号、端子号与原理图一致。

（13）需要接入本柜的各卷册设计人确认接入信号端子排、回路号、电缆编号。

（14）检查端子排回路号、端子号与原理图一致。

SD－220－A3－2－D0202－38　公用测控柜端子排图 1

3.3 主变压器保护及二次线

序号	图号	图 名	张数	套用原工程名称及卷册检索号，图号	序号	图号	图 名	张数	套用原工程名称及卷册检索号，图号
1	SD－220－A3－2－D0203－01	卷册说明	1		21	SD－220－A3－2－D0203－21	主变压器保护屏Ⅰ屏面布置图	1	
2	SD－220－A3－2－D0203－02	主变压器二次设备配置图	1		22	SD－220－A3－2－D0203－22	主变压器保护屏Ⅱ屏面布置图	1	
3	SD－220－A3－2－D0203－03	主变压器高压侧二次系统信息逻辑图	1		23	SD－220－A3－2－D0203－23	主变压器测控屏屏面布置图	1	
4	SD－220－A3－2－D0203－04	主变压器中、低压侧二次系统信息逻辑图	1		24	SD－220－A3－2－D0203－24	主变压器高压侧中性点隔离开关控制回路图	1	
5	SD－220－A3－2－D0203－05	主变压器高压侧电流电压回路图	1		25	SD－220－A3－2－D0203－25	主变压器中压侧中性点隔离开关控制回路图	1	
6	SD－220－A3－2－D0203－06	主变压器中压侧电流电压回路图	1		26	SD－220－A3－2－D0203－26	主变压器保护屏Ⅰ（Ⅱ）端子排图	1	
7	SD－220－A3－2－D0203－07	主变压器低压侧电流电压回路图	1		27	SD－220－A3－2－D0203－27	主变压器测控屏端子排图	1	
8	SD－220－A3－2－D0203－08	主变压器高压侧断路器控制回路图	1		28	SD－220－A3－2－D0203－28	主变压器220kV侧智能控制柜端子排图	1	
9	SD－220－A3－2－D0203－09	主变压器中压侧断路器控制回路图	1		29	SD－220－A3－2－D0203－29	主变压器110kV侧智能控制柜端子排图	1	
10	SD－220－A3－2－D0203－10	主变压器低压侧断路器控制回路图	1		30	SD－220－A3－2－D0203－30	主变压器10kV侧开关柜端子排图	1	
11	SD－220－A3－2－D0203－11	主变压器各侧隔离、接地开关控制回路图	1		31	SD－220－A3－2－D0203－31	主变压器本体智能控制柜端子排图一	1	
12	SD－220－A3－2－D0203－12	主变压器高压侧信号回路图	1		32	SD－220－A3－2－D0203－32	主变压器本体智能控制柜端子排图二	1	
13	SD－220－A3－2－D0203－13	主变压器中压侧信号回路图	1		33	SD－220－A3－2－D0203－33	主变压器有载调压控制箱端子排图	1	
14	SD－220－A3－2－D0203－14	主变压器低压侧信号回路图	1		34				
15	SD－220－A3－2－D0203－15	主变压器本体信号回路图	1		35				
16	SD－220－A3－2－D0203－16	主变压器非电量保护回路图	1		36				
17	SD－220－A3－2－D0203－17	主变压器过程层交换机配置图	1		37				
18	SD－220－A3－2－D0203－18	主变压器220kV侧智能控制柜柜面布置图	1		38				
19	SD－220－A3－2－D0203－19	主变压器110kV侧智能控制柜柜面布置图	1		39				
20	SD－220－A3－2－D0203－20	主变压器本体智能控制柜柜面布置图	1		40				

SD－220－A3－2－D0203－00　目录

（1）卷册检索号应与项目计划一致。
（2）图纸张数应与实际一致。
（3）图纸编号、名称应与具体图纸一致。
主要依据：
GB 14285—2006　继电保护和安全自动装置技术规程
GB/T 50062—2008　电力装置的继电保护和自动装置设计规范
GB/T 50063—2017　电力装置的电测量仪表装置设计规范
GB/T 50976—2014　继电保护及二次回路安装及验收规范
GB 50217—2018　电力工程电缆设计标准
DL/T 5149—2001　220kV～500kV变电所计算机监控系统设计技术规程
DL/T 5136—2012　火力发电厂、变电站二次接线设计技术规程
DL/T 866—2004　电流互感器和电压互感器选择及计算导则
Q/GDW 10381.5—2017　国家电网有限公司输变电工程施工图设计内容深度规定第5部分：220kV智能变电站
Q/GDW 1175—2013　变压器、高压并联电抗器和母线保护及辅助装置标准化设计规范
Q/GDW 586—2011　电力系统自动低压减负荷技术规范
Q/GDW 441—2010　《智能变电站继电保护技术规范》
Q/GDW 11398—2015　变电站设备监控信息规范
国家电网有限公司十八项电网重大反事故措施（修订版）
基建技术〔2018〕29号　输变电工程设计常见病清册
国家电网企管〔2017〕1068号　变电站设备验收规范
调监〔2012〕303号　220kV变电站典型信息表（试行）
鲁电调〔2016〕772号　山东电网继电保护配置原则
鲁电企管〔2018〕349号　山东电网二次设备命名规范
历年下发的标准差异条款

卷 册 说 明

1. 本卷册包括 1 号、2 号主变压器保护、测控及各侧二次线。

2. 本站主变压器建设规模：2/3x240MVA。

3. 主变压器保护、测控装置独立配置，保护采用主后合一、双重化配置原则。保护采用直采直跳，变压器保护直接跳各侧断路器，跳 220kV 母联、110kV 母联及 10kV 分段均采用 GOOSE 网络方式。非电量保护跳主变压器三侧开关采用就地直接电缆跳闸，信息通过本体智能终端上传。GOOSE 报文和 SV 报文采用点对点方式传输，主变压器不配置独立过程层网络，主变压器保护、测控等装置分别接入高、中压侧过程层网络，主变压器低压侧相关信息接入主变压器中压侧过程层网络。

4. 本站零序电压采用装置自产电压。主变压器高、中压侧进线间隔不设 TV，同期由测控装置取高、中压侧母线电压实现。

5. 本站执行国网典设，主变压器过负荷闭锁有载调压由本体启动。

6. 主变压器保护、测控装置采用 IRIG−B（DC）对时方式，合并单元、智能终端、合并单元智能终端集成装置采用 IRIG−B（光）对时方式。

7. 主变压器保护、测控装置、合并单元、智能终端、合并单元智能终端集成装置等二次设备均由站内 220V 直流电源供电。

8. 主变压器各侧合并单元、智能终端布置于各侧智能控制柜，电气量保护组柜布置二次设备室，本体智能终端（含非电量保护功能）组柜布置于主变压器本体附近。

9. 主变压器采用风冷+自冷冷却方式。

（1）说明本卷册包含内容，主要设计原则，设备订货情况，与其他卷册的分界点等。

（2）说明保护装置采样跳闸方式。

（3）说明各设备组网、对时及布置方式。

（4）双重化保护所涉及的回路均应一一对应，包括通信接口装置电源。

（5）保留主变压器三侧间电气联锁。

（6）本卷册向一次、土建专业提资主变压器智能控制柜、端子箱定位、接地，向土建专业提资屏柜尺寸、基础、预埋线缆；向一次专业提资电压互感器、电流互感器参数，智能组件数量、安装位置等。

（7）本卷册向一体化电源卷册设计人提资电源要求，包括负荷容量、本侧开关配置、是否双重化配置等。

SD−220−A3−2−D0203−01　卷册说明

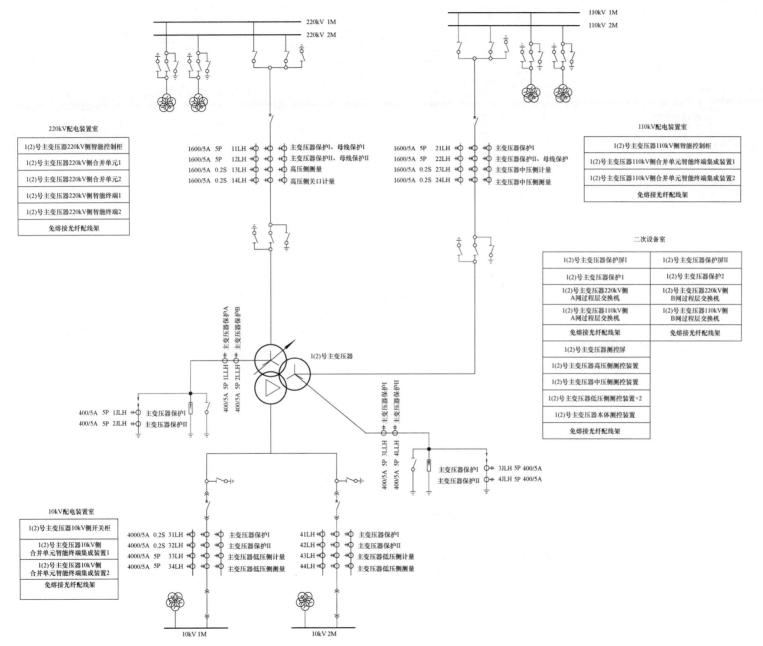

SD-220-A3-2-D0203-02 主变压器二次设备配置图

（1）在主接线简图上表示各间隔 TA、TV 二次绕组数量、排列、准确级、变比和功能配置，并示意相关二次设备配置，包含保护装置、测控装置、合并单元、智能终端等二次设备的厂家型号及安装单位，与一次主接线一致。

（2）主接线示意图应与一次专业接线图一致。

（3）按照 DL/T 866—2004《电流互感器和电压互感器选择及计算导则》进行电流互感器变比、精度、容量选择。

（4）变压器保护各侧 TA 变比，不宜使平衡系数大于 10。

（5）变压器低压侧外附 TA 宜安装在低压侧母线和断路器之间；具体布置可参考 GB/T 50976—2014。

（6）变压器间隙专用 TA 和中性点 TA 均应提供两组保护用二次绕组。

（7）应配置高压侧绕组 TA 用于测温和闭锁有载调压，可采用单相 TA。

（8）若无其他限制条件，保护 1 和保护 2 按如下顺序命名：南瑞继保、北京四方、国电南自、长园深瑞、许继电气、南瑞科技、其他厂家；排序在前的命名为保护 1，排序在后的命名为保护 2。

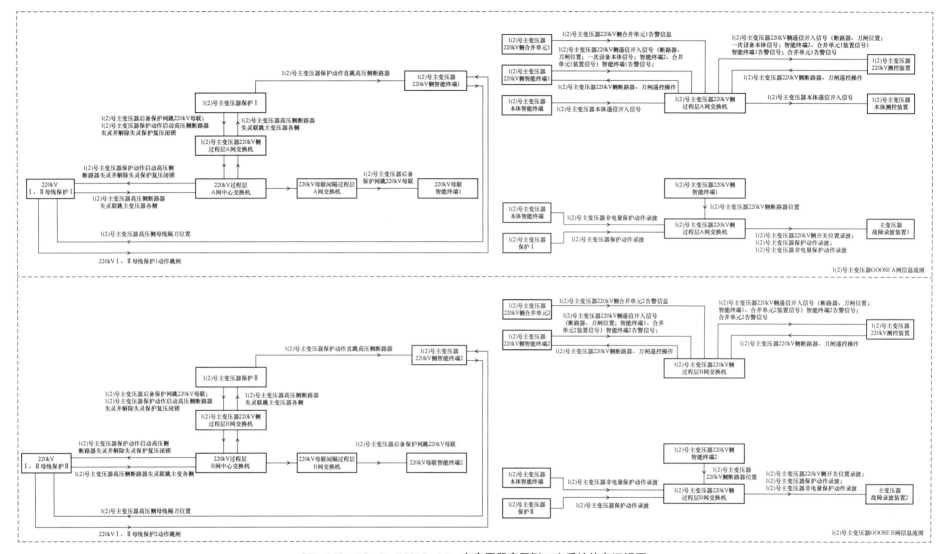

SD－220－A3－2－D0203－03　主变压器高压侧二次系统信息逻辑图

（1）标明本间隔二次设备间的信息（含电流、电压、跳闸、信号等）交互，并示意信息流方向。

（2）A、B 网信息流应一致。

（3）主变压器保护、母线保护跳 220kV 侧智能终端点对点直跳，主变压器保护跳母联可采用网跳。

（4）测控装置闭锁、遥控、遥信信息采用网采。

（5）故障录波信息采用网采。

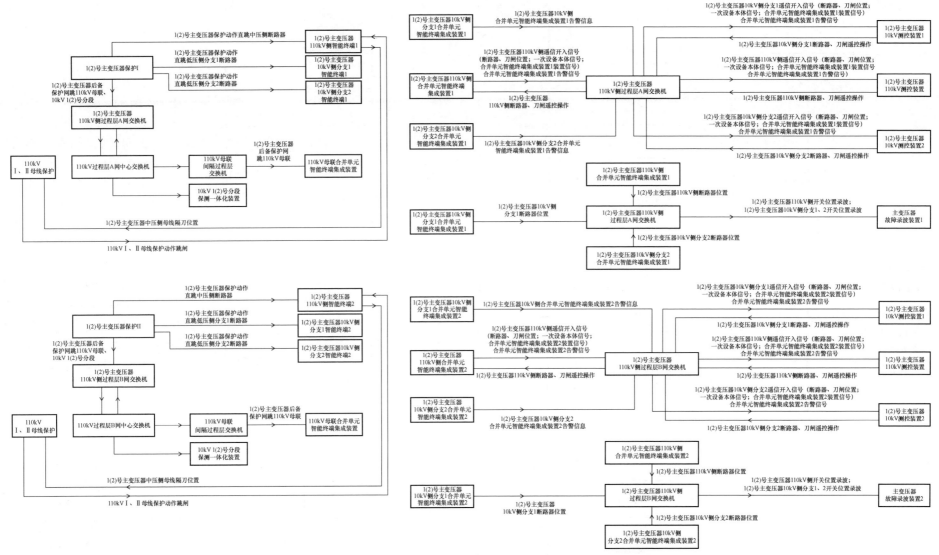

SD－220－A3－2－D0203－04　主变压器中、低压侧二次系统信息逻辑图

（1）标明本间隔二次设备间的信息（含电流、电压、跳闸、信号等）交互，并示意信息流方向。

（2）A、B网信息流应一致。

（3）低压侧智能组件接入中压侧过程层网络。

（4）主变压器保护、母线保护跳 110kV 侧智能终端点对点直跳，主变压器保护跳母联可采用网跳。

（5）测控装置闭锁、遥控、遥信信息采用网采。

（6）故障录波信息采用网采。

（7）低压侧设备接入中压测过程层网络。

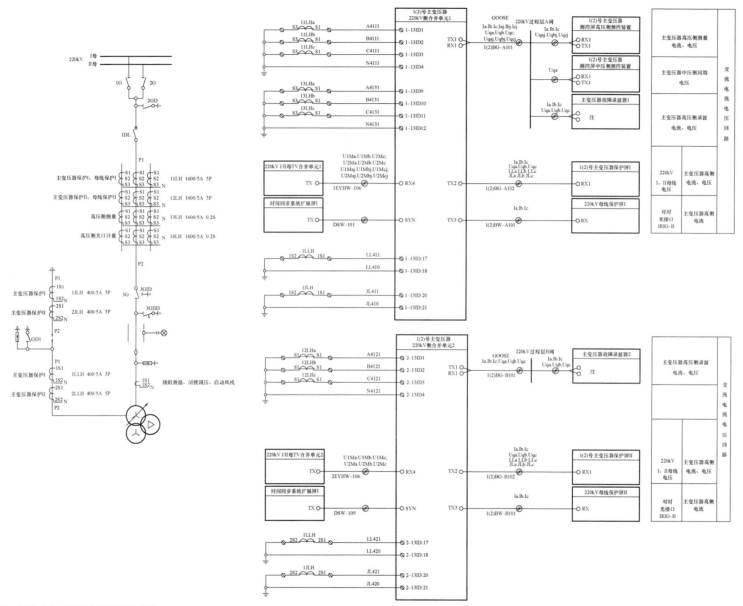

注：括号内为 2 号主变压器间隔编号。

SD－220－A3－2－D0203－05 主变压器高压侧电流电压回路图

（1）对应主接线图，标出所有功能回路 TA、TV 接线方式、去向、回路编号及二次接地点等。

（2）母线保护 TA 布置于主变压器侧，避免死区。

（3）双重化的合并单元与双套的母线合并单元一一对应。

（4）与合并单元信息交互的设备包括保护、测控、录波、电能表、时间同步等设备。

（5）主变压器差动保护各侧电流互感器极性与接线方向一致，具体的极性和排列方式参考 GB/T 50976—2014。

（6）电流互感器或电压互感器的二次绕组，有且只有一个接地点。

（7）主变压器 220kV 侧设置关口计量点，采用电子式电能表。

（8）同一屏柜内设备光口用跳纤连接，同一房间内使用尾缆连接，跨房间使用预制光缆连接。

（9）应核实各设备光口类型，避免供货商尾缆、预制光缆加工错误。

（10）高压侧零序过流保护 TA 可选自产或外接，零序过压保护 TV 可选自产或外接。

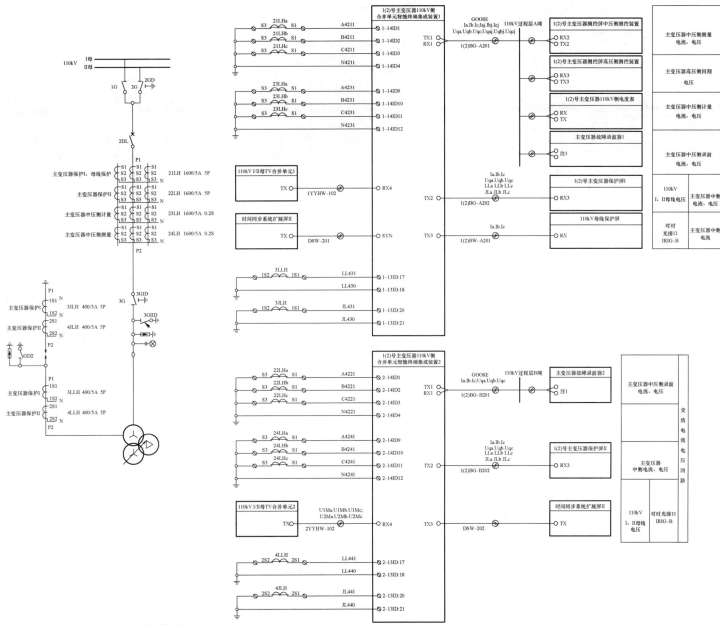

（1）对应主接线图，标出所有功能回路TA、TV接线方式、去向、回路编号及二次接地点等。

（2）母线保护TA布置于主变压器侧，避免死区。

（3）双重化的合并单元与双套的母线合并单元、保护一一对应。

（4）与合并单元信息交互的设备包括保护、测控、录波、电能表、时间同步等设备。

（5）主变压器差动保护各侧电流互感器极性与接线方向一致，具体的极性和排列方式参考GB/T 50976—2014。

（6）同一屏柜内设备光口用跳纤连接，同一房间内使用尾缆连接，跨房间使用预制光缆连接。

（7）应核实各设备光口类型，避免供货商尾缆、预制光缆加工错误。

（8）中压侧零序过流保护TA可选自产或外接，零序过压保护TV可选自产或外接。

注：1. 详见本卷主变压器故障录波器原理接线图 D0205–23。
2. 与主变压器高压侧光缆、光口一致。

SD–220–A3–2–D0203–06　主变压器中压侧电流电压回路图

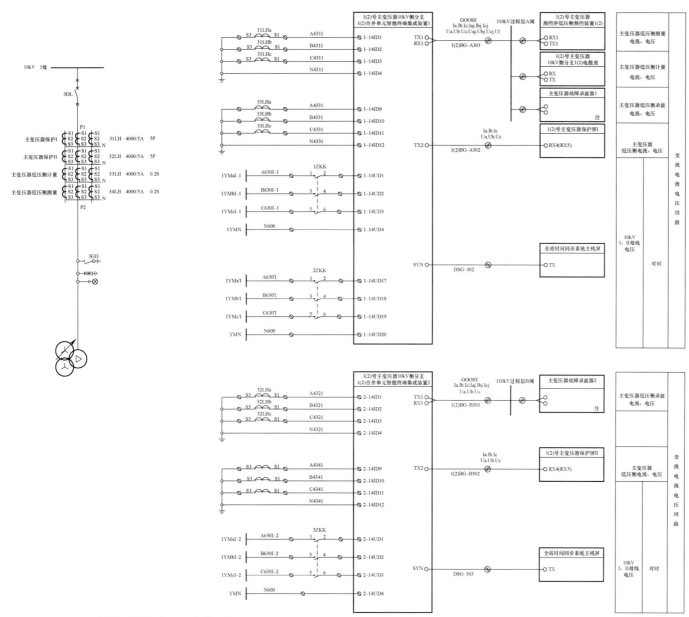

（1）对应主接线图，标出所有功能回路 TA、TV 接线方式、去向、回路编号及二次接地点等。

（2）10（35）kV 通常不配置母线保护，若有小电源接入时可配置母线保护。母线保护 TA 布置于主变压器侧，避免死区。

（3）应表示 TV 二次回路不同绕组回路号、引接方式、空气开关配置、接地位置等。

（4）与合并单元信息交互的设备包括保护、测控、录波、电能表、时间同步等设备。

（5）主变压器低压侧采用双分支接线方式时，并标明各分支二次设备接线情况，且两个支路 TA 变比和特性应一致，分别作为差动保护的一侧。

（6）主变压器差动保护各侧电流互感器极性与接线方向一致，具体的极性和排列方式参考 GB/T 50976—2014。

（7）同一屏柜内设备光口用跳纤连接，同一房间内使用尾缆连接，跨房间使用预制光缆连接。

（8）应核实各设备光口类型，避免供货商尾缆、预制光缆加工错误。

（9）低压侧零序过压保护 TV 选自产。

注：主变压器故障录波与交换机连接的端口号和光缆号详见 D0202－23。

SD－220－A3－2－D0203－07　主变压器低压侧电流电压回路图

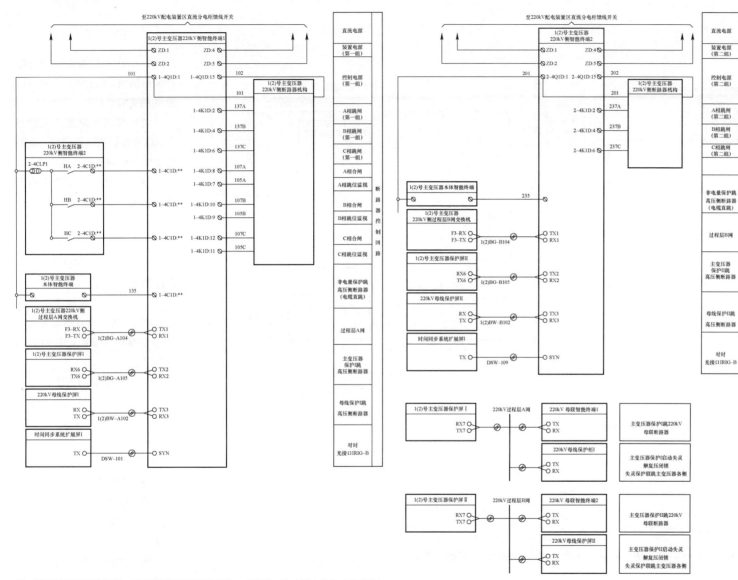

注：断路器采用机构防跳，取消智能终端防跳回路；三相不一致功能由机构本体实现。

SD-220-A3-2-D0203-08 主变压器高压侧断路器控制回路图

（1）应表示智能终端与断路器机构箱之间控制、信号等回路联系及编号。

（2）双重化配置的保护装置，两套保护的跳闸回路应与断路器的两个跳闸线圈分别一一对应；两套保护共用第一套保护合闸回路。

非电量保护应同时作用于断路器的两个跳闸线圈，采用电缆直连方式。

（3）确认厂家图纸非全相保护功能应由断路器本体机构实现。

（4）确认厂家图纸断路器防跳功能应由断路器本体机构实现。

（5）确认厂家图纸断路器跳、合闸压力异常闭锁功能应由断路器本体机构实现，应能提供两组完全独立的压力闭锁触点。

（6）变压器后备保护跳母联时不应启动失灵保护。

（7）与智能终端信息交互的设备包括保护、测控、录波、时间同步等设备。

（8）双重化配置的每套保护装置应由对应的不同直流母线供电，并分别设有专用的直流空气开关；同一套保护的装置电源和控制电源应取自同一段母线。

（9）双重化的两套保护及其相关设备（电子式互感器、MU、智能终端、网络设备、跳闸线圈等）的直流电源应一一对应。

（10）同一屏柜内设备光口用跳纤连接，同一房间内使用尾缆连接，跨房间使用预制光缆连接。

（11）应核实各设备光口类型，避免供货商尾缆、预制光缆加工错误。

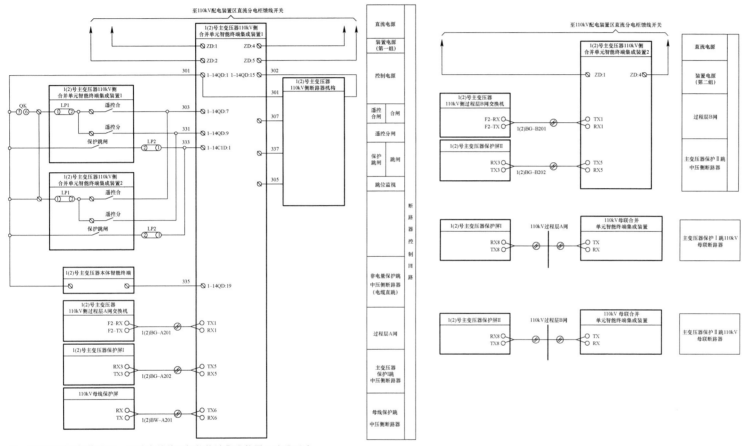

注：断路器采用机构防跳，取消合并单元智能终端集成装置1防跳回路。

SD－220－A3－2－D0203－09 主变压器中压侧断路器控制回路图

（1）应表示智能终端与断路器机构箱之间控制、信号等回路联系及编号。

（2）双重化配置的保护装置，两套保护的跳闸回路与断路器单跳闸线圈间的连接方式。

（3）确认厂家图纸断路器防跳功能应由断路器本体机构实现。

（4）确认厂家图纸断路器跳、合闸压力异常闭锁功能应由断路器本体机构实现。

（5）应标明智能终端与保护、测控、时间同步等设备及主变压器保护与母联设备间的信息交互方式。

（6）双重化的两套保护及其相关设备（电子式互感器、MU、智能终端、网络设备、跳闸线圈等）的直流电源应一一对应。

（7）同一屏柜内设备光口可用跳纤连接，同一房间内使用尾缆连接，跨房间使用预制光缆连接。

（8）应核实各设备光口类型，避免供货商尾缆、预制光缆加工错误。

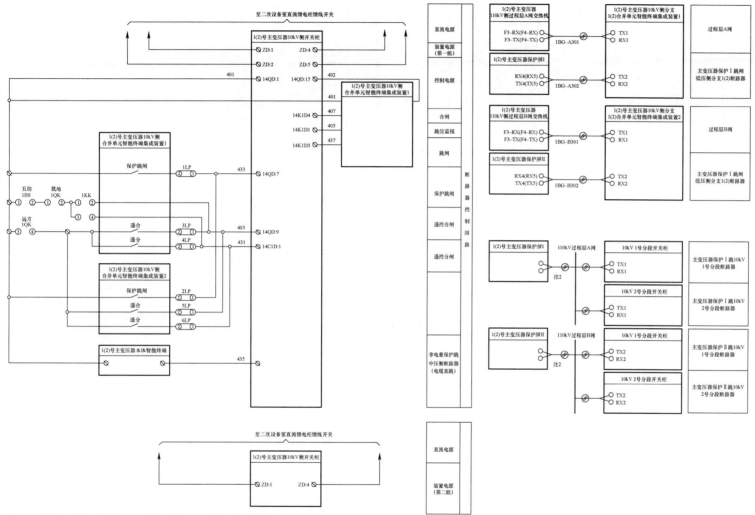

注：1. 断路器采用机构防跳，取消合并单元智能终端集成装置1防跳回路。
　　2. 详见主变压器过程层交换机配置图。

SD－220－A3－2－D0203－10　主变压器低压侧断路器控制回路图

（1）应表示智能终端与断路器机构箱之间控制、信号等回路联系及编号。

（2）双重化配置的保护装置，两套保护的跳闸回路与断路器单跳闸线圈间的连接方式。

（3）断路器防跳功能应由断路器本体机构实现。

（4）应标明智能终端与保护、测控、时间同步等设备及主变压器保护与分段设备间的信息交互方式。

（5）同一屏柜内设备光口可用跳纤连接，同一房间内使用尾缆连接，跨房间使用预制光缆连接。

（6）应核实各设备光口类型，避免供货商尾缆、预制光缆加工错误。

（7）每根光缆都应预留备用芯，至少备用2芯。

（8）双重化的两套保护及其相关设备（电子式互感器、MU、智能终端、网络设备、跳闸线圈等）的直流电源应一一对应。

（9）主变压器间隔装置、控制电源直接取自直流馈线柜，电机电源可取自柜顶直流小母线。

（10）低压分段及备自投信息通过过程层网络接入。

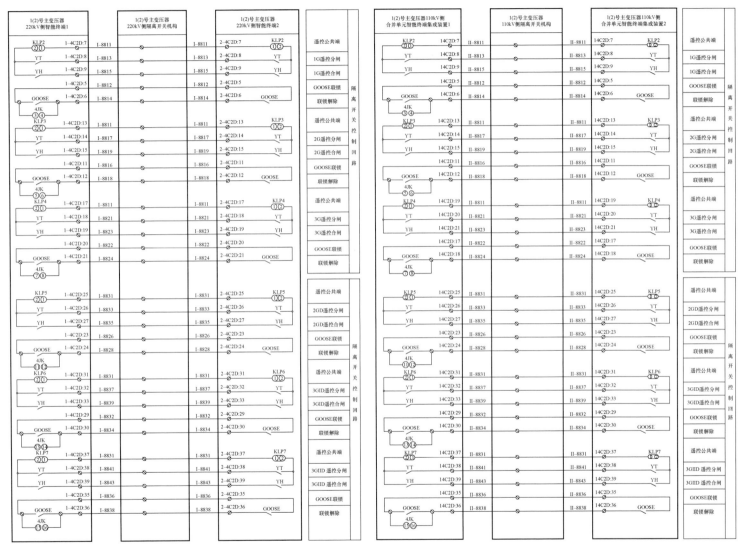

SD−220−A3−2−D0203−11　主变压器各侧隔离、接地开关控制回路图

（1）应表示智能终端与隔离（接地）开关之间的控制、闭锁等回路联系及编号。

（2）通用设计按照取消采用硬接点的跨间隔连锁；本方案按照GOOSE联锁回路串入隔离开关控制回路中，目前采取与跨间隔的电气联锁串联的方式；具体可根据工程属地单位运检部门意见进行适当调整。

（3）两套智能终端并接，实现隔离开关遥控。

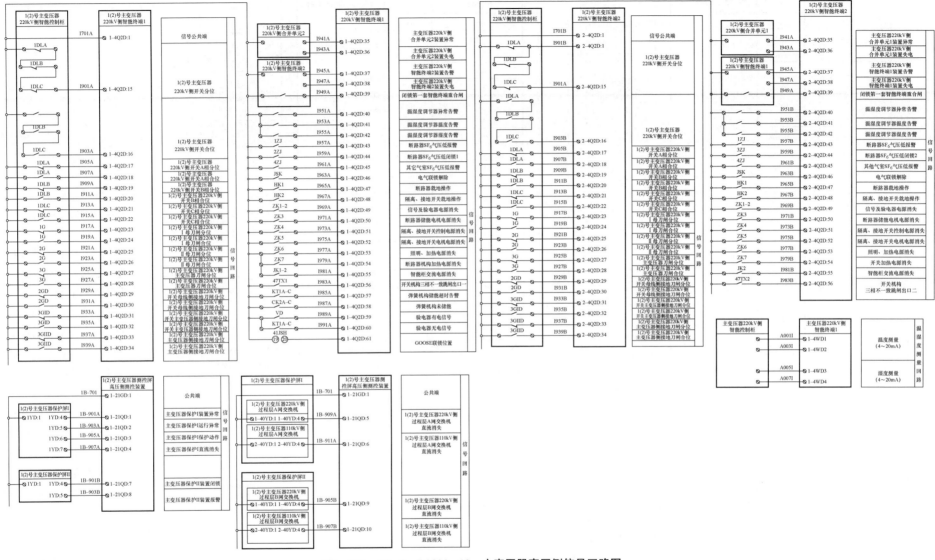

SD－220－A3－2－D0203－12　主变压器高压侧信号回路图

（1）标示智能终端与断路器、隔离（接地）开关及柜内其他设备之间的信号回路及回路号。

（2）三相分相操作断路器总分、总合位置应采用三相串联方式。

（3）断路器、隔离刀闸位置采用双点信号，其余信号采用单点信号。

（4）应按照 Q/GDW 11398—2015《变电站设备监控信息规范》要求接入信号。

（5）智能终端自身信号可采用两套互发的方式。

（6）智能控制柜内的交直流空开具备失电报警接点。

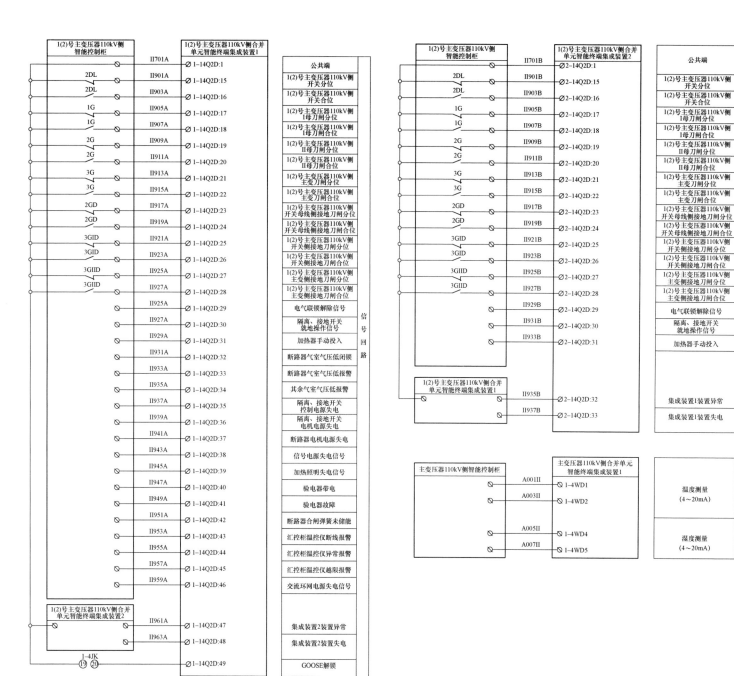

（1）标示智能终端与断路器、隔离（接地）开关及柜内其他设备之间的信号回路及回路号。

（2）断路器、隔离刀闸位置采用双点信号，其余信号采用单点信号。

（3）应按照 Q/GDW 11398—2015《变电站设备监控信息规范》要求接入信号。

（4）智能终端自身信号可采用两套互发的方式。

（5）智能控制柜内的交直流空开具备失电报警接点。

（6）智能控制柜（开关柜）应配置温度监测。

SD－220－A3－2－D0203－13　主变压器中压侧信号回路图

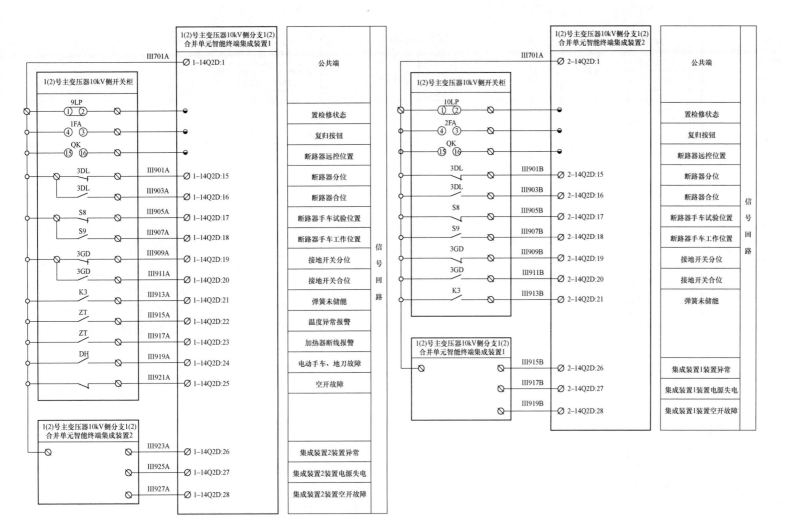

SD－220－A3－2－D0203－14 主变压器低压侧信号回路图

（1）标示智能终端与断路器、隔离（接地）开关及柜内其他设备之间的信号回路及回路号。

（2）断路器、隔离刀闸位置采用双点信号，其余信号采用单点信号。

（3）应按照 Q/GDW 11398—2015《变电站设备监控信息规范》要求接入信号。

（4）智能终端自身信号可采用两套互发的方式。

（5）智能控制柜内的交直流空开具备失电报警接点。

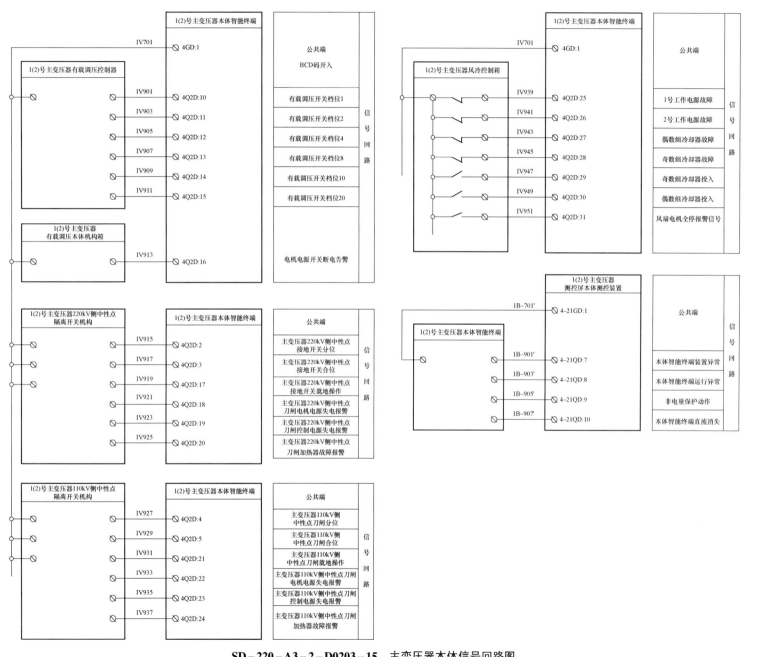

（1）标示相应的有载调压、中性点隔离开关、风冷等信号回路。

（2）应按照 Q/GDW 11398—2015《变电站设备监控信息规范》要求接入信号。

（3）智能站非电量保护功能集成于智能终端。

SD－220－A3－2－D0203－15　主变压器本体信号回路图

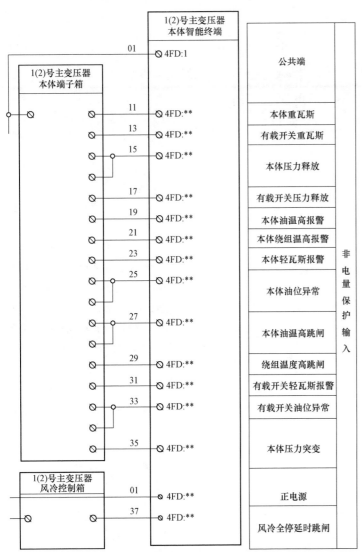

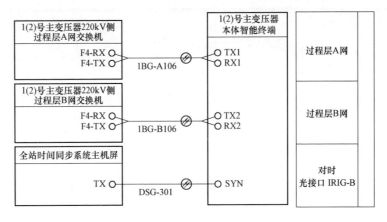

（1）标示相应的非电量、油温、风冷、有载调压等信号回路。

（2）应按照 Q/GDW 11398—2015《变电站设备监控信息规范》要求接入信号。

（3）非电量保护应同时作用于断路器的两个跳闸线圈。

（4）非电量保护应包含重瓦斯、调压开关重瓦斯、轻瓦斯、压力释放、油温高、绕组温度高、油位异常、冷却器全停等。

（5）本体重瓦斯保护、主变压器断路器跳闸、油箱超压开关（火灾探测器）同时动作时才能启动排油充氮保护。

（6）主变压器冷却器采用双回路供电，且接于不同的站用电母线段上，并能实现自动切换。

（7）主变压器过负荷闭锁有载调压及启动风冷功能通过主变压器本体设置的专用过负荷继电器启动实现。

注：1. 保护压板具体投入方式及控制字以调控中心定值为准。

2. 请主变压器本体智能终端厂家现场将非电量跳闸的延时接点，调整为 0。

SD－220－A3－2－D0203－16　主变压器非电量保护回路图

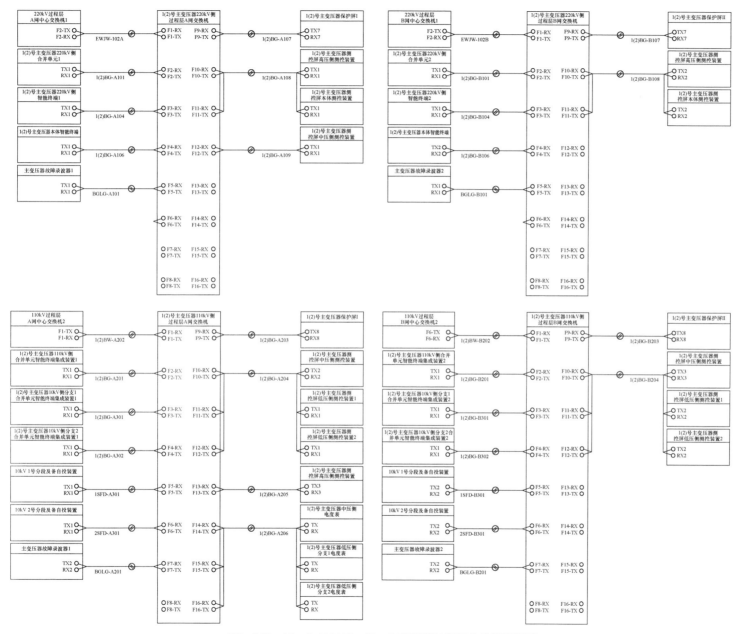

（1）标示对应间隔过程层交换机的外部去向，包括端口号、光缆（尾缆、网络线）编号及去向。

（2）两个过程层网络应遵循完全独立的原则，主变压器低压侧设备接入中压测过程层网络。

（3）交换机间级联应采用千兆光口，与其他设备采用百兆光口。

（4）级联交换机传输路由不超过 4 台交换机，每台交换机预留 2 个备用接口。

（5）每根光缆都应预留备用芯，至少备用 2 芯。

SD－220－A3－2－D0203－17　主变压器过程层交换机配置图

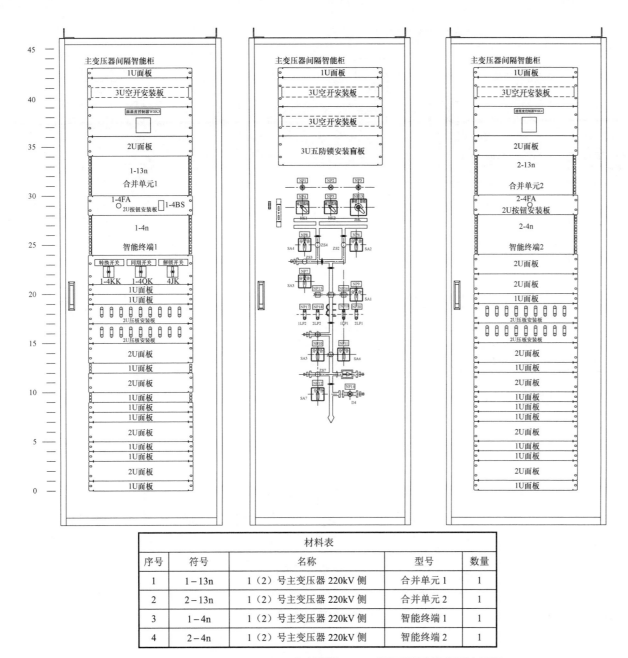

材料表				
序号	符号	名称	型号	数量
1	1-13n	1（2）号主变压器 220kV 侧	合并单元 1	1
2	2-13n	1（2）号主变压器 220kV 侧	合并单元 2	1
3	1-4n	1（2）号主变压器 220kV 侧	智能终端 1	1
4	2-4n	1（2）号主变压器 220kV 侧	智能终端 2	1

SD－220－A3－2－D0203－18 主变压器 220kV 侧智能控制柜柜面布置图

（1）包括屏柜正面、背面布置图及元件参数表。布置图应包括柜内各装置、压板的布置及屏柜外形尺寸等、交直流空气开关、外部接线端子布置等。

（2）元件参数表应包括设备编号、设备名称、规格型式、单位数量等。

（3）屏柜内设备、端子排编号应按照保护及辅助装置编号原则执行。

（4）注意压板颜色，功能压板采用黄色、出口压板采用红色、备用压板采用驼色。

（5）应配置"远方操作"和"保护检修状态"硬压板。

220kV侧中性点隔离开关GD1操作回路

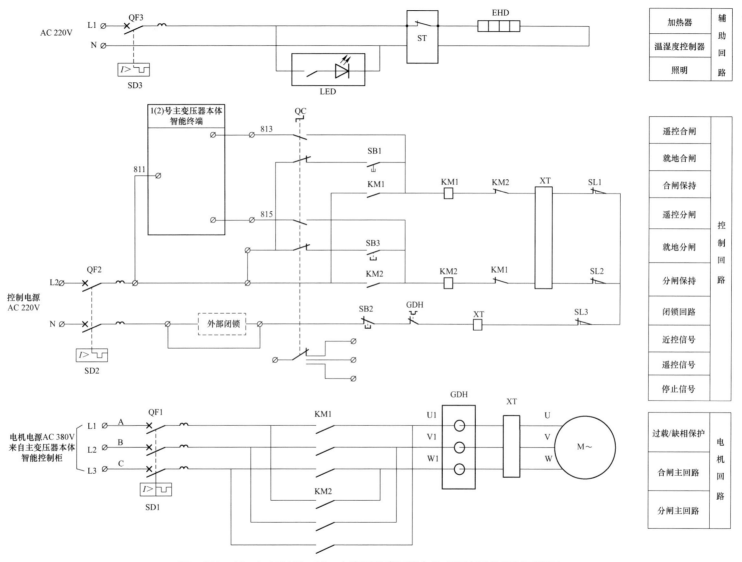

SD-220-A3-2-D0203-24 主变压器高压侧中性点隔离开关控制回路图

（1）电机、加热、控制电源应分别设置空气开关。
（2）端子箱内应设置双加热器。
（3）外部联锁接入五防编码锁。

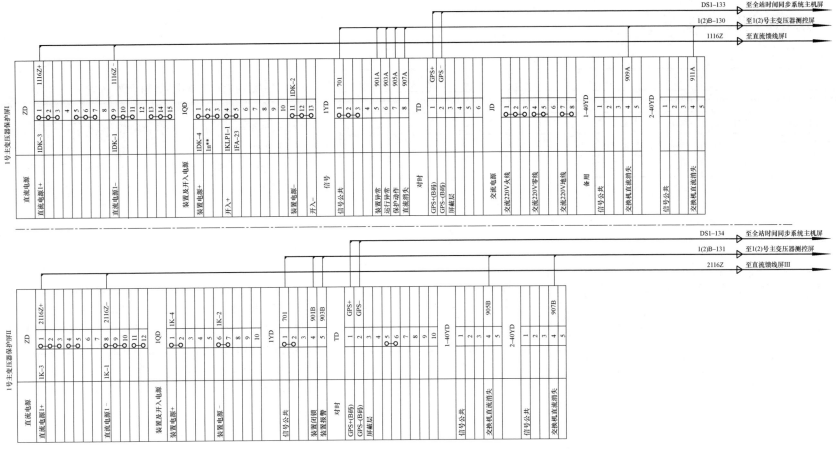

SD–220–A3–2–D0203–26　主变压器保护屏Ⅰ（Ⅱ）端子排图

（1）应表示出端子排的外部去向，包括回路号、电缆去向及电缆编号。当采用预制电缆时，应表示预制电缆的预制方式、插头型号、插座编号、电缆去向、芯数及编号等。

（2）公共端、同名出口端采用端子连线。

（3）交流电流和交流电压采用试验端子。

（4）跳闸出口采用红色试验端子，正负电源间、正电源与跳闸出口间隔1个端子。

（5）一个端子的每一端只能接一根导线。

（6）室内屏柜取消柜内照明回路。

（7）柜内预留足够备用端子。

（8）需做接地处理的应明确接地点位置。

（9）智能控制柜电源及空气开关配置满足载流量和级差配合要求。

（10）主变压器过负荷闭锁有载调压及启动风冷功能通过主变压器本体设置的专用过负荷继电器启动实现。

（11）不同安装单位、双重化配置设备、强弱电、交直流不应合用一根电缆。

（12）双重化配置的设备直流电源取自对应的直流母线。

（13）截面积不大于4mm²的电缆预留备用芯。

（14）确认厂家图纸中端子排布置、电缆型号、截面积、空开配置是否满足要求。

（15）智能柜设置双套加热装置，与其他元件和线缆距离不小于50mm。

（16）备用电流互感器短接接地，禁止开路。

（17）检查端子排回路号、端子号与原理图一致。

3.4 220kV 线路保护及二次线

序号	图 号	图 名	张数	套用原工程名称及卷册检索号，图号
1	SD－220－A3－2－D0204－01	卷册说明	1	
2	SD－220－A3－2－D0204－02	线路二次设备配置图	1	
3	SD－220－A3－2－D0204－03	线路二次系统信息逻辑图 1	1	
4	SD－220－A3－2－D0204－04	线路二次系统信息逻辑图 2	1	
5	SD－220－A3－2－D0204－05	过程层交换机端口配置图	1	
6	SD－220－A3－2－D0204－06	过程层中心交换机端口配置图	1	
7	SD－220－A3－2－D0204－07	线路电流电压回路图	1	
8	SD－220－A3－2－D0204－08	线路断路器控制回路图	1	
9	SD－220－A3－2－D0204－09	线路隔离（接地）开关控制回路图	1	
10	SD－220－A3－2－D0204－10	线路智能控制柜信号回路图	1	
11	SD－220－A3－2－D0204－11	线路保护通道接口连接示意图	1	
12	SD－220－A3－2－D0204－12	线路保护通信接口柜柜面布置图	1	
13	SD－220－A3－2－D0204－13	线路智能控制柜柜面布置图	1	
14	SD－220－A3－2－D0204－14	线路智能控制柜端子排图	1	

SD－220－A3－2－D0204－00　图纸目录

（1）卷册检索号应与项目计划一致。

（2）图纸张数应与实际一致。

（3）图纸编号、名称应与具体图纸一致。

主要依据：

GB 14285—2006　继电保护和安全自动装置技术规程

GB/T 50062—2008　电力装置的继电保护和自动装置设计规范

GB/T 50063—2017　电力装置的电测量仪表装置设计规范

GB/T 50976—2014　继电保护及二次回路安装及验收规范

GB 50217—2018　电力工程电缆设计标准

DL 5027—2015　电力设备典型消防规程

DL/T 5149—2001　220kV～500kV 变电所计算机监控系统设计技术规程

DL/T 5136—2012　火力发电厂、变电站二次接线设计技术规程

DL/T 866—2004　电流互感器和电压互感器选择及计算导则

Q/GDW 10381.5—2017　国家电网有限公司输变电工程施工图设计内容深度规定第 5 部分：220kV 智能变电站

Q/GDW 1161—2013　线路保护及辅助装置标准化设计规范

Q/GDW 1175－2013　变压器、高压并联电抗器和母线保护及辅助装置标准化设计规范

Q/GDW 586—2011　电力系统自动低压减负荷技术规范

Q/GDW 441—2010　《智能变电站继电保护技术规范》

Q/GDW 11398—2015　变电站设备监控信息规范

国家电网有限公司十八项电网重大反事故措施（2018 年版）

基建技术〔2018〕29 号　输变电工程设计常见病清册

国家电网企管〔2017〕1068 号　变电站设备验收规范

调监〔2012〕303 号　220kV 变电站典型信息表（试行）

鲁电调〔2016〕772 号　山东电网继电保护配置原则

鲁电企管〔2018〕349 号　山东电网二次设备命名规范

历年下发的标准差异条款

卷 册 说 明

1. 本卷册包括 220kV 线路保护及二次线。

2. 本站 220kV 侧本期及远景均为双母线接线。

3. 本工程使用的 220kV 配电装置为户内 GIS 设备。

4. 220kV 本期 2 回出线，每回配置 2 台线路保护装置、1 台线路测控装置、2 台合并单元、2 台智能终端、1 只电能表、2 台过程层交换机，均下放布置于线路 GIS 智能控制柜上。

5. 线路保护装置的保护功能包括以分相电流差动元件作为全线快速主保护，有三段式接地和相间距离及四段零序过流保护为后备保护，并设有三相一次重合闸。

6. 本站采取直采直跳的网络架构，即合并单元通过光缆点对点直接采集线路电流信号；智能终端通过光缆点对点实现对断路器/隔离开关/接地开关的遥控操作。

7. 线路保护及测控装置与本柜合并单元、智能终端采用尾纤连接，与本柜 SV 网和 GOOSE 网交换机采用尾纤连接。线路保护及测控装置均从以太网口接入自动化系统的站控层 MMS 网络（星型双网）。

8. 线路保护及测控装置采用 IRIG－B（DC）对时方式，合并单元、智能终端采用 IRIG－B（光）对时方式。

9. 线路保护及测控装置、智能终端、合并单元等二次设备均由站内 220V 直流电源供电。

10. 合并单元、智能终端等装置所有硬接点告警信息接至智能终端上传；保护装置、交换机硬接点告警信息传至测控装置。

SD－220－A3－2－D0204－01　卷册说明

（1）说明本卷册包含内容，主要设计原则，设备订货情况，与其他卷册的分界点等。

（2）说明保护装置采样跳闸方式。

（3）说明各设备组网、对时及布置方式。

（4）220kV 线路大于 50km 或地形复杂时，可配置故障测距，应采用模拟量采样。

（5）双重化保护所涉及的回路均应一一对应，包括通信接口装置电源。

（6）本卷册向一次、土建专业提资 220kV 智能控制柜、220kV 二次设备小室屏柜定位，向土建专业提资屏柜尺寸、基础、预埋线缆；向一次专业提资电压互感器、电流互感器参数，智能组件数量、安装位置等。

（7）本卷册向一体化电源卷册设计人提资电源要求，包括负荷容量、本侧开关配置、是否双重化配置等。

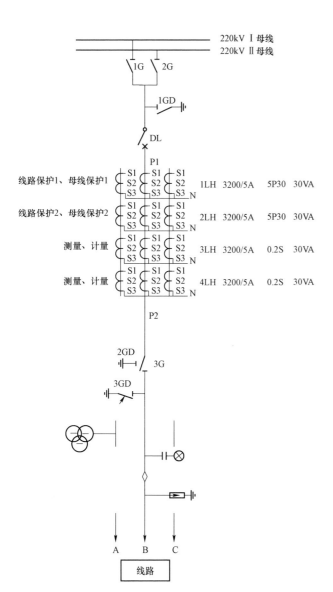

220kV I 母线
220kV II 母线

1G 2G

1GD

DL

P1

线路保护1、母线保护1 S1 S1 S1 / S2 S2 S2 / S3 S3 S3 N 1LH 3200/5A 5P30 30VA

线路保护2、母线保护2 S1 S1 S1 / S2 S2 S2 / S3 S3 S3 N 2LH 3200/5A 5P30 30VA

测量、计量 S1 S1 S1 / S2 S2 S2 / S3 S3 S3 N 3LH 3200/5A 0.2S 30VA

测量、计量 S1 S1 S1 / S2 S2 S2 / S3 S3 S3 N 4LH 3200/5A 0.2S 30VA

P2

2GD 3G

3GD

A B C

线路

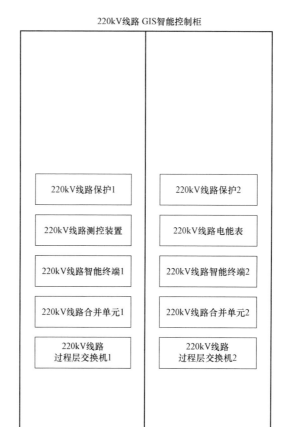

220kV配电装置室

220kV线路GIS智能控制柜

220kV线路保护1	220kV线路保护2
220kV线路测控装置	220kV线路电能表
220kV线路智能终端1	220kV线路智能终端2
220kV线路合并单元1	220kV线路合并单元2
220kV线路过程层交换机1	220kV线路过程层交换机2

SD－220－A3－2－D0204－02 线路二次设备配置图

（1）在主接线简图上表示各间隔 TA、TV 二次绕组数量、排列、准确级、变比和功能配置，并示意相关二次设备配置，包含保护装置、测控装置、合并单元、智能终端等二次设备的厂家型号及安装单位。

（2）主接线示意图应与一次专业接线图一致。

（3）按照 DL/T 866—2004《电流互感器和电压互感器选择及计算导则》进行电流互感器变比、精度、容量选择。

（4）母线保护 TA 布置于线路侧，避免死区。

（5）若无其他限制条件，保护 1 和保护 2 按如下顺序命名：南瑞继保、北京四方、国电南自、长园深瑞、许继电气、南瑞科技、其他厂家；排序在前的命名为保护 1，排序在后的命名为保护 2。

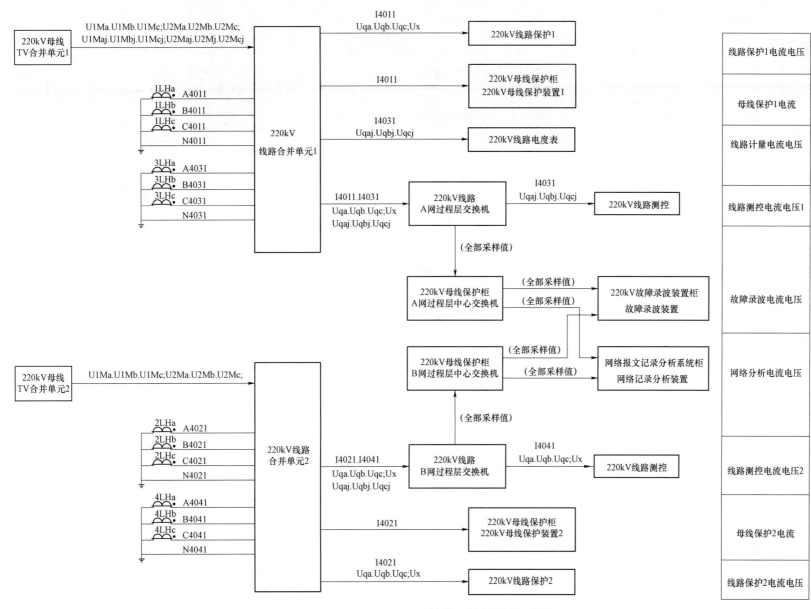

SD－220－A3－2－D0204－03 线路二次系统信息逻辑图 1

线路保护1电流电压
母线保护1电流
线路计量电流电压
线路测控电流电压1
故障录波电流电压
网络分析电流电压
线路测控电流电压2
母线保护2电流
线路保护2电流电压

（1）标明本间隔二次设备间的信息（含电流、电压、跳闸、信号等）交互，并示意信息流方向。

（2）A、B网信息流应一致。

（3）线路保护、母线保护点对点直采直跳。

（4）测控装置闭锁、遥控、遥信信息采用网采。

（5）故障录波信息采用网采。

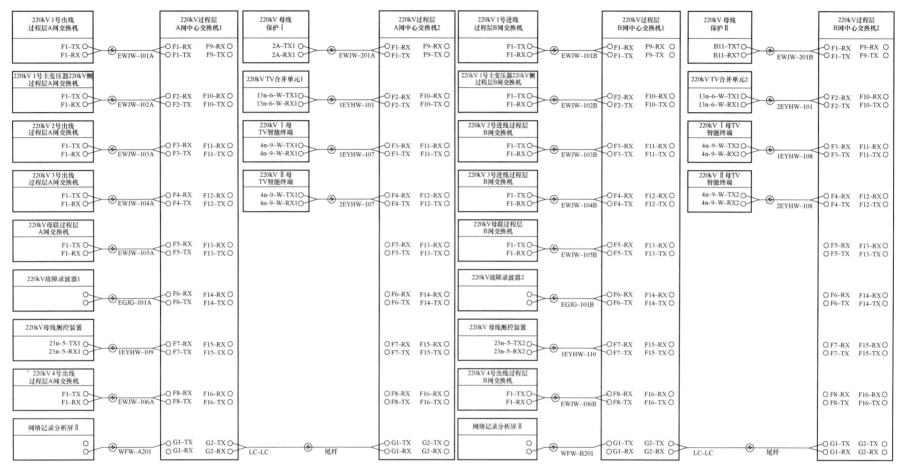

SD－220－A3－2－D0204－06　过程层中心交换机端口配置图

（1）标示对应间隔过程层交换机的外部去向，包括端口号、光缆（尾缆、网络线）编号及去向。

（2）两个过程层网络应遵循完全独立的原则。

（3）交换机间级联应采用千兆光口，与其他设备采用百兆光口。

（4）级联交换机传输路由不超过4台交换机，每台交换机预留2个备用接口。

（5）每根光缆都应预留备用芯，至少备用2芯。

（6）双重化配置的过程层网络应遵循完全独立的原则，除母联间隔外，不允许跨接。

（7）中心交换机接入各间隔交换机以及故障录波、母线保护、网分、母线智能组件等公用设备。

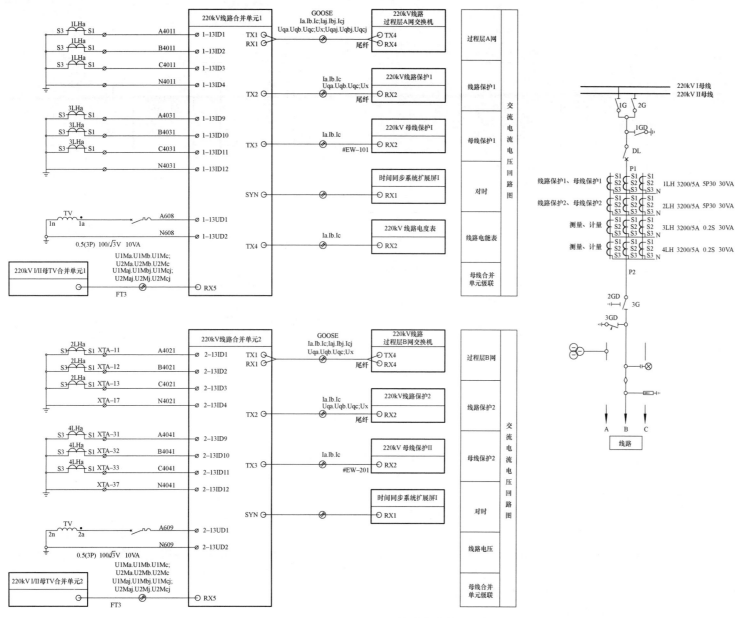

SD-220-A3-2-D0204-07 线路电流电压回路图

（1）对应主接线图,标出所有功能回路 TA、TV 接线方式、去向、回路编号及二次接地点等。

（2）母线保护 TA 布置于线路侧,避免死区。

（3）双重化的合并单元与双套的母线合并单元一一对应。

（4）与合并单元信息交互的设备包括保护、测控、录波、电能表、时间同步等设备。

（5）母线保护各侧电流互感器极性与接线方向一致,具体的极性和排列方式参考 GB/T 50976—2014。

（6）电流互感器或电压互感器的二次绕组,有且只有一个接地点。

（7）同一屏柜内设备光口用跳纤连接,同一房间内使用尾缆连接,跨房间使用预制光缆连接。

（8）应核实各设备光口类型,避免供货商尾缆、预制光缆加工错误。

（9）常规变电站电压切换箱隔离刀闸辅助接点单位置输入,且与对应的保护装置共用空气开关。

（10）线路间隔的 TV 与 TA 共用合并单元。

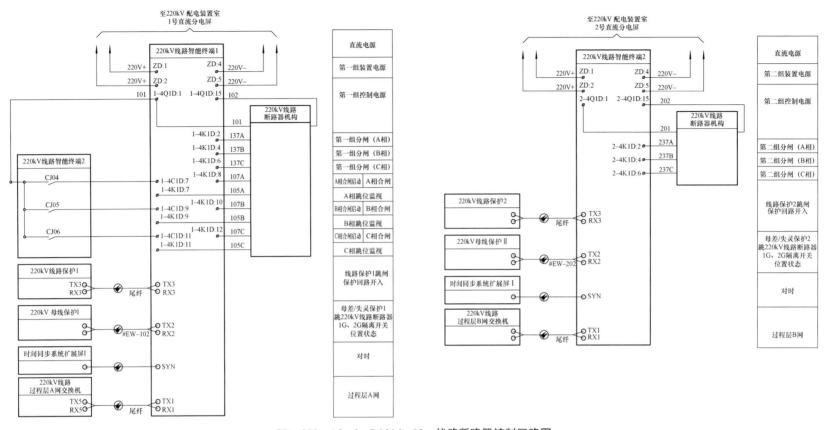

SD－220－A3－2－D0204－08　线路断路器控制回路图

（1）应表示智能终端与断路器机构箱之间控制、信号等回路联系及编号。

（2）双重化配置的保护装置，两套保护的跳闸回路应与断路器的两个跳闸线圈分别一一对应。两套保护共用第一套保护合闸回路。

（3）确认厂家图纸非全相保护功能应由断路器本体机构实现。

（4）确认厂家图纸断路器防跳功能应由断路器本体机构实现。

（5）确认厂家图纸断路器跳、合闸压力异常闭锁功能应由断路器本体机构实现，应能提供两组完全独立的压力闭锁触点。

（6）与智能终端信息交互的设备包括保护、测控、录波、时间同步等设备。

（7）双重化配置的保护装置，每套保护装置应由不同直流母线供电，并分别设有专用的直流空气开关；同一套保护的装置电源和控制电源应取自同一段母线。

（8）双重化的两套保护及其相关设备（电子式互感器、MU、智能终端、网络设备、跳闸线圈等）的直流电源应一一对应。

（9）同一屏柜内设备光口用跳纤连接，同一房间内使用尾缆连接，跨房间使用预制光缆连接。

（10）应核实各设备光口类型，避免供货商尾缆、预制光缆加工错误。

（11）每根光缆都应预留备用芯，至少备用 2 芯。

（12）两套保护采用相互闭锁方式，通过智能终端硬接线实现。

SD－220－A3－2－D0204－09 线路隔离（接地）开关控制回路图

（1）应表示智能终端与隔离（接地）开关之间的控制、闭锁等回路联系及编号。

（2）通用设计按照取消采用硬接点的跨间隔连锁。本方案按照 GOOSE 联锁回路串入隔离开关控制回路中，目前采取与跨间隔的电气联锁串联的方式；具体可根据工程属地单位运检部门意见进行适当调整。

（3）两套智能终端并接实现隔离开关遥控。

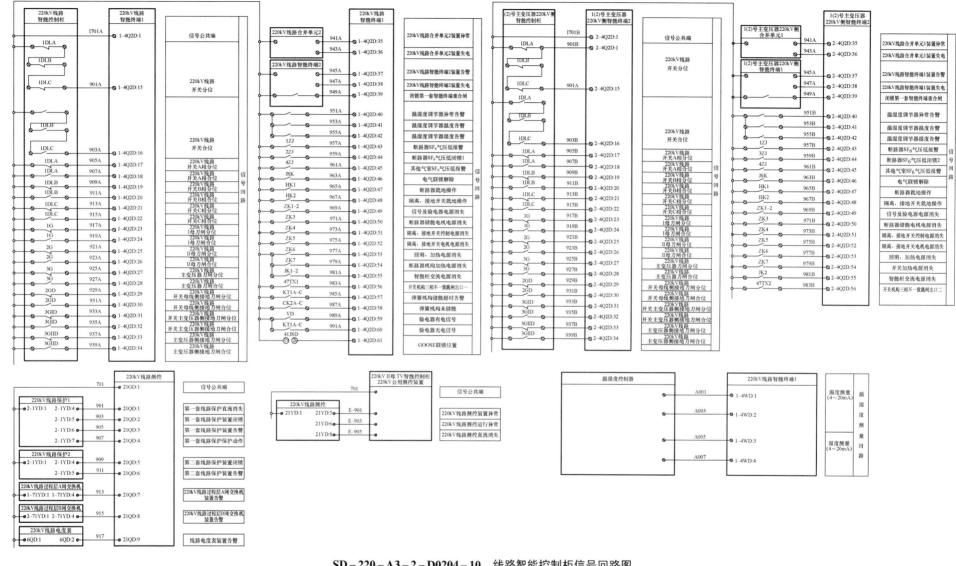

SD-220-A3-2-D0204-10　线路智能控制柜信号回路图

（1）标示智能终端与断路器、隔离（接地）开关及柜内其他设备之间的信号回路及回路号。

（2）三相分相操作断路器总分、总合位置应采用三相串联方式。

（3）断路器、隔离刀闸位置采用双点信号，其余信号采用单点信号。

（4）应按照 Q/GDW 11398—2015《变电站设备监控信息规范》要求配置开入信号。

（5）智能终端自身信号可采用两套互发的方式。

（6）智能控制柜内的交直流空开均具备失电报警接点。

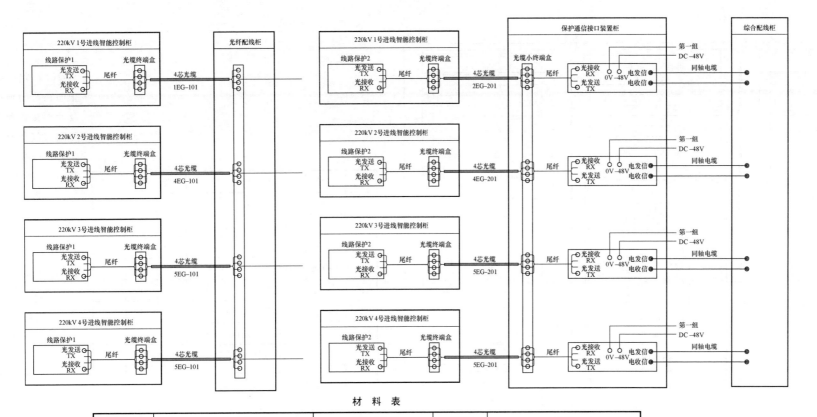

材 料 表

序号	设备名称	型号及规范	数量	备注
1	4芯单模光缆	GYFTZY－4B1	8根	长度见光缆清册
2	同轴电缆	SYV－75－2	30m/根	共4根，保护厂家提供
3	尾纤		3m/根	保护厂家提供
4	复接设备电源电缆		/	通信专业开列

注：1. 保护柜至通信配线架采用非金属加强光缆，该光缆需沿电缆沟穿PVC套管敷设，敷设时光缆弯曲半径要求大于30倍的光
缆外径，要求留有余长。

2. 尾纤、同轴电缆及安装附件由保护厂家提供并协助施工单位完成接线。

3. 通信配线架的接线见光缆通信工程相关图纸。

SD－220－A3－2－D0204－11 线路保护通道接口连接示意图

（1）应完整示出保护至通信设备的连接通道、接口方式、连接缆材等。

（2）应根据线路长度和运行习惯选择适用的保护通道形式，超过50km线路采用双复用2M光纤通道。

（3）保护通道光缆应选用单模光缆，并采用不同敷设路径。

（4）复用接口装置应采用独立的通信电源，双重化布置时分别取自不同直流母线，且与保护电源直流母线对应。

（5）保护装置采用双通道设备，具备条件的应开通双通道。

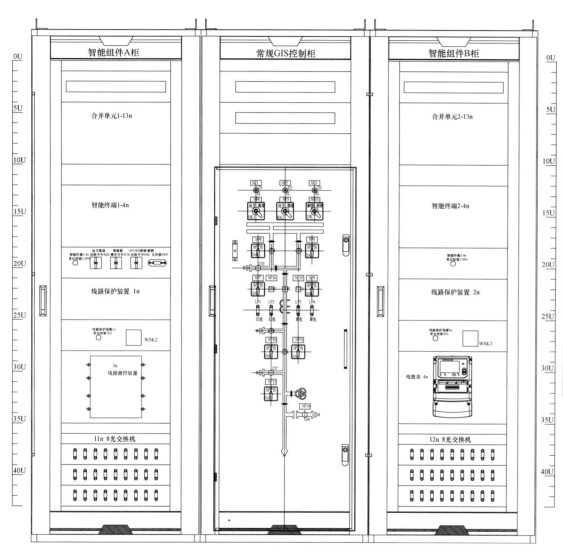

序号	符号	名称	型号	数量	备注
1	1n	线路保护装置1		1	
2	2n	线路保护装置2		1	
3	1–13n	线路合并单元1		1	
4	2–13n	线路合并单元2		1	
5	1–4n	线路智能终端1		1	
6	2–4n	线路智能终端2		1	
7	11n	线路A网过程层交换机		1	
8	12n	线路B网过程层交换机		1	
9	3n	线路测控装置		1	
10	4n	线路电能表		1	

说明：1. 本图柜面布置仅为示意。
2. 本图所示的柜体尺寸为高（2260mm）×宽（2000mm）×深（800mm）。

（1）包括屏柜正面、背面布置图及元件参数表。布置图应包括柜内各装置、压板的布置及屏柜外形尺寸等、交直流空气开关、外部接线端子布置等。

（2）元件参数表应包括设备编号、设备名称、规格型式、单位数量等。

（3）屏柜内设备、端子排编号应按照保护及辅助装置编号原则执行。

（4）注意压板颜色，功能压板采用黄色、出口压板采用红色、备用压板采用驼色。

（5）应配置"远方操作"和"保护检修状态"硬压板。

SD–220–A3–2–D0204–13　线路智能控制柜柜面布置图

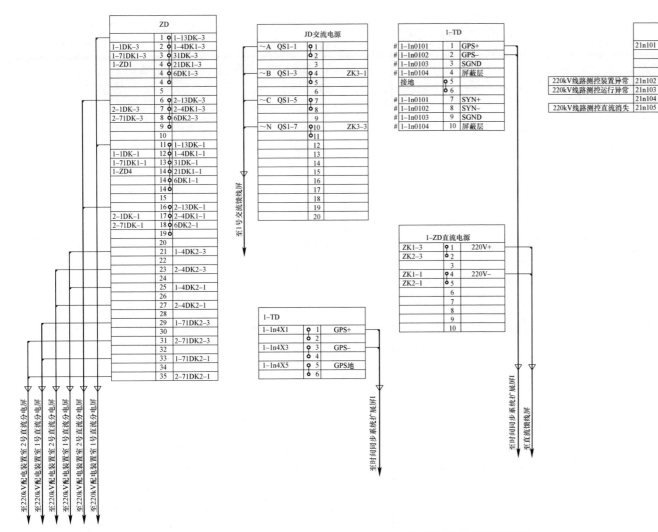

SD-220-A3-2-D0204-14　线路智能控制柜端子排图

（1）应表示出端子排的外部去向，包括回路号、电缆去向及电缆编号。当采用预制电缆时，应表示预制电缆的预制方式、插头型号、插座编号、电缆去向、芯数及编号等。

（2）公共端、同名出口端采用端子连线。

（3）交流电流和交流电压采用试验端子。

（4）跳闸出口采用红色试验端子，正负电源间、正电源与跳闸出口间隔1个端子。

（5）一个端子的每一端只能接一根导线。

（6）室内屏柜取消柜内照明回路。

（7）柜内预留备用端子，交流环网接线端子型号与电缆匹配。

（8）需做接地处理的应明确接地点位置。

（9）智能控制柜电源及空气开关配置满足载流量和级差配合要求。

（10）控制、保护、信号、自动装置宜分别设置空气开关。

（11）不同安装单位、双重化配置设备、强弱电、交直流不应合用一根电缆。

（12）双重化配置的设备直流电源分别取自不同直流母线。

（13）截面积不大于4mm²的电缆预留备用芯。

（14）确认厂家图纸中端子排布置、电缆型号、截面积、空开配置是否满足要求。

（15）智能柜设置双套加热装置，与其他元件和线缆距离不小于50mm。

（16）备用电流互感器短接接地，禁止开路。

（17）端子排回路号、端子号与原理图一致。

3.5 220kV 母联、母线保护及二次线

序号	图 号	图 名	张数	套用原工程名称及卷册检索号，图号
1	SD－220－A3－2－D0205－01	卷册说明	1	
2	SD－220－A3－2－D0205－02	母联二次设备配置图	1	
3	SD－220－A3－2－D0205－03	母联二次系统信息逻辑图 1	1	
4	SD－220－A3－2－D0205－04	母联二次系统信息逻辑图 2	1	
5	SD－220－A3－2－D0205－05	过程层交换机端口配置图	1	
6	SD－220－A3－2－D0205－06	母联电流电压回路图	1	
7	SD－220－A3－2－D0205－07	母联断路器控制回路图	1	
8	SD－220－A3－2－D0205－08	母联隔离（接地）开关控制回路图	1	
9	SD－220－A3－2－D0205－09	母联智能控制柜信号回路图	1	
10	SD－220－A3－2－D0205－10	母线保护柜柜面布置图	1	
11	SD－220－A3－2－D0205－11	母联智能控制柜柜面布置图	1	
12	SD－220－A3－2－D0205－12	母线保护柜端子排图	1	
13	SD－220－A3－2－D0205－13	母联智能控制柜端子排图	1	
14	SD－220－A3－2－D0205－14	220kV 母线保护柜 I 原理接线图	1	

SD－220－A3－2－D0205－00　目录

（1）卷册检索号应与项目计划一致。

（2）图纸张数应与实际一致。

（3）图纸编号、名称应与具体图纸一致。

主要依据：

GB 14285—2006　继电保护和安全自动装置技术规程

GB/T 50062—2008　电力装置的继电保护和自动装置设计规范

GB/T 50063—2017　电力装置的电测量仪表装置设计规范

GB/T 50976—2014　继电保护及二次回路安装及验收规范

GB 50217—2018　电力工程电缆设计标准

DL/T 5149—2001　220kV～500kV 变电所计算机监控系统设计技术规程

DL/T 5136—2012　火力发电厂、变电站二次接线设计技术规程

DL/T 866—2004　电流互感器和电压互感器选择及计算导则

Q/GDW 10381.5—2017　国家电网有限公司输变电工程施工图设计内容深度规定　第 5 部分：220kV 智能变电站

Q/GDW 1161—2013　线路保护及辅助装置标准化设计规范

Q/GDW 1175—2013　变压器、高压并联电抗器和母线保护及辅助装置标准化设计规范

Q/GDW 586—2011　电力系统自动低压减负荷技术规范

Q/GDW 441—2010　智能变电站继电保护技术规范

Q/GDW 11398—2015　变电站设备监控信息规范

国家电网有限公司十八项电网重大反事故措施（2018 年版）

基建技术〔2018〕29 号　输变电工程设计常见病清册

国家电网企管〔2017〕1068 号　变电站设备验收规范

调监〔2012〕303 号　220kV 变电站典型信息表（试行）

鲁电调〔2016〕772 号　山东电网继电保护配置原则

鲁电企管〔2018〕349 号　山东电网二次设备命名规范

历年下发的标准差异条款

卷 册 说 明

1. 本卷册包括 220kV 母联、母线保护及二次线。

2. 本站 220kV 侧本期及远景均为双母线接线。

3. 本工程使用的 220kV 配电装置为户内 GIS 设备。

4. 220kV 母联间隔配置 2 台母联保护装置、1 台母联测控装置、2 台合并单元、2 台智能终端、2 台过程层交换机，均下放布置于母联 GIS 智能控制柜上。

5. 220kV 母线保护柜下放布置于 220kV 二次设备室，双重化配置 2 套母线保护装置及 4 台 220kV 过程层中心交换机。

6. 本站采取直采直跳的网络架构，即合并单元通过光缆点对点直接采集母联电流信号；智能终端通过光缆点对点实现对断路器/隔离开关/接地开关的遥控操作。

7. 母联保护及测控装置与本柜合并单元、智能终端采用尾纤连接，与本柜 SV 网和 GOOSE 网交换机采用尾纤连接。母联保护及测控装置均从以太网口接入自动化系统的站控层 MMS 网络（星型双网）。

8. 母联保护及测控装置采用 IRIG－B（DC）对时方式，合并单元、智能终端采用 IRIG－B（光）对时方式。

9. 母联保护及测控装置、智能终端、合并单元等二次设备均由站内 220V 直流电源供电。

10. 合并单元、智能终端等装置所有硬接点告警信息接至智能终端上传；保护装置、交换机硬接点告警信息传至测控装置。

（1）说明本卷册包含内容，主要设计原则，设备订货情况，与其他卷册的分界点等。

（2）说明保护装置采样跳闸方式。

（3）说明各设备组网、对时及布置方式。

（4）双重化保护所涉及的回路均应一一对应，包括通信接口装置电源。

（5）本卷册向一次、土建专业提资 220kV 智能控制柜、220kV 二次设备小室屏柜定位，向土建专业提资屏柜尺寸、基础、预埋线缆。向一次专业提资电压互感器、电流互感器参数，智能组件数量、安装位置等。

（6）本卷册向一体化电源卷册设计人提资电源要求，包括负荷容量、本侧开关配置、是否双重化配置等。

SD－220－A3－2－D0205－01　卷册说明

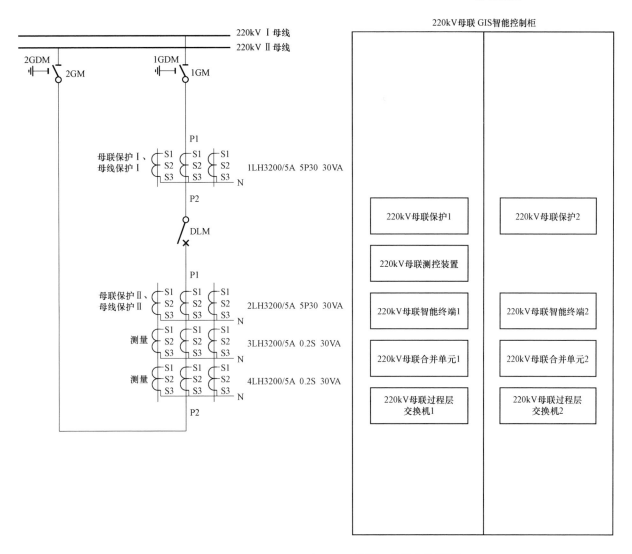

SD−220−A3−2−D0205−02 母联二次设备配置图

（1）在主接线简图上表示各间隔 TA、TV 二次绕组数量、排列、准确级、变比和功能配置，并示意相关二次设备配置，包含保护装置、测控装置、合并单元、智能终端等二次设备的厂家型号及安装单位。

（2）主接线示意图应与一次专业接线图一致。

（3）按照 DL/T 866—2004《电流互感器和电压互感器选择及计算导则》进行电流互感器变比、精度、容量选择。TA 极性应参考母线保护说明书。

（4）智能变电站按双套配置，常规变电站单套配置。

（5）若无其他限制条件，保护 1 和保护 2 按如下顺序命名：南瑞继保、北京四方、国电南自、长园深瑞、许继电气、南瑞科技、其他厂家。排序在前的命名为保护 1，排序在后的命名为保护 2。

（6）根据《国家电网有限公司十八项电网重大反事故措施（2018 年版）》要求，220kV 变电站母联 TA 改为双侧布置，消除死区。

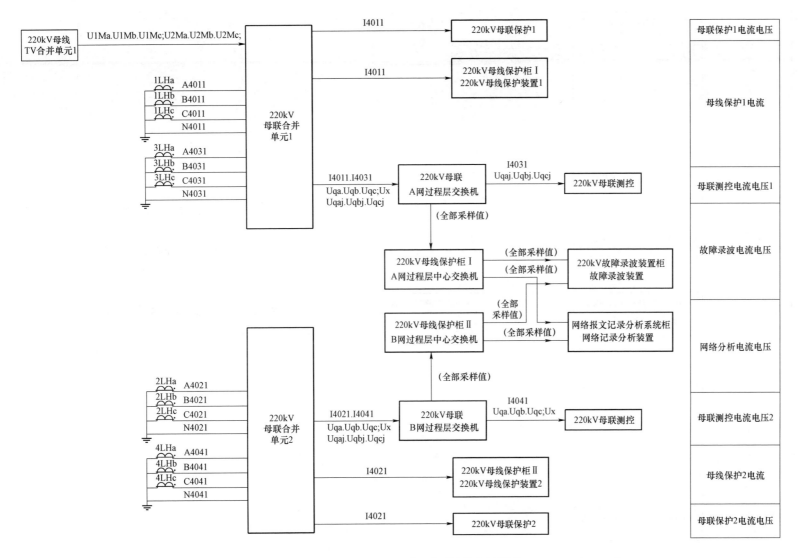

（1）标明本间隔二次设备间的信息（含电流、电压、跳闸、信号等）交互，并示意信息流方向。

（2）A、B网信息流应一致。

（3）线路保护、母线保护点对点直采直跳。

（4）测控装置闭锁、遥控、遥信信息采用网采。

（5）故障录波信息采用网采。

SD－220－A3－2－D0205－03 母联二次系统信息逻辑图 1

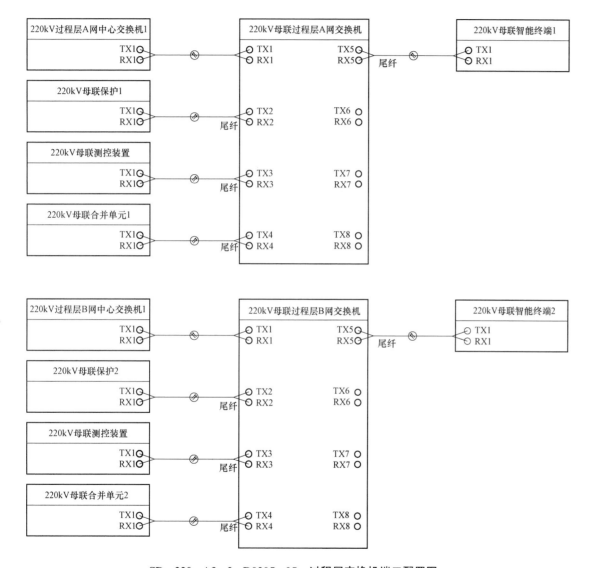

（1）标示对应间隔过程层交换机的外部去向，包括端口号、光缆（尾缆、网络线）编号及去向。

（2）两个过程层网络应遵循完全独立的原则。

（3）交换机间级联应采用千兆光口，与其他设备采用百兆光口。

（4）级联交换机传输路由不超过 4 台交换机，每台交换机预留 2 个备用接口。

（5）每根光缆都应预留备用芯，至少备用 2 芯。

SD－220－A3－2－D0205－05　过程层交换机端口配置图

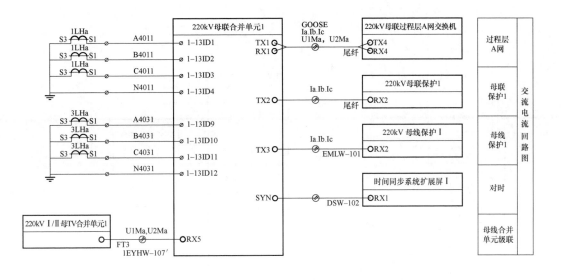

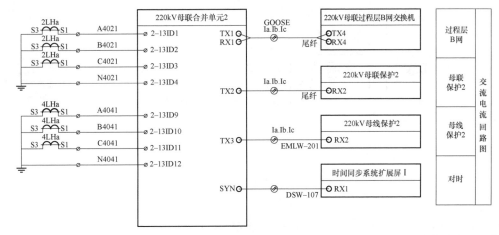

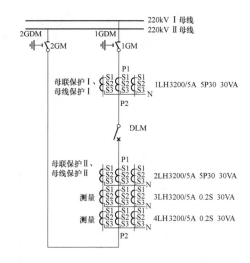

SD－220－A3－2－D0205－06　母联电流电压回路图

（1）对应主接线图，标出所有功能回路 TA、TV 接线方式、去向、回路编号及二次接地点等。

（2）母线保护 TA 宜布置于断路器两侧，避免死区。

（3）双重化的合并单元与双套的母线合并单元一一对应。

（4）与合并单元信息交互的设备包括保护、测控、录波、时间同步等设备。

（5）母线保护各侧电流互感器极性与接线方向一致，具体的极性和排列方式参考 GB/T 50976—2014 和设备说明书。

（6）电流互感器或电压互感器的二次绕组，有且只有一个接地点。

（7）同一屏柜内设备光口用跳纤连接，同一房间内使用尾缆连接，跨房间使用预制光缆连接。

（8）应核实各设备光口类型，避免供货商尾缆、预制光缆加工错误。

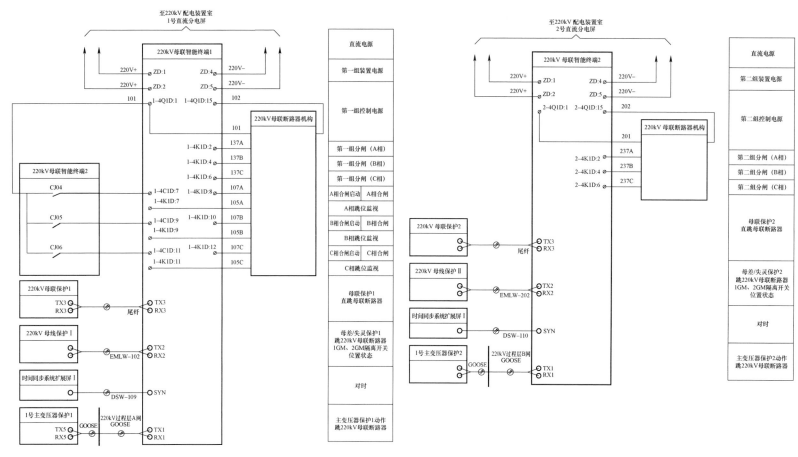

SD－220－A3－2－D0205－07　母联断路器控制回路图

（1）应表示智能终端与断路器机构箱之间控制、信号等回路联系及编号。
（2）双重化配置的保护装置，两套保护的跳闸回路应与断路器的两个跳闸线圈分别一一对应。两套保护共用第一套保护合闸回路。
（3）确认厂家图纸非全相保护功能应由断路器本体机构实现。
（4）确认厂家图纸断路器防跳功能应由断路器本体机构实现。
（5）确认厂家图纸断路器跳、合闸压力异常闭锁功能应由断路器本体机构实现，应能提供两组完全独立的压力闭锁触点。
（6）与智能终端信息交互的设备包括保护、测控、录波、时间同步等设备。
（7）双重化配置的保护装置，每套保护装置应由不同直流母线供电，并分别设有专用的直流空气开关；同一套保护的装置电源和控制电源应取自同一段母线。
（8）双重化的两套保护及其相关设备（电子式互感器、MU、智能终端、网络设备、跳闸线圈等）的直流电源应一一对应。
（9）同一屏柜内设备光口用跳纤连接，同一房间内使用尾缆连接，跨房间使用预制光缆连接。
（10）应核实各设备光口类型，避免尾缆、预制光缆加工错误。
（11）每根光缆都应预留备用芯，至少备用 2 芯。

220kV母联智能终端1　　1GM电动机构　　220kV母联智能终端2

1-4C2D:7	8811	8811	2-4C2D:7
1-4C2D:8	8813	8813	2-4C2D:8
1-4C2D:9	8815	8815	2-4C2D:9
1-4C2D:5	8812	8812	2-4C2D:5
1-4C2D:6	8814	8814	2-4C2D:6

遥控公共端	
遥控分闸	
遥控合闸	1GM
遥控闭锁	

2GM电动机构

1-4C2D:13	8817	8817	2-4C2D:13
1-4C2D:14	8819	8819	2-4C2D:14
1-4C2D:15	8821	8821	2-4C2D:15
1-4C2D:11	8816	8816	2-4C2D:11
1-4C2D:12	8818	8818	2-4C2D:12

遥控公共端	
遥控分闸	
遥控合闸	2GM
遥控闭锁	

1GDM电动机构

1-4C2D:25	8831	8831	2-4C2D:25
1-4C2D:26	8833	8833	2-4C2D:26
1-4C2D:27	8835	8835	2-4C2D:27
1-4C2D:23	8830	8830	2-4C2D:23
1-4C2D:24	8832	8832	2-4C2D:24

遥控公共端	
遥控分闸	
遥控合闸	1GDM
遥控闭锁	

2GDM电动机构

1-4C2D:31	8837	8837	2-4C2D:31
1-4C2D:32	8839	8839	2-4C2D:32
1-4C2D:33	8841	8841	2-4C2D:33
1-4C2D:29	8834	8834	2-4C2D:29
1-4C2D:30	8836	8836	2-4C2D:30

遥控公共端	
遥控分闸	
遥控合闸	2GDM
遥控闭锁	

SD-220-A3-2-D0205-08　母联隔离（接地）开关控制回路图

（1）应表示智能终端与隔离（接地）开关之间的控制、闭锁等回路联系及编号。

（2）通用设计按照取消采用硬接点的跨间隔连锁。本方案按照 GOOSE 联锁回路串入隔离开关控制回路中，目前采取与跨间隔的电气联锁串联的方式。具体可根据工程属地单位运检部门意见进行适当调整。

（3）两套智能终端均能实现隔离开关遥控。

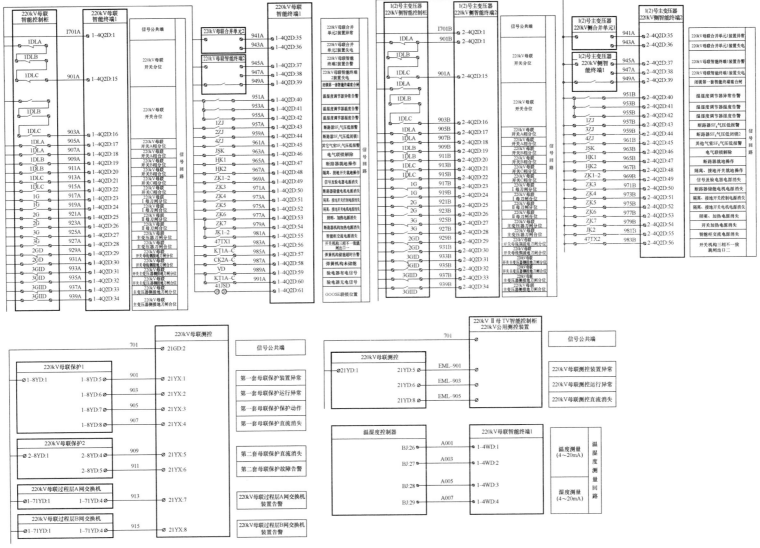

SD-220-A3-2-D0205-09　母联智能控制柜信号回路图

（1）标示智能终端与断路器、隔离（接地）开关及柜内其他设备之间的信号回路及回路号。

（2）三相分相操作断路器总分、总合位置应采用三相串联方式。

（3）应按照 Q/GDW 11398—2015《变电站设备监控信息规范》要求配置开入信号。

（4）智能终端自身信号可采用两套互发的方式。

（5）智能控制柜内的交直流空开具备失电报警接点。

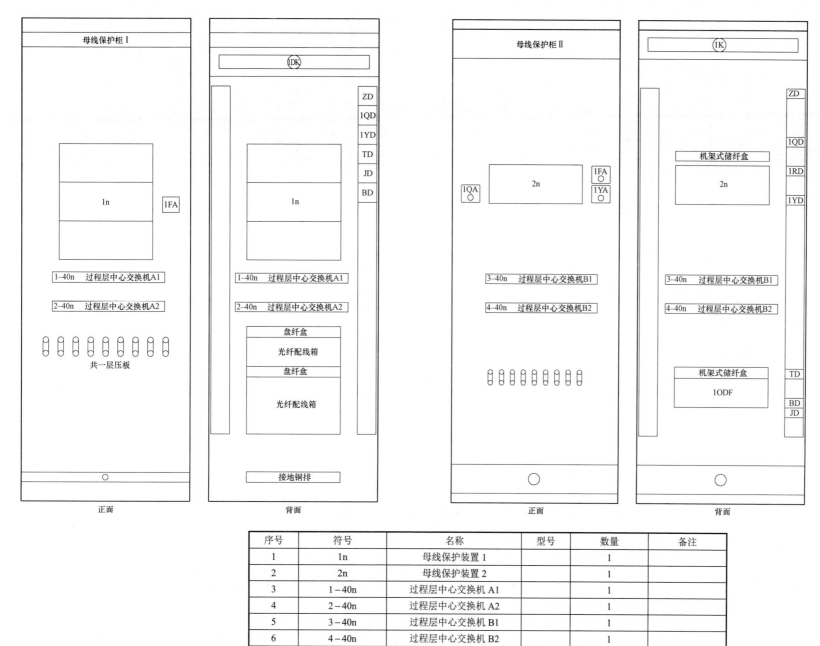

序号	符号	名称	型号	数量	备注
1	1n	母线保护装置1		1	
2	2n	母线保护装置2		1	
3	1–40n	过程层中心交换机 A1		1	
4	2–40n	过程层中心交换机 A2		1	
5	3–40n	过程层中心交换机 B1		1	
6	4–40n	过程层中心交换机 B2		1	

SD－220－A3－2－D0205－10　母线保护柜柜面布置图

（1）包括屏柜正面、背面布置图及元件参数表。布置图应包括柜内各装置、压板的布置及屏柜外形尺寸等、交直流空气开关、外部接线端子布置等。

（2）元件参数表应包括设备编号、设备名称、规格型式、单位数量等。

（3）屏柜内设备、端子排编号应按照保护及辅助装置编号原则执行。

（4）注意压板颜色，功能压板采用黄色、出口压板采用红色、备用压板采用驼色。

（5）应配置"远方操作"和"保护检修状态"硬压板。

（6）双套母线保护各组1面屏，可与各自对应的过程层中心交换机共同组柜。

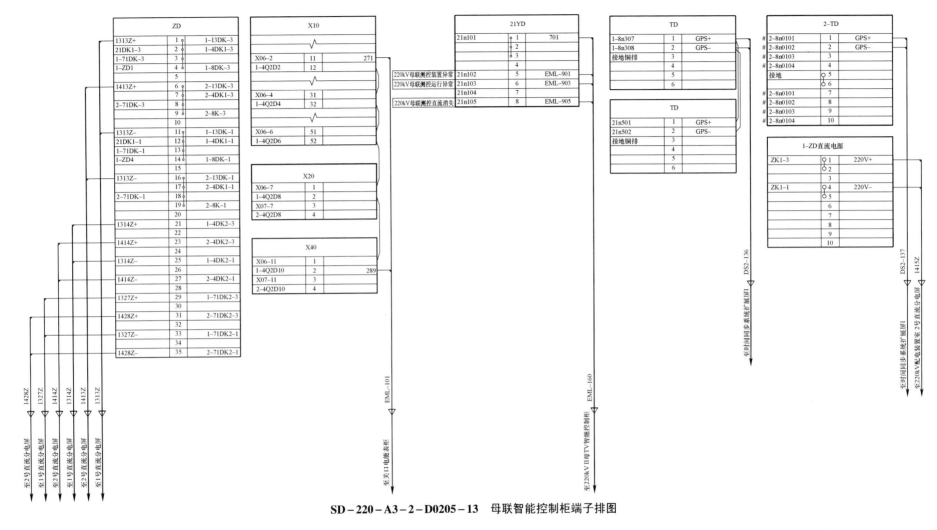

SD-220-A3-2-D0205-13 母联智能控制柜端子排图

（1）应表示出端子排的外部去向，包括回路号、电缆去向及电缆编号。当采用预制电缆时，应表示预制电缆的预制方式、插头型号、插座编号、电缆去向、芯数及编号等。

（2）公共端、同名出口端采用端子连线。

（3）交流电流和交流电压采用试验端子。

（4）跳闸出口采用红色试验端子，正负电源间、正电源与跳闸出口间隔1个端子。

（5）一个端子的每一端只能接一根导线。

（6）室内屏柜取消柜内照明回路。

（7）柜内预留备用端子，交流环网接线端子型号与电缆匹配。

（8）需做接地处理的应明确接地点位置。

（9）智能控制柜电源及空气开关配置满足载流量和级差配合要求。

（10）控制、保护、信号、自动装置宜分别设置空气开关。

（11）不同安装单位、双重化配置设备、强弱电、交直流不应合用一根电缆。

（12）双重化配置的设备直流电源分别取自不同直流母线。

（13）截面积不大于4mm²的电缆预留备用芯。

（14）确认厂家图纸电缆型号、截面积是否满足要求。

（15）智能柜设置双套加热装置，与其他元件和线缆距离不小于50mm。

（16）备用电流互感器短接接地，禁止开路。

（17）端子排回路号、端子号与原理图一致。

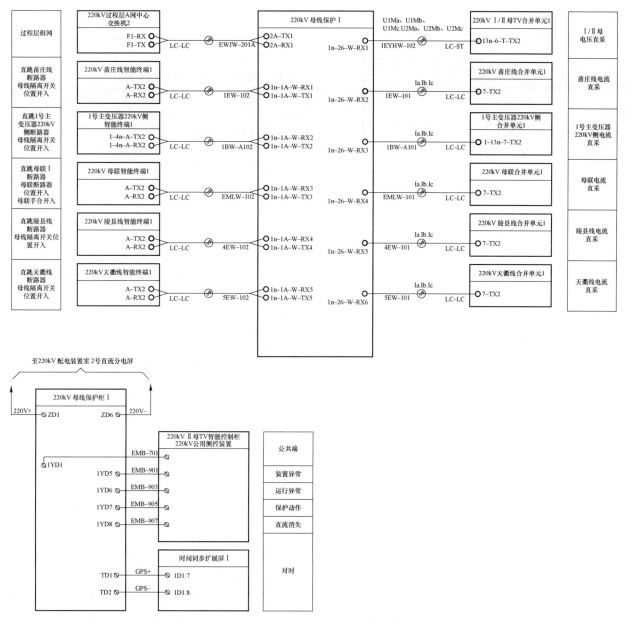

（1）母线保护具备母联（分段）的充电保护功能。

（2）母线保护各侧 TA 变比倍数不大于 4。

（3）母线保护各侧电流互感器极性与接线方向一致，具体的极性和排列方式参考 GB/T 50976—2014。

（4）应按照 Q/GDW 11398—2015《变电站设备监控信息规范》要求配置开入信号。

（5）同一屏柜内设备光口用跳纤连接，同一房间内使用尾缆连接，跨房间使用预制光缆连接。

（6）应核实各设备光口类型，避免尾缆、预制光缆加工错误。

SD－220－A3－2－D0205－14 220kV 母线保护柜 I 原理接线图

3.6 故障录波系统

序号	图　号	图　名	张数	套用原工程名称及卷册检索号，图号
1	220-A3-2-D0206-01	卷册说明	1	
2	220-A3-2-D0206-02	故障录波系统组网图	1	
3	220-A3-2-D0206-03	主变压器故障录波器柜屏面布置图	1	
4	220-A3-2-D0206-04	220kV 故障录波器柜屏面布置图	1	
5	220-A3-2-D0206-05	110kV 故障录波器柜屏面布置图	1	
6	220-A3-2-D0206-06	主变压器故障录波器柜端子排图	1	
7	220-A3-2-D0206-07	220kV 故障录波器柜端子排图	1	
8	220-A3-2-D0206-08	110kV 故障录波器柜端子排图	1	

（1）卷册检索号应与项目计划一致。
（2）图纸张数应与实际一致。
（3）图纸编号、名称应与具体图纸一致。

主要依据：

GB 14285—2006　继电保护和安全自动装置技术规程

GB/T 50062—2008　电力装置的继电保护和自动装置设计规范

GB/T 50063—2017　电力装置的电测量仪表装置设计规范

GB/T 50976—2014　继电保护及二次回路安装及验收规范

GB 50217—2018　电力工程电缆设计标准

DL/T 5149—2001　220kV～500kV 变电所计算机监控系统设计技术规程

DL/T 5136—2012　火力发电厂、变电站二次接线设计技术规程

DL/T 866—2004　电流互感器和电压互感器选择及计算导则

Q/GDW 10381.5—2017　国家电网有限公司输变电工程施工图设计内容深度规定　第 5 部分：220kV 智能变电站

Q/GDW 1161—2013　线路保护及辅助装置标准化设计规范

Q/GDW 1175—2013　变压器、高压并联电抗器和母线保护及辅助装置标准化设计规范

Q/GDW 10766—2015　10kV～110（66）kV 线路保护、元件保护及辅助装置标准化设计规范

Q/GDW 441—2010　智能变电站继电保护技术规范

Q/GDW 11398—2015　变电站设备监控信息规范

国家电网有限公司十八项电网重大反事故措施（2018 年版）

基建技术〔2018〕29 号　输变电工程设计常见病清册

国家电网企管〔2017〕1068 号　变电站设备验收规范

调监〔2012〕303 号　220kV 变电站典型信息表（试行）

鲁电调〔2016〕772 号　山东电网继电保护配置原则

鲁电企管〔2018〕349 号　山东电网二次设备命名规范

历年下发的标准差异条款

鲁电调保〔2012〕103 号　山东电力调控中心关于加快开展发电厂故障录波器联网工作的通知

鲁电调保〔2014〕16 号　山东电力调度控制中心关于印发山东电网故障录波器联网系统通信技术规范等标准的通知

SD-220-A3-2-D0206-00　目录

卷 册 说 明

1. 本卷册包括故障录波系统网络接线图。

2. 本站采用集中式故障录波，记录从各电压等级过程层中心交换机获取的所有 SV、GOOSE 信息。220kV 系统、主变压器分别配置故障录波装置各 2 台，110kV 配置故障录波装置 1 台，共组 3 面柜。

3. 录波波形可通过 IEC 61850 通信规约与调度端主站通信。

4. 故障前后录波波形支持按通道根据召唤上传。

SD－220－A3－2－D0206－01　卷册说明

（1）说明本卷册包含内容，主要设计原则，设备订货情况，与其他卷册的分界点等。

（2）说明录波装置采样方式。

（3）故障录波按电压等级和网络进行配置。

（4）为便于打印，每面故障录波柜配置独立的打印机。

（5）故障录波可记录直流电源电压，且录波电压与装置电源取自同一段母线。

（6）根据十八项反措要求，变电站内的故障录波器应能对站用直流系统的各母线段（控制、保护）对地电压进行录波。考虑变电站采用数字量采样，主变压器、220kV 故障录波柜位置紧张，建议在 110kV 故障录波柜增加直流模拟量录波插件。

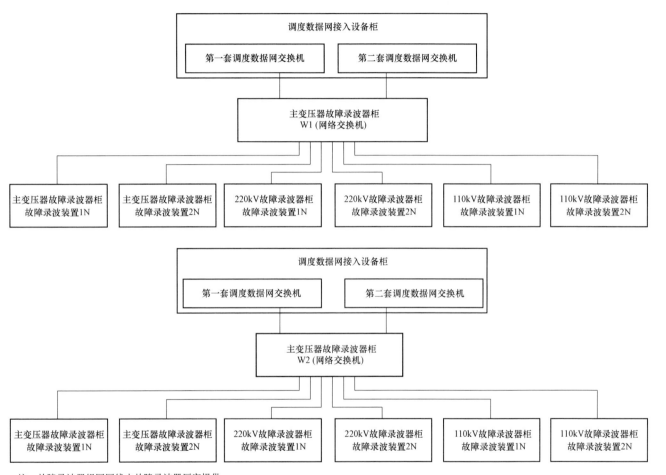

注：故障录波组网网线由故障录波器厂家提供。

SD-220-A3-2-D0206-02 故障录波系统组网图

（1）应示出故障录波各装置之间以及与时钟同步装置、数据网接入设备、变电站自动化系统的连接，包括设备连接端口、缆线。

（2）按照鲁电调保〔2014〕16号《山东电力调度控制中心关于印发山东电网故障录波器联网系统通信技术规范等标准的通知》配置组网方案。

（3）故障录波器与调度数据网通信设备的连接应单独组网，即不应与其他系统（如监控系统、保护信息管理系统）共用网口及连接介质。

（4）对于部署了两套调度数据网的厂站，故障录波器应分别实施与两套数据网的连接。

（5）当分配给录波器联网的调度数据网IP地址数量少于录波器的数量时，应配置具有地址映射功能的路由器，将多个录波器映射到该路由器地址的不同端口以实现数据上传。

（6）当故障录波器与数据网接入设备之间的距离小于80m时，采用超五类双绞线连接；大于80m或跨房间时，应采用光纤方式连接。

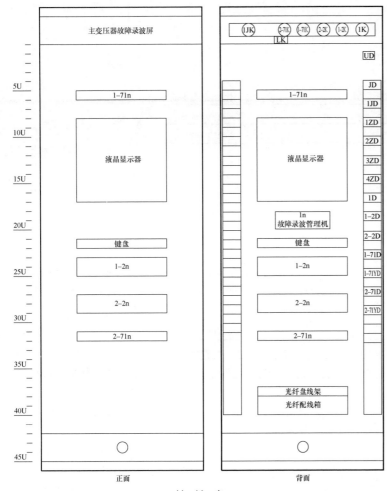

正面 背面

材 料 表

序号	符号	名称	型号	数量	备注
1	1n	故障录波管理机		1	
2	1－2n	故障录波装置		1	
3	2－2n	故障录波装置		1	
4	1－71n	A 网交换机		1	
5	2－71n	B 网交换机		1	

SD－220－A3－2－D0206－03　主变压器故障录波器柜屏面布置图

（1）包括屏柜正面、背面布置图及元件参数表。布置图应包括柜内各装置、压板的布置及屏柜外形尺寸等、交直流空气开关、外部接线端子布置等。

（2）元件参数表应包括设备编号、设备名称、规格型式、单位数量等。

（3）屏柜内设备、端子排编号应按照保护及辅助装置编号原则执行。

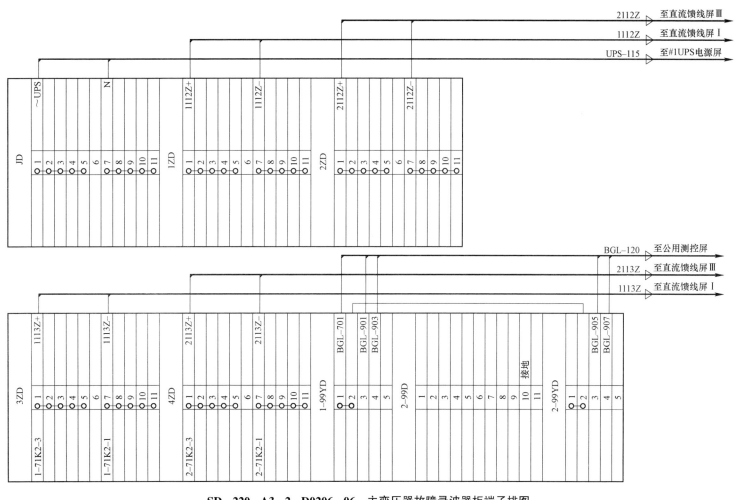

（1）应表示出端子排的外部去向，包括回路号、电缆去向及电缆编号。

（2）公共端、同名出口端采用端子连线。

（3）交流电流和交流电压采用试验端子。

（4）正负电源间间隔1个端子。

（5）一个端子的每一端只能接一根导线。

（6）室内屏柜取消柜内照明回路。

（7）柜内预留备用端子。

（8）需做接地处理的应明确接地点位置。

（9）确认厂家交直流电源级差配合是否满足要求。

（10）截面积不大于4mm²的电缆预留备用芯。

（11）端子排回路号、端子号与原理图一致。

SD－220－A3－2－D0206－06　主变压器故障录波器柜端子排图

3.7 110kV 线路保护及二次线

序号	图号	图名	张数	套用原工程名称及卷册检索号，图号
1	SD－220－A3－2－D0207－01	卷册说明	1	
2	SD－220－A3－2－D0207－02	线路二次设备配置图	1	
3	SD－220－A3－2－D0207－03	线路二次系统信息逻辑图 1	1	
4	SD－220－A3－2－D0207－04	线路二次系统信息逻辑图 2	1	
5	SD－220－A3－2－D0207－05	过程层交换机端口配置表 1	1	
6	SD－220－A3－2－D0207－06	过程层交换机端口配置表 2	1	
7	SD－220－A3－2－D0207－07	线路电流电压回路图	1	
8	SD－220－A3－2－D0207－08	线路断路器控制回路图	1	
9	SD－220－A3－2－D0207－09	线路隔离（接地）开关控制回路图	1	
10	SD－220－A3－2－D0207－10	线路智能控制柜信号回路图	1	
11	SD－220－A3－2－D0207－11	线路保护通道接口连接示意图	1	
12	SD－220－A3－2－D0207－12	线路智能控制柜柜面布置图	1	
13	SD－220－A3－2－D0207－13	线路智能控制柜端子排图	1	

SD－220－A3－2－D0207－00　卷册目录

（1）卷册检索号应与项目计划一致。

（2）图纸张数应与实际一致。

（3）图纸编号、名称应与具体图纸一致。

主要依据：

GB 14285—2006　继电保护和安全自动装置技术规程

GB/T 50062—2008　电力装置的继电保护和自动装置设计规范

GB/T 50063—2017　电力装置的电测量仪表装置设计规范

GB/T 50976—2014　继电保护及二次回路安装及验收规范

GB 50217—2018　电力工程电缆设计标准

DL/T 5149—2001　220kV～500kV 变电所计算机监控系统设计技术规程

DL/T 5136—2012　火力发电厂、变电站二次接线设计技术规程

DL/T 866—2004　电流互感器和电压互感器选择及计算导则

Q/GDW 10381.5—2017　国家电网有限公司输变电工程施工图设计内容深度规定　第 5 部分：220kV 智能变电站

Q/GDW 10766—2015　10kV～110（66）kV 线路保护、元件保护及辅助装置标准化设计规范

Q/GDW 586—2011　电力系统自动低压减负荷技术规范

Q/GDW 441—2010　智能变电站继电保护技术规范

Q/GDW 11398—2015　变电站设备监控信息规范

国家电网有限公司十八项电网重大反事故措施（2018 年版）

基建技术〔2018〕29 号　输变电工程设计常见病清册

国家电网企管〔2017〕1068 号　变电站设备验收规范

调监〔2012〕303 号　220kV 变电站典型信息表（试行）

鲁电调〔2016〕772 号　山东电网继电保护配置原则

鲁电企管〔2018〕349 号　山东电网二次设备命名规范

历年下发的标准差异条款

卷 册 说 明

1. 本卷册包括 110kV 线路保护及二次线。

2. 本站 110kV 本期及远景均为双母线接线。

3. 本工程使用的 110kV 配电装置为 GIS 设备。

4. 110kV 本期 6 回出线，每回配置一套线路保护测控一体化装置、一套智能终端合并单元一体化装置、一只电能表，均下放布置于线路 GIS 智能控制柜上。

5. 线路保护测控一体化装置的保护功能包括以电流差动元件作为全线快速主保护，有三段式接地和相间距离及四段零序过流保护为后备保护，并设有三相一次重合闸。

6. 本站采取直采直跳的网络架构，即合并单元通过光缆点对点直接采集线路电流信号；智能终端通过光缆点对点实现对断路器/隔离开关/接地开关的遥控操作。

7. 线路保护测控装置与本柜合并单元、智能终端采用尾纤连接，与 SV 网和 GOOSE 网采用尾缆连接。线路保护测控装置均从以太网口接入自动化系统的站控层 MMS 网络（单网）。

8. 线路保护测控装置采用 IRIG－B（DC）对时方式，合并单元、智能终端采用 IRIG－B（光）对时方式。

9. 线路保护测控装置、智能终端合并单元一体化装置等二次设备均由站内 220V 直流电源供电。

（1）说明本卷册包含内容，主要设计原则，设备订货情况，与其他卷册的分界点等。

（2）说明保护装置采样跳闸方式。

（3）说明各设备组网、对时及布置方式。

（4）本卷册向一次、土建专业提资 110kV 智能控制柜定位，向土建专业提资屏柜尺寸、基础、预埋线缆。向一次专业提资电压互感器、电流互感器参数，智能组件数量、安装位置等。

（5）本卷册向一体化电源卷册设计人提资电源要求，包括负荷容量、本侧开关配置、是否双重化配置等。

SD－220－A3－2－D0207－01　卷册说明

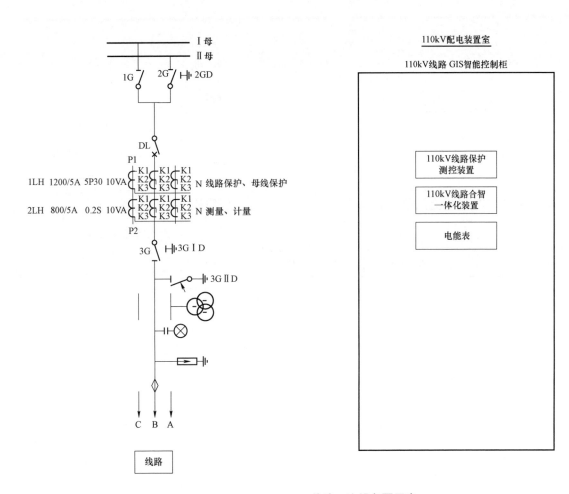

110kV配电装置室

110kV线路 GIS智能控制柜

110kV线路保护
测控装置

110kV线路合智
一体化装置

电能表

（1）在主接线简图上表示各间隔 TA、TV 二次绕组数量、排列、准确级、变比和功能配置，并示意相关二次设备配置，包含保护测控装置、合并单元智能终端一体化装置等二次设备的厂家型号及安装单位。

（2）主接线示意图应与一次专业接线图一致。

（3）按照 DL/T 866—2004《电流互感器和电压互感器选择及计算导则》进行电流互感器变比、精度、容量选择。

（4）智能站采用合智一体、保测一体装置。

（5）母线保护 TA 布置于线路侧，避免死区。

SD－220－A3－2－D0207－02 线路二次设备配置表

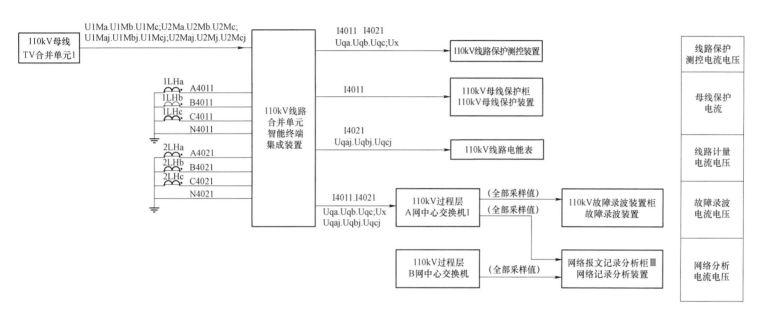

SD－220－A3－2－D0207－03 线路二次系统信息逻辑图 1

（1）标明本间隔二次设备间的信息（含电流、电压、跳闸、信号等）交互，并示意信息流方向。

（2）测控装置闭锁、遥控、遥信信息采用网采，线路保护、母线保护点对点直采直跳。

（3）故障录波信息采用网采。

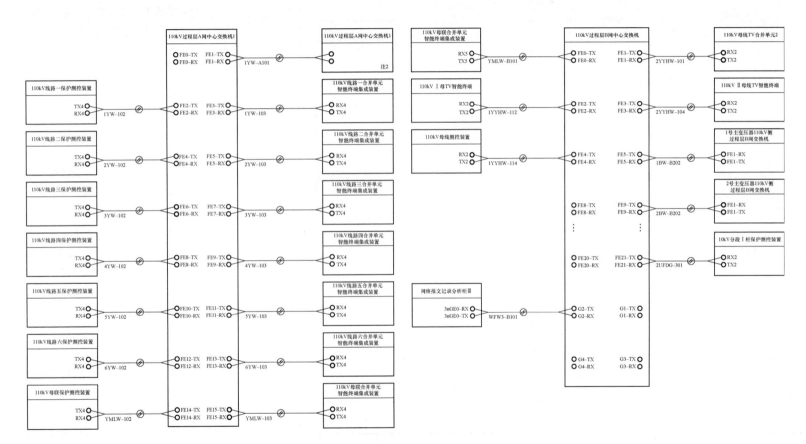

SD－220－A3－2－D0207－05　过程层交换机端口配置表 1

（1）标示对应间隔过程层交换机的外部去向，包括端口号、光缆（尾缆、网络线）编号及去向。

（2）交换机间级联应采用千兆光口，与其他设备采用百兆光口。

（3）级联交换机传输路由不超过 4 台交换机，每台交换机预留 2 个备用接口。

（4）每根光缆都应预留备用芯，至少备用 2 芯。

（5）双重化配置的过程层网络应遵循完全独立的原则，除母联间隔外，不允许跨接。

（6）中心交换机接入各间隔交换机以及故障录波、母线保护、网分、母线智能组件等公用设备。

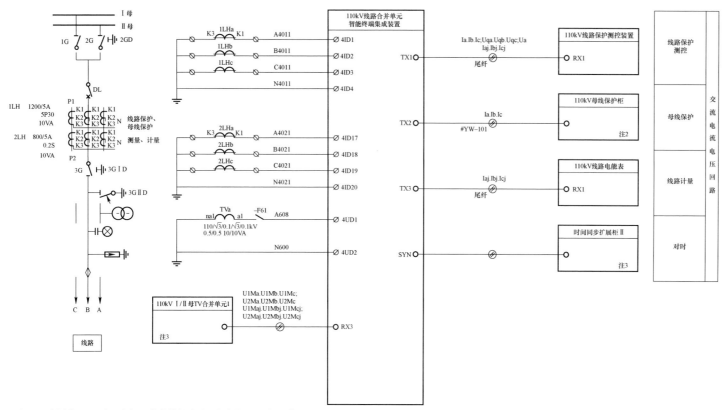

注：1. 本图中"#"表示各间隔安装单位序号，与各间隔对应关系见下表。

间隔	备用一线	备用二线	备用三线	备用四线	备用五线	备用六线	备用七线	备用八线
#	1	2	3	4	5	6	7	8

2. 本图中母线保护端口号、光缆号详见本卷册 12 图。

3. 本图中母线电压端口号、光缆编号详见母线保护配置图，时间同步端口号、光缆编号详见对时卷册。

SD－220－A3－2－D0207－07　线路电流电压回路图

（1）对应主接线图，标出所有功能回路 TA、TV 接线方式、去向、回路编号及二次接地点等。

（2）间隔合并单元由母线合并单元接入母线电压信息。

（3）与合并单元信息交互的设备包括保护、测控、录波、电能表、时间同步等设备。

（4）母线保护各侧电流互感器极性与接线方向一致，具体的极性和排列方式参考 GB/T 50976—2014。

（5）电流互感器或电压互感器的二次绕组，有且只有一个接地点。

（6）同一屏柜内设备光口用跳纤连接，同一房间内使用尾缆连接，不同房间使用预制光缆连接。

（7）应核实各设备光口类型，避免尾缆、预制光缆加工错误。

（8）常规变电站电压切换箱隔离刀闸辅助接点双位置输入，且与对应的保护装置共用空气开关。

（9）线路间隔的 TV 与 TA 共用合并单元。

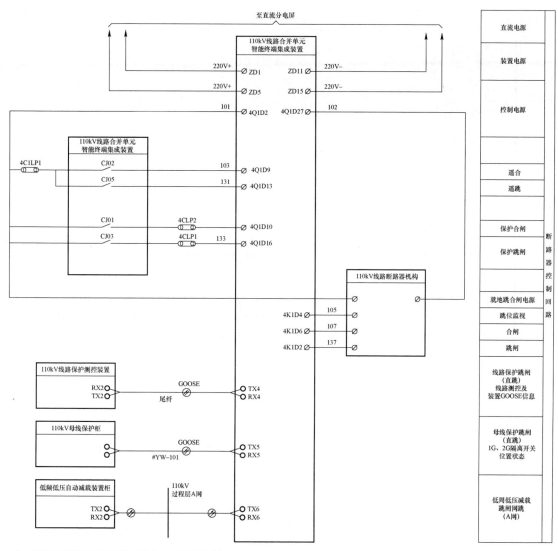

（1）应表示智能终端与断路器机构箱之间控制、信号等回路联系及编号。

（2）同一套保护的装置电源和控制电源应取自同一段母线。

（3）确认厂家图纸非全相保护功能应由断路器本体机构实现。

（4）确认厂家图纸断路器防跳功能应由断路器本体机构实现。

（5）确认厂家图纸断路器跳、合闸压力异常闭锁功能应由断路器本体机构实现，应能提供两组完全独立的压力闭锁触点。

（6）与合并单元信息交互的设备包括保护、低周减载、测控、录波、时间同步等设备。

（7）同一屏柜内设备光口用跳纤连接，同一房间内使用尾缆连接，跨房间使用预制光缆连接。

（8）应核实各设备光口类型，避免供货商尾缆、预制光缆加工错误。

（9）每根光缆都应预留备用芯，至少备用2芯。

（10）低频低压减载装置通过网络跳110kV线路。

注：采用断路器机构内防跳、跳合闸压力闭锁功能。

SD－220－A3－2－D0207－08　线路断路器控制回路图

110kV线路合并单元智能终端集成装置		110kV线路隔离/接地开关机构		
4C2D13	8851		遥控公共端	Ⅰ母侧刀闸1G
4C2D15	8853		遥控分闸	
4C2D16	8855		遥控合闸	
4C2D10	8850			
4C2D12	8852		GOOSE闭锁	
4C2D21	8857		遥控公共端	Ⅱ母侧刀闸2G
4C2D23	8859		遥控分闸	
4C2D24	8861		遥控合闸	
4C2D20	8854			
4C2D18	8856		GOOSE闭锁	
4C2D29	8863		遥控公共端	线路侧刀闸3G
4C2D31	8865		遥控分闸	
4C2D32	8867		遥控合闸	
4C2D28	8858			
4C2D26	8860		GOOSE闭锁	
4C2D45	8869		遥控公共端	开关母线侧接地刀闸2GD
4C2D47	8871		遥控分闸	
4C2D48	8873		遥控合闸	
4C2D44	8870			
4C2D42	8872		GOOSE闭锁	
4C2D53	8875		遥控公共端	开关线路侧接地刀闸3GⅠD
4C2D55	8877		遥控分闸	
4C2D56	8879		遥控合闸	
4C2D52	8874			
4C2D50	8876		GOOSE闭锁	
4C2D61	8881		遥控公共端	线路侧接地刀闸3GⅡD
4C2D63	8883		遥控分闸	
4C2D64	8885		遥控合闸	
4C2D60	8878			
4C2D58	8880		GOOSE闭锁	

SD-220-A3-2-D0207-09　线路隔离（接地）开关控制回路图

（1）应表示智能终端与隔离（接地）开关之间的控制、闭锁等回路联系及编号。

（2）通用设计按照取消采用硬接点的跨间隔连锁。本方案按照GOOSE联锁回路串入隔离开关控制回路中，目前采取与跨间隔的电气联锁串联的方式。具体可根据工程属地单位运检部门意见进行适当调整。

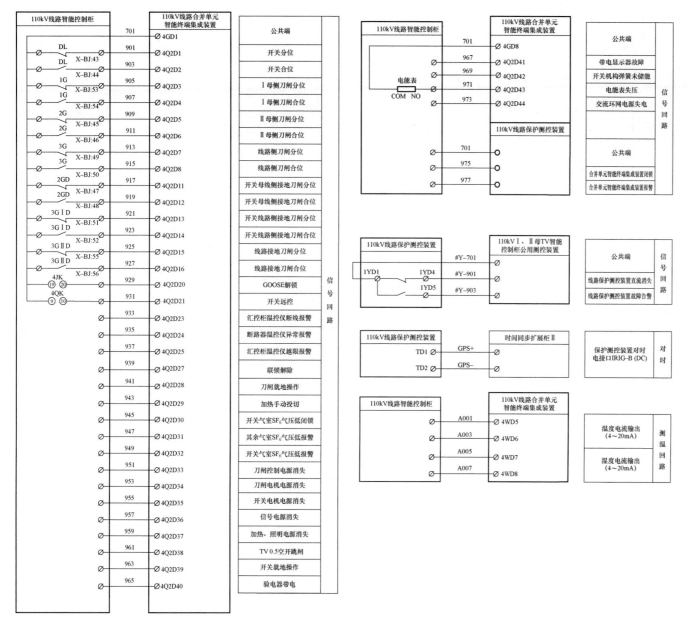

（1）标示智能终端与断路器、隔离（接地）开关及柜内其他设备之间的信号回路及回路号。

（2）应按照 Q/GDW 11398—2015《变电站设备监控信息规范》要求配置开入信号。

（3）断路器、隔离刀闸位置采用双点信号，其余信号采用单点信号。

（4）本间隔的智能终端故障和失电信号发至测控装置，测控装置故障和失电信号发至公用测控。

（5）智能控制柜内的交直流空开具备失电报警接点。

SD－220－A3－2－D0207－10　线路智能控制柜信号回路图

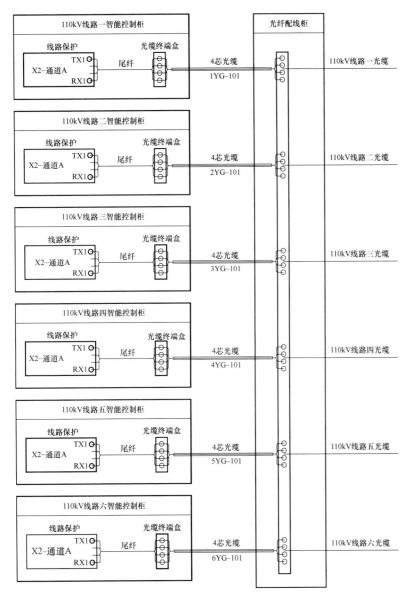

部 分 材 料				
序号	设备名称	型号及规范	数量	备注
1	4芯单模导引光缆	GYFTZY−4B1	按需	
2	Ø30PVC 套管		按需	
3	尾纤			监控厂家提供

注：1. 智能控制柜至光纤配线柜采用非金属加强光缆，该光缆需沿电
    缆管穿 PVC 套管敷设，敷设时光缆弯曲半径要求大于 30 倍的
    光缆外径，要求留有余长。
   2. 尾纤及安装附件由监控厂家提供并协助施工单位完成接线。
   3. 通信配线架的接线见光缆通信工程相关图纸。
   4. 本期工程 110kV 线路保护用 4 芯单模导引光缆均已开列。

（1）应完整示出保护至通信
设备的连接通道、接口方式、连
接缆材等。

（2）一般采用直达光纤通道，
无直达光缆时可暂不投入主保
护，必须投入时可采用复用光纤
通道。

（3）若采用复用 2M 方式，
每台复用接口装置应采用独立的
通信电源。

（4）站内保护通道光缆应选
用单模光缆。

SD−220−A3−2−D0207−11 线路保护通道接口连接示意图

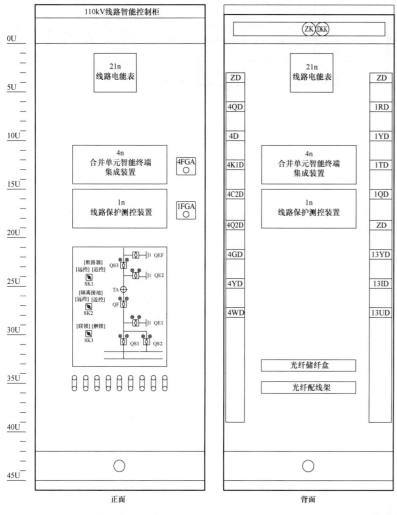

序号	符号	名称	型号	数量	备注
		材 料 表			
1	4n	合并单元智能终端集成装置		1	
2	1n	线路保护测控装置		1	
3	21n	线路电能表		1	

（1）包括屏柜正面、背面布置图及元件参数表。布置图应包括柜内各装置、压板的布置及屏柜外形尺寸等、交直流空气开关、外部接线端子布置等。

（2）元件参数表应包括设备编号、设备名称、规格型式、单位数量等。

（3）屏柜内设备、端子排编号应按照保护及辅助装置编号原则执行。

（4）注意压板颜色，功能压板采用黄色、出口压板采用红色、备用压板采用驼色。

（5）应配置"远方操作"和"保护检修状态"硬压板。

SD－220－A3－2－D0207－12　线路智能控制柜柜面布置图

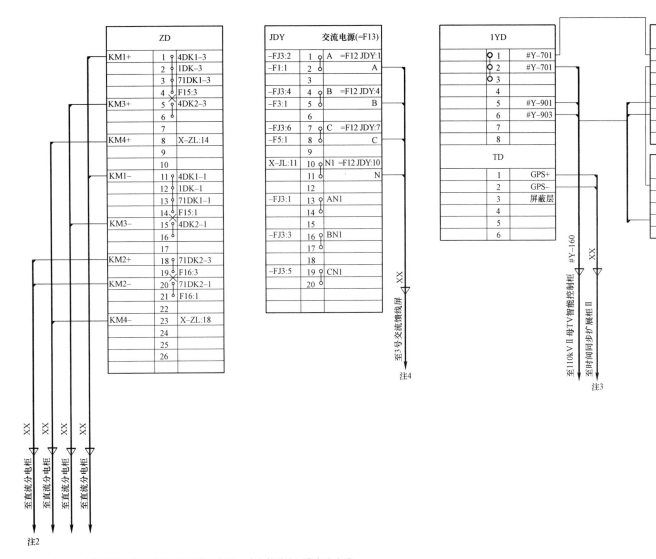

（1）应表示出端子排的外部去向，包括回路号、电缆去向及电缆编号。当采用预制电缆时，应表示预制电缆的预制方式、插头型号、插座编号、电缆去向、芯数及编号等。

（2）公共端、同名出口端采用端子连线。

（3）交流电流和交流电压采用试验端子。

（4）跳闸出口采用红色试验端子，正负电源间、正电源与跳闸出口间隔1个端子。

（5）一个端子的每一端只能接一根导线。

（6）室内屏柜取消柜内照明回路。

（7）柜内预留备用端子，交流环网接线端子型号与电缆匹配。

（8）需做接地处理的应明确接地点位置。

（9）智能控制柜电源及空气开关配置满足载流量和级差配合要求。

（10）控制、保护、信号、自动装置宜分别设置空气开关。

（11）不同安装单位、双重化配置设备、强弱电、交直流不应合用一根电缆。

（12）确认厂家交直流电源级差配合是否满足要求。

（13）截面积不大于4mm²的电缆预留备用芯。

（14）确认厂家图纸中端子排布置、电缆型号、截面积、空开配置是否满足要求。

（15）智能柜设置双套加热装置，与其他元件和线缆距离不小于50mm。

（16）备用电流互感器短接接地，禁止开路。

（17）端子排回路号、端子号与原理图一致。

注：1. 本图仅示意智能控制柜对外接线部分，内部接线由厂家负责完成。

2. 电源电缆编号详见一体化电源卷册。

3. 时间同步电缆编号详见卷对时册。

4. 此为起始间隔交流环网电源进线。

5. 每组电流互感器二次绕组中性点在汇控柜内经端子排直接接地。

SD－220－A3－2－D0207－13　线路智能控制柜端子排图

3.8 110kV 母联、母线保护及二次线

序号	图 号	图 名	张数	套用原工程名称及卷册检索号, 图号
1	SD－220－A3－2－D0208－01	卷册说明	1	
2	SD－220－A3－2－D0208－02	母联二次设备配置图	1	
3	SD－220－A3－2－D0208－03	母联二次系统信息逻辑图1	1	
4	SD－220－A3－2－D0208－04	母联二次系统信息逻辑图2	1	
5	SD－220－A3－2－D0208－05	母联电流电压回路图	1	
6	SD－220－A3－2－D0208－06	母联断路器控制回路图	1	
7	SD－220－A3－2－D0208－07	母联隔离（接地）开关控制回路图	1	
8	SD－220－A3－2－D0208－08	母联智能控制柜信号回路图	1	
9	SD－220－A3－2－D0208－09	母线保护柜柜面布置图	1	
10	SD－220－A3－2－D0208－10	母联智能控制柜柜面布置图	1	
11	SD－220－A3－2－D0208－11	母线保护柜端子排图	1	
12	SD－220－A3－2－D0208－12	母联智能控制柜端子排图	1	
13	SD－220－A3－2－D0208－13	110kV 母线保护原理图	1	

（1）卷册检索号应与项目计划一致。

（2）图纸张数应与实际一致。

（3）图纸编号、名称应与具体图纸一致。

主要依据：

GB 14285—2006　继电保护和安全自动装置技术规程

GB/T 50062—2008　电力装置的继电保护和自动装置设计规范

GB/T 50063—2017　电力装置的电测量仪表装置设计规范

GB/T 50976—2014　继电保护及二次回路安装及验收规范

GB 50217—2018　电力工程电缆设计标准

DL/T 5149—2001　220kV～500kV 变电所计算机监控系统设计技术规程

DL/T 5136—2012　火力发电厂、变电站二次接线设计技术规程

DL/T 866—2004　电流互感器和电压互感器选择及计算导则

Q/GDW 10381.5—2017　国家电网有限公司输变电工程施工图设计内容深度规定　第5部分：220kV 智能变电站

Q/GDW 10766—2015　10kV～110（66）kV 线路保护、元件保护及辅助装置标准化设计规范

Q/GDW 1161—2013　线路保护及辅助装置标准化设计规范

Q/GDW 1175—2013　变压器、高压并联电抗器和母线保护及辅助装置标准化设计规范

Q/GDW 586—2011　电力系统自动低压减负荷技术规范

Q/GDW 441—2010　智能变电站继电保护技术规范

Q/GDW 11398—2015　变电站设备监控信息规范

国家电网有限公司十八项电网重大反事故措施（2018年版）

基建技术〔2018〕29 号　输变电工程设计常见病清册

国家电网企管〔2017〕1068 号　变电站设备验收规范

调监〔2012〕303 号　220kV 变电站典型信息表（试行）

鲁电调〔2016〕772 号　山东电网继电保护配置原则

鲁电企管〔2018〕349 号　山东电网二次设备命名规范

历年下发的标准差异条款

卷 册 说 明

1. 本卷册包括 110kV 母联保护、母线保护及二次线。

2. 本站 110kV 本期及远景均为双母线接线。

3. 本工程使用的 110kV 配电装置为 GIS 设备。

4. 110kV 本期新上一套母联设备，配置一套母联保护测控一体化装置、一套智能终端合并单元一体化装置，均下放布置于母联智能控制柜上。

5. 本站采取直采直跳的网络架构，即合并单元通过光缆点对点直接采集线路电流信号；智能终端通过光缆点对点实现对断路器/隔离开关/接地开关的遥控操作。

6. 母联保护测控装置与本柜合并单元、智能终端采用尾纤连接，与 SV 网和 GOOSE 网采用尾缆连接。母联保护测控装置均从以太网口接入自动化系统的站控层 MMS 网络（单网）。

7. 母联保护测控装置采用 IRIG－B（DC）对时方式，合并单元、智能终端采用 IRIG－B（光）对时方式。

8. 母联保护测控装置、智能终端合并单元一体化装置等二次设备均由站内 220V 直流电源供电。

（1）说明本卷册包含内容，主要设计原则，设备订货情况，与其他卷册的分界点等。

（2）说明保护装置采样跳闸方式。

（3）说明各设备组网、对时及布置方式。

（4）本卷册向一次、土建专业提资 110kV 智能控制柜定位，向土建专业提资屏柜尺寸、基础、预埋线缆。向一次专业提资电压互感器、电流互感器参数，智能组件数量、安装位置等。

（5）本卷册向一体化电源卷册设计人提资电源要求，包括负荷容量、本侧开关配置、是否双重化配置等。

SD－220－A3－2－D0208－01　卷册说明

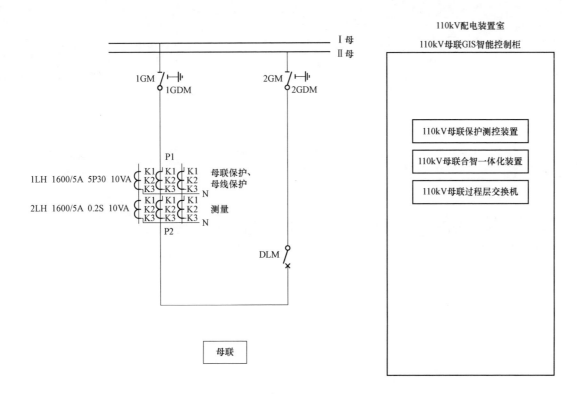

110kV配电装置室

110kV母联GIS智能控制柜

110kV母联保护测控装置

110kV母联合智一体化装置

110kV母联过程层交换机

I 母
II 母

1GM   1GDM   2GM   2GDM

P1

1LH 1600/5A 5P30 10VA   母联保护、母线保护

K1 K1 K1
K2 K2 K2
K3 K3 K3   N

2LH 1600/5A 0.2S 10VA   测量

K1 K1 K1
K2 K2 K2
K3 K3 K3

P2

DLM

母联

SD－220－A3－2－D0208－02　母联二次设备配置表

（1）在主接线简图上表示各间隔 TA、TV 二次绕组数量、排列、准确级、变比和功能配置，并示意相关二次设备配置，包含保护测控装置、合并单元智能终端一体化装置等二次设备的厂家型号及安装单位。

（2）主接线示意图应与一次专业接线图一致。

（3）按照 DL/T 866—2004《电流互感器和电压互感器选择及计算导则》进行电流互感器变比、精度、容量选择。

（4）智能站采用合智一体、保测一体装置。

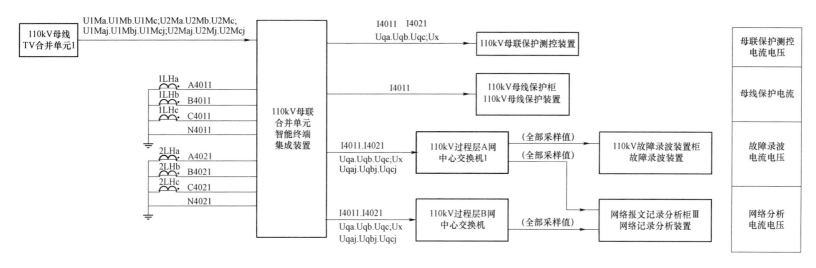

SD－220－A3－2－D0208－03 母联二次系统信息逻辑图 1

（1）标明本间隔二次设备间的信息（含电流、电压、跳闸、信号等）交互，并示意信息流方向。

（2）测控装置闭锁、遥控、遥信信息采用网采，母线保护点对点直采直跳。

（3）故障录波信息采用网采。

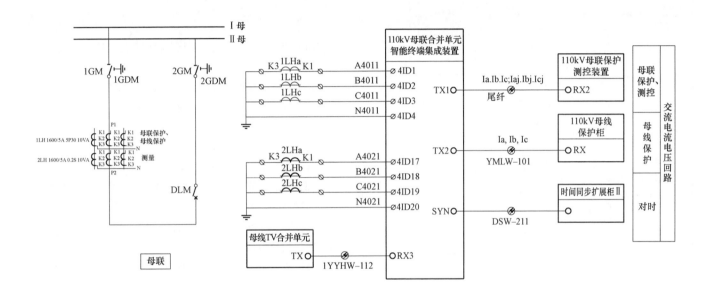

（1）对应主接线图，标出所有功能回路 TA、TV 接线方式、去向、回路编号及二次接地点等。

（2）间隔合并单元由母线合并单元接入母线电压信息。

（3）与合并单元信息交互的设备包括保护、测控、录波、电能表、时间同步等设备。

（4）母线保护各侧电流互感器极性与接线方向一致，具体的极性和排列方式参考 GB/T 50976—2014。

（5）电流互感器或电压互感器的二次绕组，有且只有一个接地点。

（6）同一屏柜内设备光口用跳纤连接，同一房间内使用尾缆连接，不同房间使用预制光缆连接。

（7）应核实各设备光口类型，避免尾缆、预制光缆加工错误。

SD－220－A3－2－D0208－05 母联电流电压回路图

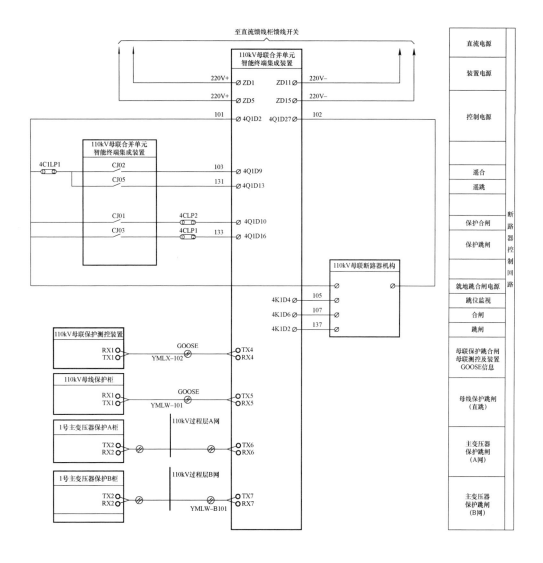

（1）应表示智能终端与断路器机构箱之间控制、信号等回路联系及编号。

（2）同一套保护的装置电源和控制电源应取自同一段母线。

（3）确认厂家图纸非全相保护功能应由断路器本体机构实现。

（4）确认厂家图纸断路器防跳功能应由断路器本体机构实现。

（5）确认厂家图纸断路器跳、合闸压力异常闭锁功能应由断路器本体机构实现，应能提供两组完全独立的压力闭锁触点。

（6）与合并单元信息交互的设备包括保护、低周减载、测控、录波、时间同步等设备。

（7）同一屏柜内设备光口用跳纤连接，同一房间内使用尾缆连接，跨房间使用预制光缆连接。

（8）应核实各设备光口类型，避免供货商尾缆、预制光缆加工错误。

（9）每根光缆都应预留备用芯，至少备用 2 芯。

SD－220－A3－2－D0208－06　母联断路器控制回路图

110kV母联合并单元智能终端集成装置		110kV母联隔离/接地开关机构			
4C2D13 ∅	8851	∅	遥控公共端	Ⅰ母侧刀闸 1GM	
4C2D15 ∅	8853	∅	遥控分闸		
4C2D16 ∅	8855	∅	遥控合闸		
4C2D12 ∅	8850	∅	GOOSE闭锁		
4C2D10 ∅	8852	∅			
4C2D21 ∅	8857	∅	遥控公共端	Ⅱ母侧刀闸 2GM	
4C2D23 ∅	8859	∅	遥控分闸		
4C2D24 ∅	8861	∅	遥控合闸		
4C2D20 ∅	8854	∅	GOOSE闭锁		
4C2D18 ∅	8856	∅			
4C2D45 ∅	8871	∅	遥控公共端	Ⅰ母侧接地刀闸 1GMD	
4C2D47 ∅	8873	∅	遥控分闸		
4C2D48 ∅	8875	∅	遥控合闸		
4C2D44 ∅	8870	∅	GOOSE闭锁		
4C2D42 ∅	8872	∅			
4C2D53 ∅	8877	∅	遥控公共端	Ⅱ母侧接地刀闸 2GMD	
4C2D55 ∅	8879	∅	遥控分闸		
4C2D56 ∅	8881	∅	遥控合闸		
4C2D52 ∅	8874	∅	GOOSE闭锁		
4C2D50 ∅	8876	∅			

SD－220－A3－2－D0208－07　母联隔离（接地）开关控制回路图

（1）应表示智能终端与隔离（接地）开关之间的控制、闭锁等回路联系及编号。

（2）GOOSE 联锁回路串入隔离开关控制回路中，目前采取与跨间隔的电气联锁串联的方式。具体可根据工程属地单位运检部门意见进行适当调整。

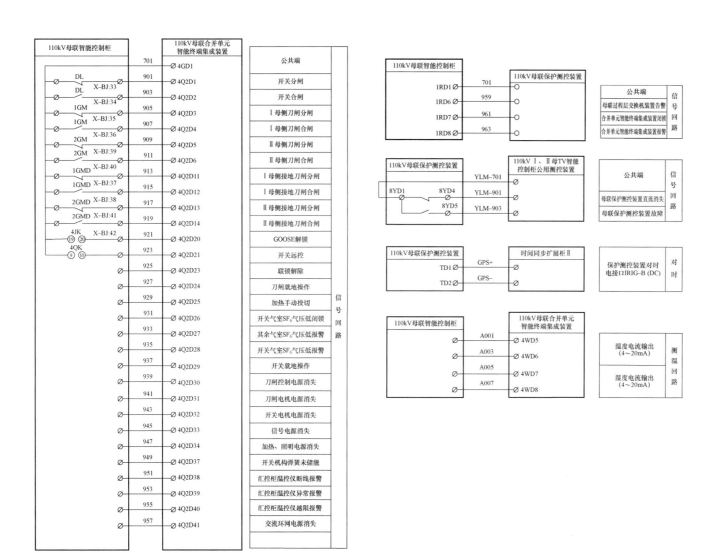

注：采用断路器机构内防跳、跳合闸压力闭锁功能。

SD-220-A3-2-D0208-08 母联智能控制柜信号回路图

（1）标示智能终端与断路器、隔离（接地）开关及柜内其他设备之间的信号回路及回路号。

（2）应按照 Q/GDW 11398—2015 变电站设备监控信息规范要求配置开入信号。

（3）断路器、隔离刀闸位置采用双点信号，其余信号采用单点信号。

（4）本间隔的智能终端故障和失电信号发至测控装置，测控装置故障和失电信号发至公用测控。

（5）智能控制柜内的交直流空开具备失电报警接点。

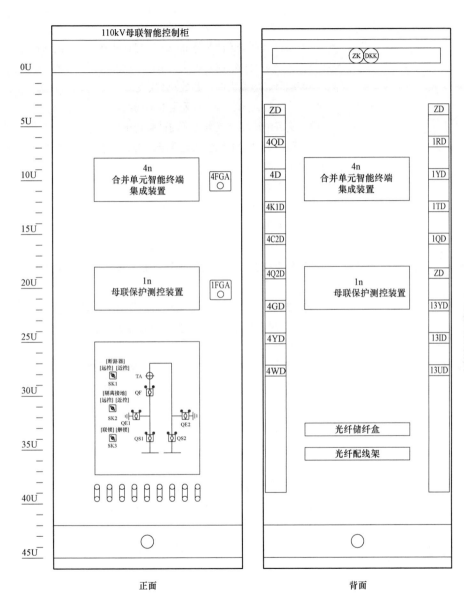

材　料　表

序号	符号	名称	型号	数量	备注
1	4n	合智一体装置		1	
2	1n	母联保护测控装置		1	

（1）包括屏柜正面、背面布置图及元件参数表。布置图应包括柜内各装置、压板的布置及屏柜外形尺寸等、交直流空气开关、外部接线端子布置等。

（2）元件参数表应包括设备编号、设备名称、规格型式、单位数量等。

（3）屏柜内设备、端子排编号应按照保护及辅助装置编号原则执行。

（4）注意压板颜色，功能压板采用黄色、出口压板采用红色、备用压板采用驼色。

（5）应配置"远方操作"和"保护检修状态"硬压板。

SD－220－A3－2－D0208－10　母联智能控制柜柜面布置图

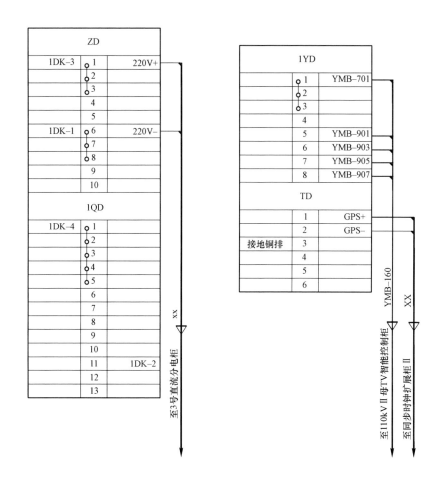

ZD		
1DK-3	1	220V+
	2	
	3	
	4	
	5	
1DK-1	6	220V-
	7	
	8	
	9	
	10	

1QD		
1DK-4	1	
	2	
	3	
	4	
	5	
	6	
	7	
	8	
	9	
	10	
	11	1DK-2
	12	
	13	

1YD		
	1	YMB-701
	2	
	3	
	4	
	5	YMB-901
	6	YMB-903
	7	YMB-905
	8	YMB-907

TD		
	1	GPS+
	2	GPS-
接地铜排	3	
	4	
	5	
	6	

至3号直流分电柜　xx

YMB-160　至110kV Ⅱ母TV智能控制柜

XX　至同步时钟扩展柜Ⅱ

SD－220－A3－2－D0208－12　母联智能控制柜端子排图

（1）应表示出端子排的外部去向，包括回路号、电缆去向及电缆编号。当采用预制电缆时，应表示预制电缆的预制方式、插头型号、插座编号、电缆去向、芯数及编号等。

（2）公共端、同名出口端采用端子连线。

（3）交流电流和交流电压采用试验端子。

（4）跳闸出口采用红色试验端子，正负电源间、正电源与跳闸出口间隔 1 个端子。

（5）一个端子的每一端只能接一根导线。

（6）室内屏柜取消柜内照明回路。

（7）柜内预留备用端子，交流环网接线端子型号与电缆匹配。

（8）需做接地处理的应明确接地点位置。

（9）智能控制柜电源及空气开关配置满足载流量和级差配合要求。

（10）控制、保护、信号、自动装置分别设置空气开关。

（11）不同安装单位、双重化配置设备、强弱电、交直流不应合用一根电缆。

（12）确认厂家交直流电源级差配合是否满足要求。

（13）截面积不大于 4mm² 的电缆预留备用芯。

（14）确认厂家图纸中端子排布置、电缆型号、截面积、空开配置是否满足要求。

（15）智能柜设置双套加热装置，与其他元件和线缆距离不小于 50mm。

（16）备用电流互感器短接接地，禁止开路。

（17）端子排回路号、端子号与原理图一致。

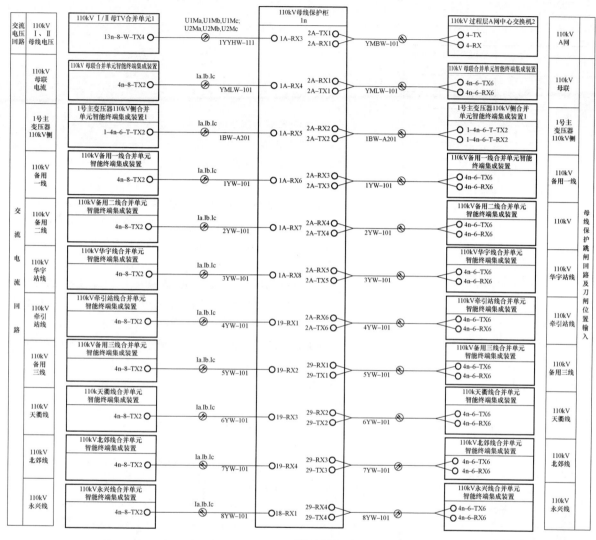
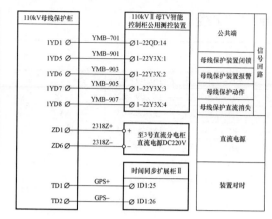

SD-220-A3-2-D0208-13　110kV 母线保护原理图

（1）母线保护具备母联（分段）的充电保护功能。

（2）母线保护各侧 TA 变比倍数不大于 4。

（3）母线保护各侧电流互感器极性与接线方向一致，具体的极性和排列方式参考 GB/T 50976—2014。

（4）应按照 Q/GDW 11398—2015《变电站设备监控信息规范》要求配置开入信号。

（5）同一屏柜内设备光口用跳纤连接，同一房间内使用尾缆连接，跨房间使用预制光缆连接。

（6）应核实各设备光口类型，避免供货商尾缆、预制光缆加工错误。

3.9 10kV 二次线

序号	图号	图名	张数	套用原工程名称及卷册检索号，图号
1	SD－220－A3－2－D0209－01	卷册说明	1	
2	SD－220－A3－2－D0209－02	10kV 二次设备配置图	1	
3	SD－220－A3－2－D0209－03	10kV 线路电流电压回路图	1	
4	SD－220－A3－2－D0209－04	10kV 电容器电流电压回路图	1	
5	SD－220－A3－2－D0209－05	10kV 电抗器电流电压回路图	1	
6	SD－220－A3－2－D0209－06	10kV 接地变压器电流电压回路图	1	
7	SD－220－A3－2－D0209－07	10kV 分段电压电流回路图	1	
8	SD－220－A3－2－D0209－08	10kV 线路控制信号回路图	1	
9	SD－220－A3－2－D0209－09	10kV 电容器控制信号回路图	1	
10	SD－220－A3－2－D0209－10	10kV 电抗器控制信号回路图	1	
11	SD－220－A3－2－D0209－11	10kV 接地变控制信号回路图	1	
12	SD－220－A3－2－D0209－12	10kV 分段控制信号回路图	1	
13	SD－220－A3－2－D0209－13	10kV 线路柜端子排图（1）	1	
14	SD－220－A3－2－D0209－14	10kV 线路柜端子排图（2）	1	
15	SD－220－A3－2－D0209－15	10kV 电容器柜端子排图（1）	1	
16	SD－220－A3－2－D0209－16	10kV 电容器柜端子排图（2）	1	
17	SD－220－A3－2－D0209－17	10kV 电抗器柜端子排图（1）	1	
18	SD－220－A3－2－D0209－18	10kV 电抗器柜端子排图（2）	1	
19	SD－220－A3－2－D0209－19	10kV 接地变压器柜端子排图（1）	1	
20	SD－220－A3－2－D0209－20	10kV 接地变压器柜端子排图（2）	1	
21	SD－220－A3－2－D0209－21	10kV 分段柜端子排图（1）	1	
22	SD－220－A3－2－D0209－22	10kV 分段柜端子排图（2）	1	
23	SD－220－A3－2－D0209－23	时间同步对时电缆联系图	1	
24	SD－220－A3－2－D0209－24	10kV 开关柜内小母线布置图	1	
25	SD－220－A3－2－D0209－25	消弧线圈控制柜屏面布置图	1	
26	SD－220－A3－2－D0209－26	消弧线圈控制柜信号回路图	1	
27	SD－220－A3－2－D0209－27	消弧线圈控制柜端子排图	1	
28	SD－220－A3－2－D0209－28	消弧线圈组合柜信号回路图	1	
29	SD－220－A3－2－D0209－29	消弧线圈组合柜端子排图	1	
30	SD－220－A3－2－D0209－30	低频低压减载柜面布置图	1	
31	SD－220－A3－2－D0209－31	低频低压减载装置连接示意图	1	
32	SD－220－A3－2－D0209－32	低频低压减载装置信号图	1	
33	SD－220－A3－2－D0209－33	低频低压减载柜光缆联系图	1	
34	SD－220－A3－2－D0209－34	低频低压减载柜端子排图	1	

SD－220－A3－2－D0209－00 目录

（1）卷册检索号应与项目计划一致。

（2）图纸张数应与实际一致。

（3）图纸编号、名称应与具体图纸一致。

主要依据：

GB 14285—2006 继电保护和安全自动装置技术规程

GB/T 50062—2008 电力装置的继电保护和自动装置设计规范

GB/T 50063—2017 电力装置的电测量仪表装置设计规范

GB/T 50976—2014 继电保护及二次回路安装及验收规范

DL/T 5149—2001 220kV～500kV 变电所计算机监控系统设计技术规程

DL/T 5136—2012 火力发电厂、变电站二次接线设计技术规程

DL/T 866—2004 电流互感器和电压互感器选择及计算导则

Q/GDW 10381.5—2017 国家电网有限公司输变电工程施工图设计内容深度规定 第5部分：220kV 智能变电站

Q/GDW 10766—2015 10kV～110（66）kV 线路保护、元件保护及辅助装置标准化设计规范

Q/GDW 586—2011 电力系统自动低压减负荷技术规范

Q/GDW 441—2010 智能变电站继电保护技术规范

Q/GDW 11398—2015 变电站设备监控信息规范

国家电网有限公司十八项电网重大反事故措施（2018 年版）

基建技术〔2018〕29 号 输变电工程设计常见病清册

国家电网企管〔2017〕1068 号 变电站设备验收规范

调监〔2012〕303 号 220kV 变电站典型信息表（试行）

鲁电调〔2016〕772 号 山东电网继电保护配置原则

卷 册 说 明

1. 本卷册设计内容包括分散安装在 10kV 开关柜上的保护、测控、计量集成装置的电流电压回路，控制原理，10kV 消弧线圈、低频低压减载及端子排的二次线等。

2. 10kV 线路、电容器、电抗器、站变均配置电能表。

3. 10kV 母线设备柜内安装 4 台测控装置。

4. 10kV 分段隔离柜内安装 1 台电压并列装置。

5. 10kV 采用开关防跳。

6. 10kV 开关柜直流电源采用按母线段供电方式。

7. 小电流接地选线功能由消弧线圈控制器实现。

（1）说明本卷册包含内容，主要设计原则，设备订货情况，与其他卷册的分界点等。

（2）说明各设备组网、对时及布置方式。

（3）根据反措及国家电网企管〔2017〕1068 号要求，保留 10kV 间隔间电气联锁。

（4）本卷册向一次专业提资 10kV 二次设备安装位置、电压互感器、电流互感器参数。

（5）本卷册向一体化电源卷册设计人提资电源要求，包括负荷容量、本侧开关配置等。

SD－220－A3－2－D0209－01　卷册说明

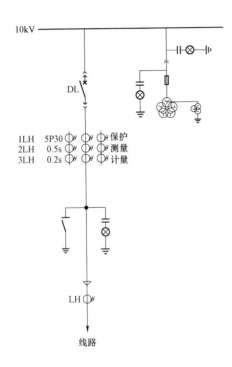

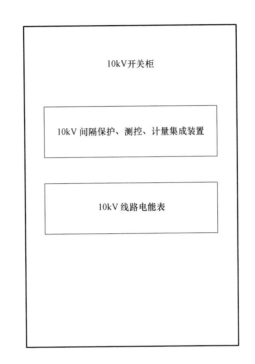

10kV

DL

1LH 5P30 保护
2LH 0.5s 测量
3LH 0.2s 计量

LH

线路

10kV开关柜

10kV 间隔保护、测控、计量集成装置

10kV 线路电能表

SD－220－A3－2－D0209－02 10kV 二次设备配置图

（1）在主接线简图上表示各间隔 TA、TV 二次绕组数量、排列、准确级、变比和功能配置，并示意相关二次设备配置，包含保护测控装置、电能表等二次设备的厂家型号及安装单位。

（2）主接线示意图应与一次专业接线图一致。

（3）按照 DL/T 866—2004《电流互感器和电压互感器选择及计算导则》进行电流互感器变比、精度、容量选择。

（4）各间隔采用保护测控一体化装置。

（5）各间隔电能表独立配置，采用独立的二次绕组。

（6）配置母线保护时，增加一个二次绕组，各侧一次电流倍数比不高于 4。

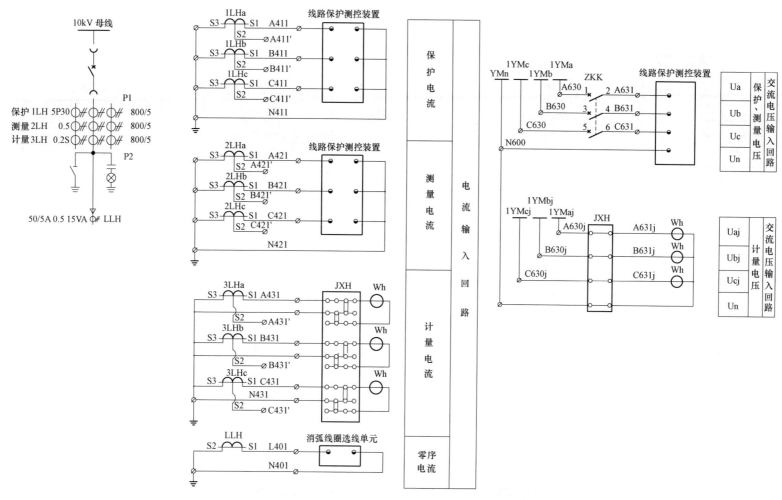

SD-220-A3-2-D0209-03　10kV 线路电流电压回路图

（1）对应主接线图，标出所有功能回路 TA、TV 接线方式、去向、回路编号及二次接地点等。

（2）母线保护各侧电流互感器极性与接线方向一致，具体的极性和排列方式参考 GB/T 50976—2014，注明唯一接地点。

（3）间隔保护测控装置、电能表电压取自小母线，需经空气开关，注意级差配合。

（4）当不明确间隔额定电流时，应将 TA 最大变比抽头接入保护测控、电能表，并将中间抽头接至端子排。

（5）注意电容器采用不平衡电压还是差压保护接线方式不同。

（6）消弧线圈及有效接地系统，计量回路采用三相四线电能表，三相六线接线。

（7）保护采用资产零序电流，选线外接零序 TA。

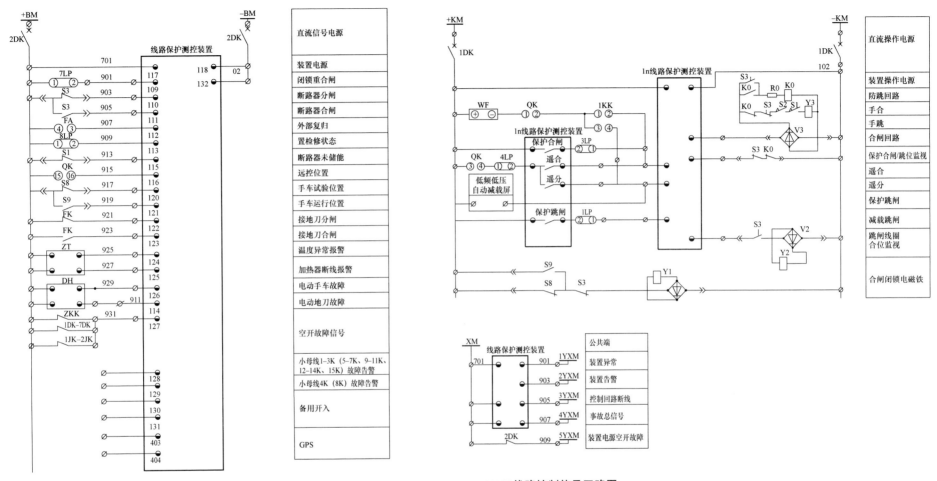

SD－220－A3－2－D0209－08　10kV 线路控制信号回路图

（1）应表示保护测控装置、操作箱、减载装置与断路器机构箱之间控制、信号等回路联系及编号。

（2）确认厂家图纸断路器防跳功能应由断路器本体机构实现。

（3）间隔保护测控装置告警信息可通过告警小母线或直接接入母线测控装置。

（4）电容器、电抗器、接地变间隔断路器与本体间应具备完善的电气闭锁回路，并留有五防锁安装位置。

（5）分段备自投装置宜独立配置，与主变压器保护可通过过程层交换机传输跳闸、闭锁信息。

（6）断路器、隔离刀闸位置采用双点信号，其余信号采用单点信号。

（7）智能控制柜内的交直流空开具备失电报警接点。

（8）低频低压减载装置通过电缆直跳 10kV 线路，不启动重合闸。

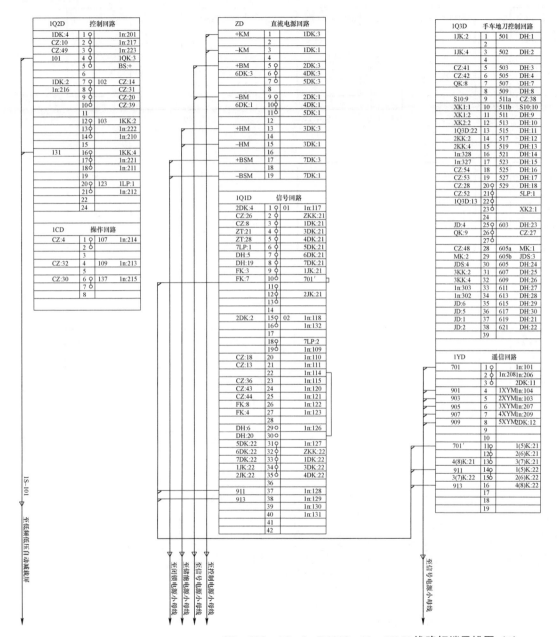

SD－220－A3－2－D0209－13　10kV 线路柜端子排图（1）

（1）应表示出端子排的外部去向，包括回路号、电缆去向及电缆编号。当采用预制电缆时，应表示预制电缆的预制方式、插头型号、插座编号、电缆去向、芯数及编号等。

（2）公共端、同名出口端采用端子连线。

（3）交流电流和交流电压采用试验端子。

（4）跳闸出口采用红色试验端子，正负电源间、正电源与跳闸出口间隔 1 个端子。

（5）一个端子的每一端只能接一根导线。

（6）室内屏柜取消照明回路。

（7）柜内预留备用端子，交流环网接线端子型号与电缆匹配。

（8）需做接地处理的应明确接地点位置。

（9）开关柜电源空气开关配置满足载流量和级差配合要求。

（10）控制、保护、信号、自动装置宜分别设置空气开关。

（11）不同安装单位、双重化配置设备、强弱电、交直流不应合用一根电缆。

（12）确认厂家交直流电源级差配合是否满足要求。

（13）截面积不大于 4mm^2 的电缆预留备用芯。

（14）确认厂家图纸中端子排布置、电缆型号、截面积、空开配置是否满足要求。

（15）智能柜设置双套加热装置，与其他元件和线缆距离不小于 50mm。

（16）备用电流互感器短接接地，禁止开路。

（17）N600 在电压并列一点接地。

（18）端子排回路号、端子号与原理图一致。

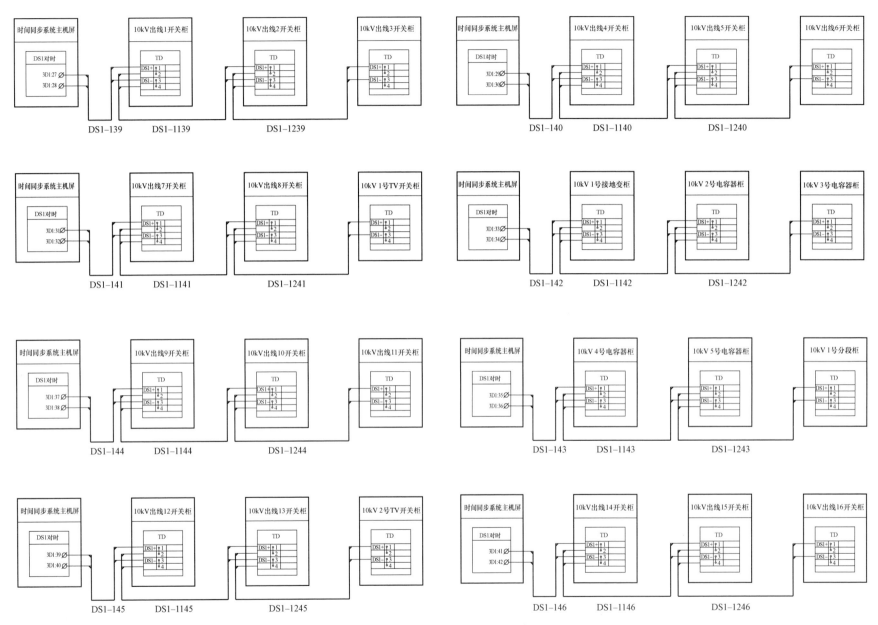

SD－220－A3－2－D0209－23　时间同步对时电缆联系图

（1）10kV 间隔保护测控装置通过电 B 码接收对时信息。
（2）对时采用多设备并接，根据负载确定每路电 B 码所能接如设备数量。
（3）对时双绞线经端子排接入设备 RS485 接口。

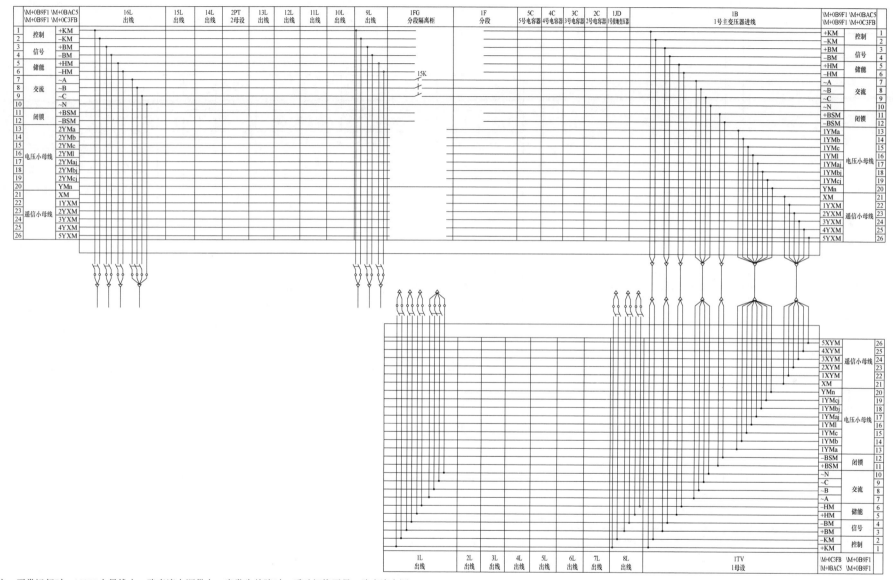

注：正常运行时，10kV 小母线由一路直流电源供电，当发生故障时，手动切换至另一路直流电源。

SD－220－A3－2－D0209－24　10kV 开关柜内小母线布置图

（1）母线电压按母线段设置柜顶小母线。
（2）直流电源按母线段分别辐射式供电。
（3）交流电源环网供电，在分段柜处设空气开关。
（4）根据需要和开关柜深度确定小母线数量，不宜超过 28 根，采用 6mm² 的绝缘铜棒。
（5）直流宜分别设置控制、装置、电机电源小母线。
（6）设置跨间隔电气联锁时可设置闭锁小母线。

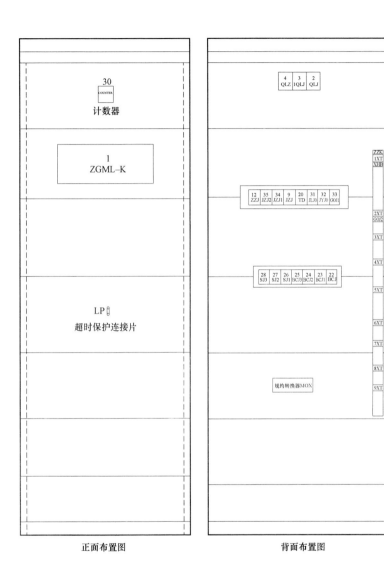

正面布置图   背面布置图

序号	编号	符号	名称	型号及规格	数量	备注
1	5	ZZK	微型断路器		1	
2	2、3	QLJ，1QLJ	微型断路器		2	
3	4	QLZ	微型断路器		1	
4	1	ZGML–K	19寸控制器		1	
5	6	GOJ2	单隔离模块		1	
6	9、34、35	JZJ，JZJ1，JZJ2	电磁继电器		3	
7	14	XHB	消弧模块		1	
8	12	ZZJ	电磁继电器		1	
9	20	TD	调档继电器模块		1	
10	32	JYJ0	电压启动模块		1	
11	31	JLJ0	电流启动模块		1	
12			12路选线模块		2	
13	33	GOJ1	隔离模块		1	
14	22	BCJ	电磁继电器		1	
15	23，24，25	BCJ1、BCJ2、BCJ3	接触器式继电器		3	
16	26，27，28	SJ1、SJ2、SJ3	定时器		3	
17	30	COUNTER	六位电磁计数器		1	
18	29	LP	跳闸端子		1	
19			规约转换器		1	

（1）包括屏柜正面、背面布置图及元件参数表。布置图应包括柜内各装置、压板的布置及屏柜外形尺寸等、交直流空气开关、外部接线端子布置等。

（2）元件参数表应包括设备编号、设备名称、规格型式、单位数量等。

（3）屏柜内设备、端子排编号应按照保护及辅助装置编号原则执行。

（4）注意压板颜色，功能压板采用黄色、出口压板采用红色、备用压板采用驼色。

（5）应配置"远方操作"和"保护检修状态"硬压板。

SD–220–A3–2–D0209–25   消弧线圈控制柜屏面布置图

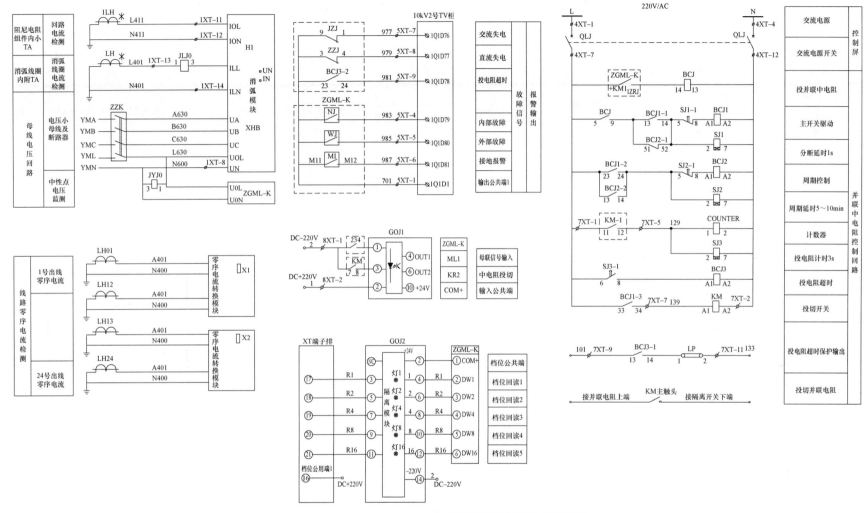

SD-220-A3-2-D0209-26　消弧线圈控制柜信号回路图

（1）标出所有功能回路 TA、TV 接线方式、去向、回路编号及二次接地点等。

（2）应表示控制器与消弧线圈机构箱、并联中电阻等设备之间控制、信号等回路联系及编号。

（3）投电阻超时保护出口发告警信息。

（4）采用投中电阻选线方式时，选线模块接入线路、电容器间隔零序电流。

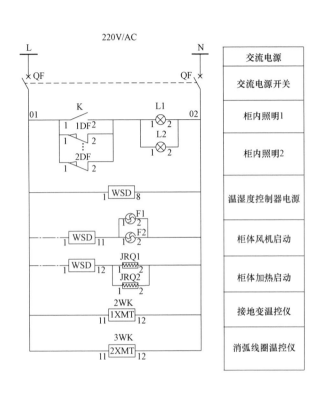

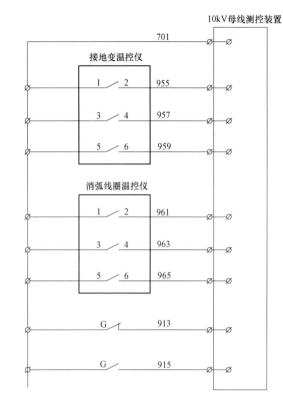

SD－220－A3－2－D0209－28 消弧线圈组合柜信号回路图

（1）标出所有功能回路 TA、TV 接线方式、去向、回路编号及二次接地点等。

（2）应表示控制器与消弧线圈机构箱、并联中电阻等设备之间控制、信号等回路联系及编号。

（3）投电阻超时保护出口发告警信息。

（4）采用投中电阻选线方式时，选线模块接入线路、电容器间隔零序电流。

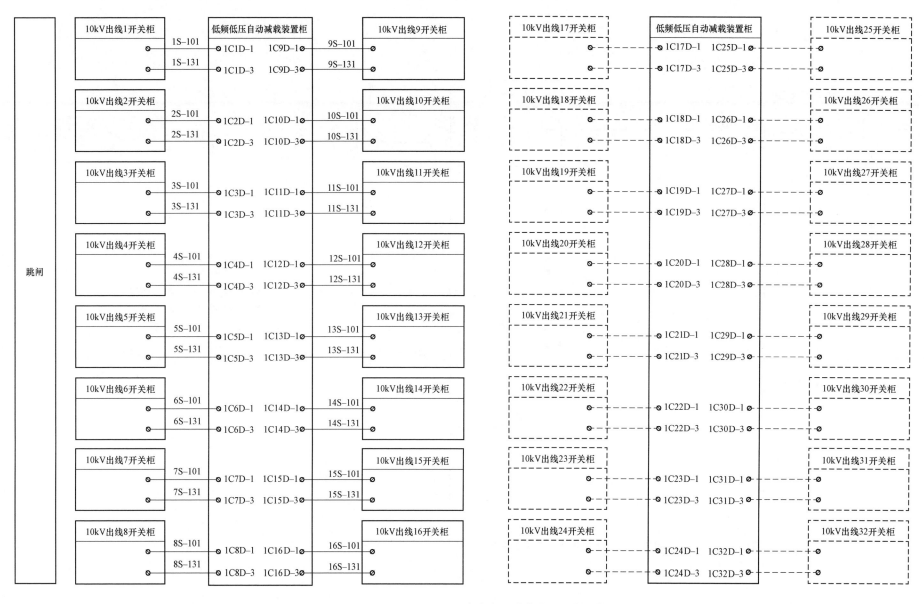

SD－220－A3－2－D0209－31　低频低压减载装置连接示意图

（1）标出所有减载出口回路接线方式、去向、回路编号等。

（2）减载装置出口数量应按全站远期规模配置。

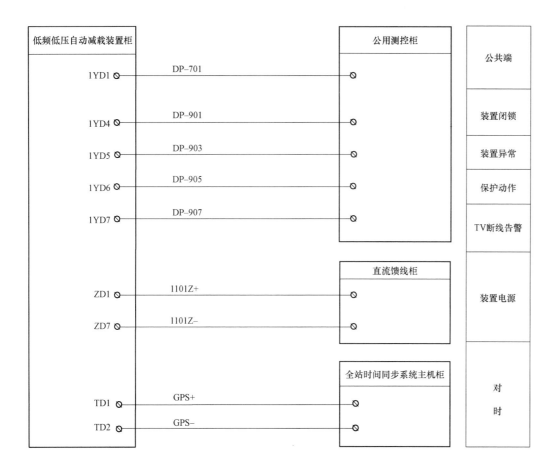

SD－220－A3－2－D0209－32　低频低压减载装置信号图

（1）应表示减载装置与测控、电源、时间同步等设备之间供电、信号等回路联系及编号。

（2）应按照 Q/GDW 11398—2015《变电站设备监控信息规范》要求配置开入信号。

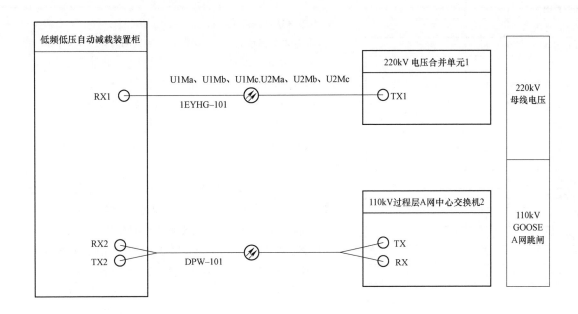

低频低压自动减载装置柜

220kV 电压合并单元1

U1Ma、U1Mb、U1Mc.U2Ma、U2Mb、U2Mc

RX1 ○——————○ TX1
1EYHG-101

220kV
母线电压

110kV过程层A网中心交换机2

110kV
GOOSE
A网跳闸

RX2 ○
DPW-101
TX2 ○

○ TX
○ RX

SD－220－A3－2－D0209－33　低频低压减载柜光缆联系图

（1）标示减载装置与母线合并单元、过程层交换机联系的外部去向，包括端口号、光缆（尾缆、网络线）编号及去向。

（2）同一屏柜内设备光口可用跳纤连接，同一房间内使用尾缆连接，跨房间使用预制光缆连接。

（3）应核实各设备光口类型，避免尾缆、预制光缆加工错误。

（4）示意装置电压接入方式、跳闸出口。

3.10 交直流电源系统

序号	图号	图名	张数	套用原工程名称及卷册检索号,图号
1	SD－220－A3－2－D0210－01	卷册说明	1	
2	SD－220－A3－2－D0210－02	一体化电源系统配置图	1	
3	SD－220－A3－2－D0210－03	一体化电源系统监控原理图	1	
4	SD－220－A3－2－D0210－04	直流系统屏屏面布置图	1	
5	SD－220－A3－2－D0210－05	站用电屏屏面布置图	1	
6	SD－220－A3－2－D0210－06	UPS电源屏、事故照明屏屏面布置图	1	
7	SD－220－A3－2－D0210－07	直流充电屏Ⅰ(Ⅱ)端子排图	1	
8	SD－220－A3－2－D0210－08	直流馈电屏Ⅰ馈线图	1	
9	SD－220－A3－2－D0210－09	直流馈电屏Ⅱ馈线图	1	
10	SD－220－A3－2－D0210－10	直流馈电屏Ⅲ馈线图	1	
11	SD－220－A3－2－D0210－11	直流馈电屏Ⅳ馈线图	1	
12	SD－220－A3－2－D0210－12	直流馈电屏Ⅰ端子排图	1	
13	SD－220－A3－2－D0210－13	直流馈电屏Ⅱ端子排图	1	
14	SD－220－A3－2－D0210－14	直流馈电屏Ⅲ端子排图	1	
15	SD－220－A3－2－D0210－15	直流馈电屏Ⅳ端子排图	1	
16	SD－220－A3－2－D0210－16	直流分电屏Ⅰ馈线原理图	1	
17	SD－220－A3－2－D0210－17	直流分电屏Ⅱ馈线原理图	1	
18	SD－220－A3－2－D0210－18	直流分电屏Ⅲ馈线原理图	1	
19	SD－220－A3－2－D0210－19	直流分电屏Ⅳ馈线原理图	1	
20	SD－220－A3－2－D0210－20	直流分电屏Ⅰ端子排图	1	
21	SD－220－A3－2－D0210－21	直流分电屏Ⅱ端子排图	1	
22	SD－220－A3－2－D0210－22	直流分电屏Ⅲ端子排图	1	
23	SD－220－A3－2－D0210－23	直流分电屏Ⅳ端子排图	1	
24	SD－220－A3－2－D0210－24	UPS电源系统接线图	1	
25	SD－220－A3－2－D0210－25	UPS电源系统馈线图	1	
26	SD－220－A3－2－D0210－26	UPS电源柜Ⅰ端子排图	1	
27	SD－220－A3－2－D0210－27	UPS电源柜Ⅱ端子排图	1	

SD－220－A3－2－D0210　目录

(1)卷册检索号应与项目计划一致。

(2)图纸张数应与实际一致。

(3)图纸编号、名称应与具体图纸一致。

主要设计依据:

GB 14285—2006　继电保护和安全自动装置技术规程

GB/T 50063—2017　电力装置的电测量仪表装置设计规范

GB 50217—2018　电力工程电缆设计标准

DL/T 5149—2001　220kV～500kV变电所计算机监控系统设计技术规程

DL/T 5136—2012　火力发电厂、变电站二次接线设计技术规程

Q/GDW 10381.5—2017　国家电网有限公司输变电工程施工图设计内容深度规定　第5部分:220kV智能变电站

Q/GDW 441—2010　智能变电站继电保护技术规范

国家电网有限公司十八项电网重大反事故措施(2018年版)

基建技术〔2018〕29号　输变电工程设计常见病清册

国家电网企管〔2017〕1068号　变电站设备验收规范

调监〔2012〕303号　220kV变电站典型信息表(试行)

鲁电调〔2016〕772号　山东电网继电保护配置原则

鲁电企管〔2018〕349号　山东电网二次设备命名规范

历年下发的标准差异条款

続表

序号	图号	图名	张数	套用原工程名称及卷册检索号，图号
28	SD-220-A3-2-D0210-28	蓄电池室平面布置图	1	
29	SD-220-A3-2-D0210-29	蓄电池组接线示意图	1	
30	SD-220-A3-2-D0210-30	站用电一次系统接线图	1	
31	SD-220-A3-2-D0210-31	站用电二次原理图	1	
32	SD-220-A3-2-D0210-32	站用电进线屏Ⅰ端子排图	1	
33	SD-220-A3-2-D0210-33	站用电进线屏Ⅱ端子排图	1	
34	SD-220-A3-2-D0210-34	站用电馈线屏Ⅰ馈线图	1	
35	SD-220-A3-2-D0210-35	站用电进线屏Ⅱ馈线图	1	
36	SD-220-A3-2-D0210-36	站用电馈线屏Ⅲ馈线图	1	
37	SD-220-A3-2-D0210-37	站用电馈线屏Ⅰ端子排图	1	
38	SD-220-A3-2-D0210-38	站用电进线屏Ⅱ端子排图	1	
39	SD-220-A3-2-D0210-39	站用电馈线屏Ⅲ端子排图	1	
40	SD-220-A3-2-D0210-40	220kV 配电装置检修电源箱接线及板面布置图	1	
41	SD-220-A3-2-D0210-41	110kV 配电装置检修电源箱接线及板面布置图	1	
42	SD-220-A3-2-D0210-42	主变压器检修电源箱接线及板面布置图	1	
43	SD-220-A3-2-D0210-43	10kV 配电装置检修电源箱接线及板面布置图	1	
44	SD-220-A3-2-D0210-44	10kV 电容器检修电源箱接线及板面布置图	1	
45	SD-220-A3-2-D0210-45	10kV 电抗器检修电源箱接线及板面布置图	1	
46	SD-220-A3-2-D0210-46	事故照明屏接线图	1	
47	SD-220-A3-2-D0210-47	事故照明屏馈线图	1	
48	SD-220-A3-2-D0210-48	事故照明屏端子排图	1	

SD-220-A3-2-D0210 目录（续）

（1）卷册检索号应与项目计划一致。

（2）图纸张数应与实际一致。

（3）图纸编号、名称应与具体图纸一致。

主要设计依据：

GB 14285—2006 继电保护和安全自动装置技术规程

GB/T 50063—2017 电力装置的电测量仪表装置设计规范

GB 50217—2018 电力工程电缆设计标准

DL/T 5149—2001 220kV～500kV 变电所计算机监控系统设计技术规程

DL/T 5136—2012 火力发电厂、变电站二次接线设计技术规程

Q/GDW 10381.5—2017 国家电网有限公司输变电工程施工图设计内容深度规定 第5部分：220kV 智能变电站

Q/GDW 441—2010 智能变电站继电保护技术规范

国家电网有限公司十八项电网重大反事故措施(2018 年版)

基建技术〔2018〕29 号 输变电工程设计常见病清册

国家电网企管〔2017〕1068 号 变电站设备验收规范

调监〔2012〕303 号 220kV 变电站典型信息表（试行）

鲁电调〔2016〕772 号 山东电网继电保护配置原则

鲁电企管〔2018〕349 号 山东电网二次设备命名规范

历年下发的标准差异条款

卷 册 说 明

1. 全站直流、交流、通信电源、UPS 电源系统等电源采用一体化设计、一体化配置、一体化监控，其运行工况和信息数据能通过一体化监控单元展示并通过 DL/T 860 标准数据格式接入自动化系统。

2. 一体化监控装置通过总线方式与各子电源监控单元通信，各子电源监控单元与成套装置中各监控模块通信，一体化监控装置以 DL/T 860 标准协议接入计算机监控系统，实现对一体化电源系统的数据采集和集中管理。一体化电源监控系统不单独组屏，监控单元分散安装于各电源柜上。

3. 站用电子系统

（1）本期工程站用电系统设置 1 台 10kV 接地变压器（兼做站用变压器），接地变高压侧经开关柜接入 10kV I 段母线。因本期李旺站仅上 1 号主变压器，另一路电源采用引接的施工电源，永临结合，作为李旺站的第二路站用电源。

（2）站用电为 380/220V 交流三相四线制中性点直接接地系统，采用两段单母线接线形式。站用负荷分布在 I、II 两段低压母线上，对于直流充电等重要负荷，考虑采用双回路供电。

（3）站用电柜由 5 面交流低压配电柜组成，布置于站用电室内。

（4）在各级电压配电装置处设有检修电源箱，以供给检修电源。由站用电屏独立供电。断路器机构加热和隔离开关操作电源由站用电柜通过电缆向 GIS 各间隔汇控柜及开关柜顶低压交流小母线供电。

4. UPS 电源子系统

配置 2 套 220VUPS 电源系统，每台主机容量按 10kVA 考虑。UPS 电源正常运行时由站内交流电源供电，当交流电源发生故障时，由变电站 220V 直流系统供电。

5. 直流子系统

（1）额定电压为 220V，设置两组阀控式密封铅酸蓄电池，每组容量为 500Ah，每组 104 只，采用钢架组合结构集中安装于蓄电池室，采用两套高频开关充电装置进行充电。

（2）直流系统采用单母分段接线形式，两段直流母线之间设置联络开关，每组蓄电池及其充电装置分别接入不同母线段。直流系统正常运行时，两段母线切换不中断供电，切换过程中允许 2 组蓄电池短时并列运行。每组蓄电池均设有专用的试验放电回路。试验放电设备经隔离和保护电器直接与蓄电池组出口回路并接。

（3）直流系统采用主分屏两级方式，辐射型供电。

（4）直流馈电屏配置直流绝缘监察装置，可以监测直流系统绝缘状况。

6. 通信电源子系统

站用通信电源由直流电源转换（DC/DC）装置供电，配置 2 套 DC/DC 高频开关电源模块，每套容量为−48V/120A，相关设计见通信专业图纸。

（1）说明本卷册包含设备（包括蓄电池、充电屏、馈线屏、交流屏、UPS 电源屏、检修电源箱、通信电源屏等）型号、数量、厂家，主要设计原则，与初设的差异。

（2）本卷册接收通信卷册 DC/DC 模块数量的提资，一次专业应急照明电源容量的提资。

（3）本卷册向一次、土建专业提资蓄电池、交直流屏柜、检修电源箱定位，向土建专业提资蓄电池、交直流屏柜、检修电源箱尺寸、基础、重量、预埋线缆。

SD−220−A3−2−D0210−01　卷册说明

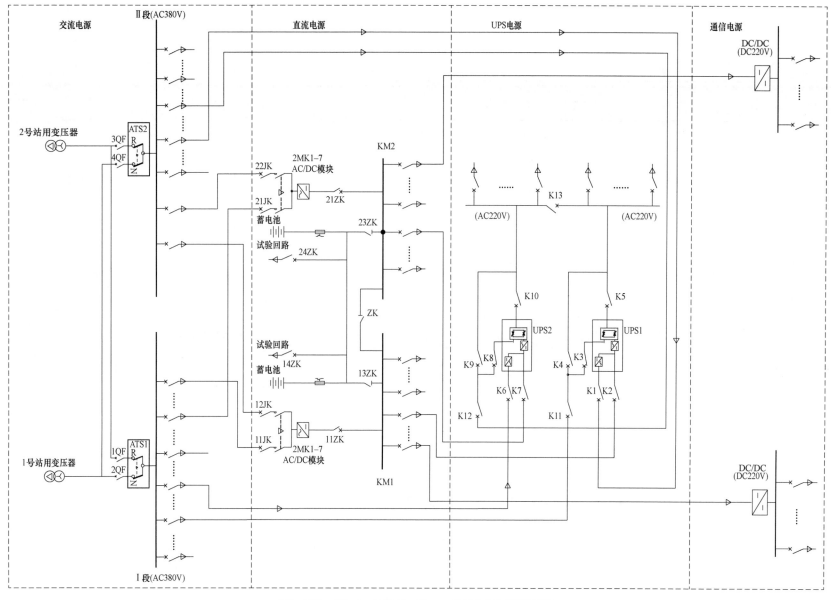

SD-220-A3-2-D0210-02 一体化电源系统配置图

（1）站用电系统采用双站用电、ATS备投备投方式，本期只上只上一台主变压器时，应从站外引接1回可靠的电源。

（2）直流系统采用双蓄电池双充电模块，充电模块按 $N+1$ 设置；每套充电模块配置来自不同母线的两路交流电源，自动切换。

（3）交流不停电电源系统（UPS）双套配置，采用单母线分段接线，分段开关设置母线故障闭锁；两套的交直流主输入来自不同的交流母线和直流母线，每套的交流主输入、交流旁路输入电源应取自不同段的站用交流母线。

（4）通信电源（DC/DC）双套配置，充电模块按 $N+1$ 设置，两套装置电源分别取自不同直流母线段。

（5）直流系统除蓄电池组出口保护电器外，应使用直流专用断路器。充电装置输出的正接直流断路器的负，充电装置输出的负接直流断路器的正。

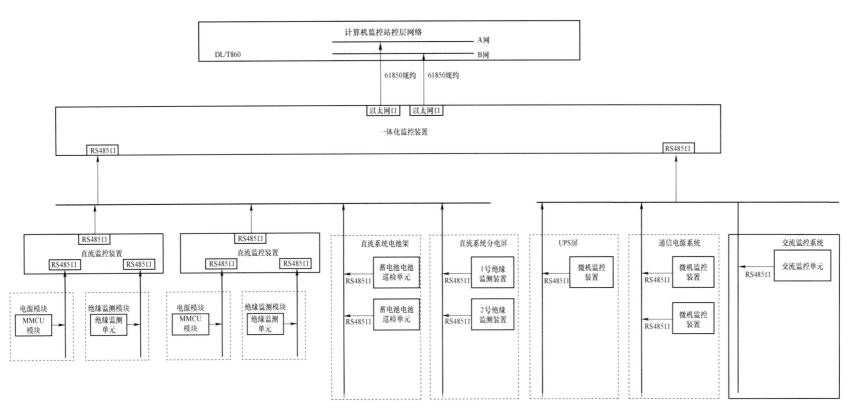

（1）总监控装置应同时监控站用交流电源、直流电源、交流不间断电源（UPS）、逆变电源（INV）和直流变换电源（DC/DC）等设备。通过以太网通信接口采用 IEC 61850 规约与变电站 II 区连接。

（2）遥控、遥测、遥信满足调监〔2012〕303 号《220kV 变电站典型信息表（试行）》要求。

（3）蓄电池出口熔断器及其他重要信号通过硬接点输出至监控系统。

SD－220－A3－2－D0210－03　一体化电源系统监控原理图

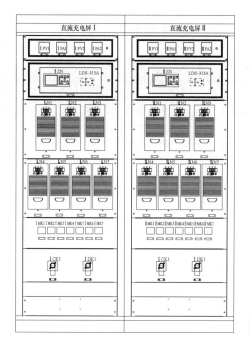

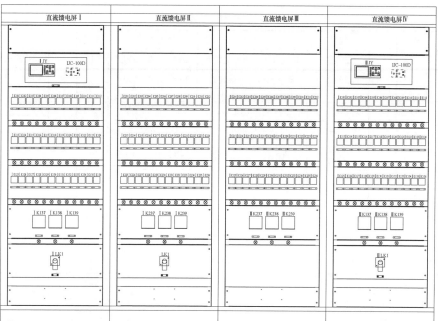

设备材料表

编号	名称	型号规格	数量
1049Z～1060Z	直流自动空气开关	S202M－C32DC	24
1061Z～1084Z	直流自动空气开关	S202M－C63DC	12
1085Z～1096Z	直流自动空气开关	A1N125 TMF125/1250 FF 3P	4

设备材料表

编号	名称	型号规格	数量
1PV3	Ⅰ段母线电压测量装置	TVA－A 0～300V	1
1PV2	蓄电池电压测量装置	TVA－A 0～300V	1
1PA2	蓄电池回路电流测量装置	TVA－A±400A	1
ZK3	1号蓄电池开关	QA－400/20	1
ZK5	母联开关	QA－400/20	1
1001Z～1036Z	直流自动空气开关	S202M－C20DC	36
1037Z～1048Z	直流自动空气开关	S202M－C25DC	12

设备材料表

编号	名称	型号规格	数量
1PV1	充电机电压测量装置	TVA－A 0～300V	1
1PA1	充电机输出电流测量装置	TVA－A 0～250A	1
TEP－Ⅰ－G	微机监控单元	TEP－Ⅰ－G	1
1M1～1M10	T1E0P－M20A/220V 电源模块	TEP－M20/220－F	10
ZK1	1号充电机输出开关	QAS－400/20	1

SD－220－A3－2－D0210－04 直流系统屏屏面布置图（一）

设 备 材 料 表

编号	名称	型号规格	数量
2PV1	充电机电压测量装置	TVA－A 0～300V	1
2PA1	充电机输出电流测量装置	TVA－A 0～250A	1
TEP－I－G	微机监控单元	TEP－I－G	1
2M1～2M10	TEP－M20A/220V 电源模块	TEP－M20/220－F	10
ZK2	2 号充电机输出开关	QAS－400/20	1

设 备 材 料 表

编号	名称	型号规格	数量
2PV3	Ⅱ段母线电压测量装置	TVA－A 0～300V	1
2PV2	蓄电池电压测量装置	TVA－A 0～300V	1
2PA2	蓄电池回路电流测量装置	TVA－A ±400A	1
ZK4	2 号蓄电池开关	QA－400/20	1
2001Z～2036Z	直流自动空气开关	S202M－C20DC	36
2037Z～2048Z	直流自动空气开关	S202M－C25DC	12

设 备 材 料 表

编号	名称	型号规格	数量
2049Z～2060Z	直流自动空气开关	S202M－C32DC	24
2061Z～2084Z	直流自动空气开关	S202M－C63DC	12
2085Z～2096Z	直流自动空气开关	A1N125 TMF125/1250 FF 3P	4

设 备 材 料 表

编号	名称	型号规格	数量
TEP－G－F	绝缘监测装置	TEP－G－F	1
301Z～324Z	自动空气开关	S202M－C16DC	24
325Z～348Z	自动空气开关	S202M－C20DC	24
11DK	1 号进线开关	GMG125－2020R	1
12DK	2 号进线开关	GMG125－2020R	1

设 备 材 料 表

编号	名称	型号规格	数量
401Z～424Z	自动空气开关	S202M－C16DC	24
425Z～448Z	自动空气开关	S202M－C20DC	24
21DK	1 号进线开关	GMG125－2020R	1
22DK	2 号进线开关	GMG125－2020R	1

SD－220－A3－2－D0210－04 直流系统屏屏面布置图（二）

（1）包括屏柜正面、背面布置图及元件参数表。布置图应包括柜内各装置、压板的布置及屏柜外形尺寸等、交直流空气开关、外部接线端子布置等。

（2）元件参数表应包括设备编号、设备名称、规格型式、单位数量等。

（3）屏柜内设备、端子排编号应按照保护及辅助装置编号原则执行。

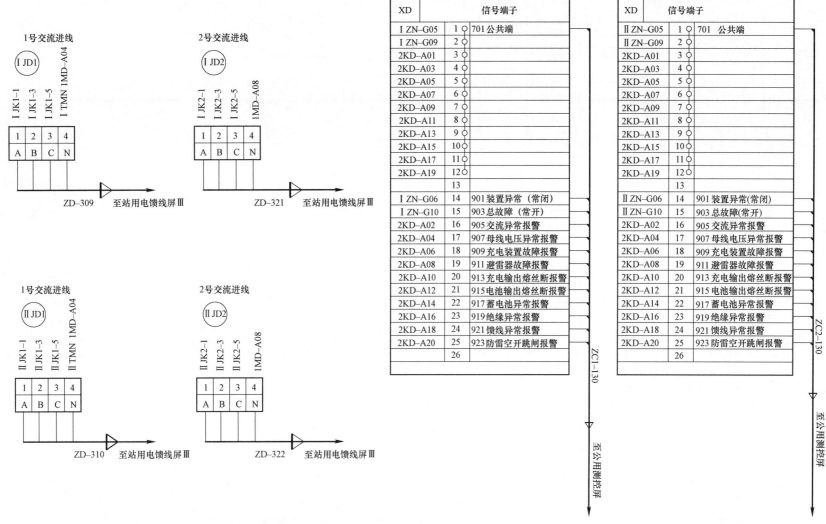

XD		信号端子
I ZN–G05	1	701公共端
I ZN–G09	2	
2KD–A01	3	
2KD–A03	4	
2KD–A05	5	
2KD–A07	6	
2KD–A09	7	
2KD–A11	8	
2KD–A13	9	
2KD–A15	10	
2KD–A17	11	
2KD–A19	12	
	13	
I ZN–G06	14	901装置异常（常闭）
I ZN–G10	15	903总故障（常开）
2KD–A02	16	905交流异常报警
2KD–A04	17	907母线电压异常报警
2KD–A06	18	909充电装置故障报警
2KD–A08	19	911避雷器故障报警
2KD–A10	20	913充电输出熔丝断报警
2KD–A12	21	915电池输出熔丝断报警
2KD–A14	22	917蓄电池异常报警
2KD–A16	23	919绝缘异常报警
2KD–A18	24	921馈线异常报警
2KD–A20	25	923防雷空开跳闸报警
	26	

XD		信号端子
II ZN–G05	1	701 公共端
II ZN–G09	2	
2KD–A01	3	
2KD–A03	4	
2KD–A05	5	
2KD–A07	6	
2KD–A09	7	
2KD–A11	8	
2KD–A13	9	
2KD–A15	10	
2KD–A17	11	
2KD–A19	12	
	13	
II ZN–G06	14	901装置异常（常闭）
II ZN–G10	15	903总故障（常开）
2KD–A02	16	905交流异常报警
2KD–A04	17	907母线电压异常报警
2KD–A06	18	909充电装置故障报警
2KD–A08	19	911避雷器故障报警
2KD–A10	20	913充电输出熔丝断报警
2KD–A12	21	915电池输出熔丝断报警
2KD–A14	22	917蓄电池异常报警
2KD–A16	23	919绝缘异常报警
2KD–A18	24	921馈线异常报警
2KD–A20	25	923防雷空开跳闸报警
	26	

注：通信电缆由厂家提供，并负责敷设。通信端子排厂家内部接线详见一体化电源厂家图纸。

SD–220–A3–2–D0210–07　直流充电屏 I（II）端子排图

（1）应表示出端子排的外部去向，包括回路号、电缆去向及电缆编号。

（2）一个端子的每一端只能接一根导线。

（3）室内屏柜取消柜内照明回路。

（4）双重化配置的设备直流电源分别取自不同直流母线。

（5）截面积不大于 4mm^2 的电缆预留备用芯。

（6）确认厂家配置的压线端子、端子排是否与设计电缆匹配。

（7）63A 及以下的馈线回路应经端子出线，端子排正负电源间应空 1 个端子，难以实现时至少应加隔片。

（8）端子排回路号、端子号与原理图一致。

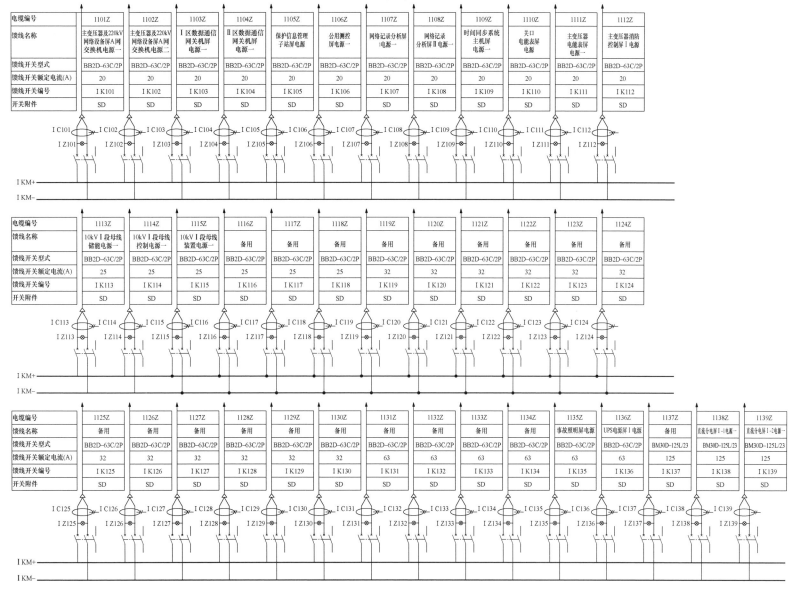

电缆编号	1101Z	1102Z	1103Z	1104Z	1105Z	1106Z	1107Z	1108Z	1109Z	1110Z	1111Z	1112Z
馈线名称	主变压器及220kV网络设备屏A网交换机电源一	主变压器及220kV网络设备屏A网交换机电源二	Ⅰ区数据通信网关机屏电源一	Ⅱ区数据通信网关机屏电源一	保护信息管理子站屏电源	公用测控屏电源一	网络记录分析屏电源一	网络记录分析屏Ⅱ电源一	时间同步系统主机屏电源一	关口电能表屏电源	主变压器电能表屏电源一	主变压器消防控制屏Ⅰ电源
馈线开关型式	BB2D-63C/2P	BB2D-63C/2P	BB2D-63C/2P	BB2D-63C/2P	BB2D-63C/2P	BB2D-63C/2P	BB2D-63C/2P	BB2D-63C/2P	BB2D-63C/2P	BB2D-63C/2P	BB2D-63C/2P	BB2D-63C/2P
馈线开关额定电流(A)	20	20	20	20	20	20	20	20	20	20	20	20
馈线开关编号	ⅠK101	ⅠK102	ⅠK103	ⅠK104	ⅠK105	ⅠK106	ⅠK107	ⅠK108	ⅠK109	ⅠK110	ⅠK111	ⅠK112
开关附件	SD	SD	SD	SD	SD	SD	SD	SD	SD	SD	SD	SD

电缆编号	1113Z	1114Z	1115Z	1116Z	1117Z	1118Z	1119Z	1120Z	1121Z	1122Z	1123Z	1124Z
馈线名称	10kVⅠ段母线储能电源一	10kVⅠ段母线控制电源一	10kVⅠ段母线装置电源一	备用	备用	备用	备用	备用	备用	备用	备用	备用
馈线开关型式	BB2D-63C/2P	BB2D-63C/2P	BB2D-63C/2P	BB2D-63C/2P	BB2D-63C/2P	BB2D-63C/2P	BB2D-63C/2P	BB2D-63C/2P	BB2D-63C/2P	BB2D-63C/2P	BB2D-63C/2P	BB2D-63C/2P
馈线开关额定电流(A)	25	25	25	25	25	25	32	32	32	32	32	32
馈线开关编号	ⅠK113	ⅠK114	ⅠK115	ⅠK116	ⅠK117	ⅠK118	ⅠK119	ⅠK120	ⅠK121	ⅠK122	ⅠK123	ⅠK124
开关附件	SD	SD	SD	SD	SD	SD	SD	SD	SD	SD	SD	SD

电缆编号	1125Z	1126Z	1127Z	1128Z	1129Z	1130Z	1131Z	1132Z	1133Z	1134Z	1135Z	1136Z	1137Z	1138Z	1139Z
馈线名称	备用	备用	备用	备用	备用	备用	备用	备用	备用	备用	事故照明屏电源	UPS电源屏Ⅰ电源	备用	直流分电屏Ⅰ-1电源	直流分电屏Ⅰ-2电源
馈线开关型式	BB2D-63C/2P	BB2D-63C/2P	BB2D-63C/2P	BB2D-63C/2P	BB2D-63C/2P	BB2D-63C/2P	BB2D-63C/2P	BB2D-63C/2P	BB2D-63C/2P	BB2D-63C/2P	BB2D-63C/2P	BB2D-63C/2P	BM30D-125L/23	BM30D-125L/23	BM30D-125L/23
馈线开关额定电流(A)	32	32	32	32	32	63	63	63	63	63	63	63	125	125	125
馈线开关编号	ⅠK125	ⅠK126	ⅠK127	ⅠK128	ⅠK129	ⅠK130	ⅠK131	ⅠK132	ⅠK133	ⅠK134	ⅠK135	ⅠK136	ⅠK137	ⅠK138	ⅠK139
开关附件	SD	SD	SD	SD	SD	SD	SD	SD	SD	SD	SD	SD	SD	SD	SD

SD-220-A3-2-D0210-08　直流馈电屏Ⅰ馈线图

（1）直流电源系统应采用集中辐射或分层辐射供电方式，35（10）kV开关柜顶采用每段母线辐射供电方式，分段及主变压器间隔独立供电。

（2）分电屏的两路电源是否取自同一段直流母线应根据负荷性质选择，宜采用负荷开关。直流柜至分电柜的馈线断路器宜选用具有短路短延时特性的直流塑壳断路器。

（3）直流空开选择除满足负荷容量外，应满足级差配合的要求，尽量采用同系列断路器，针对不同型号的直流断路器，上下级的开关电流比至少达到3倍以上。

（4）双重化配置的负荷应取自不同直流母线，同一装置的控制和装置电源取自同一直流母线。

（5）馈线回路数应按远景规模设计。

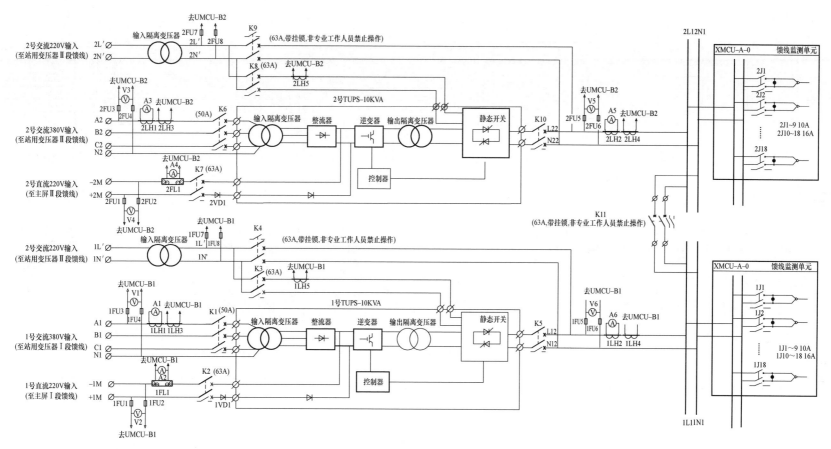

注：1. 2台UPS组成分列运行的工作模式，各台UPS带各段交流母线独立运行。正常运行时，1号UPS的K1、K2、K3、K5开关闭合，2号UPS的K6、K7、K8、K9、K10开关闭合，K4、K9、K11开关断开。

2. K4、K9、K11开关，操作时非工作人员不能操作。

SD-220-A3-2-D0210-24 UPS电源系统接线图

（1）双重化配置的2套UPS采用两段单母线接线，分段断路器应具有防止两段母线带电时闭合分段断路器的防误操作措施。

（2）交流主输入、交流旁路输入电源应取自不同段的站用交流母线。

（3）交流不间断电源配电系统宜采用TN-C系统，UPS输出端的零线（N）应在主配电柜内与接地铜排可靠连接。也可采用IT系统。

（4）UPS交流主电源输入宜采用380V三相三线制输入，容量小于10kVA的交流输入可采用220V单相输入。

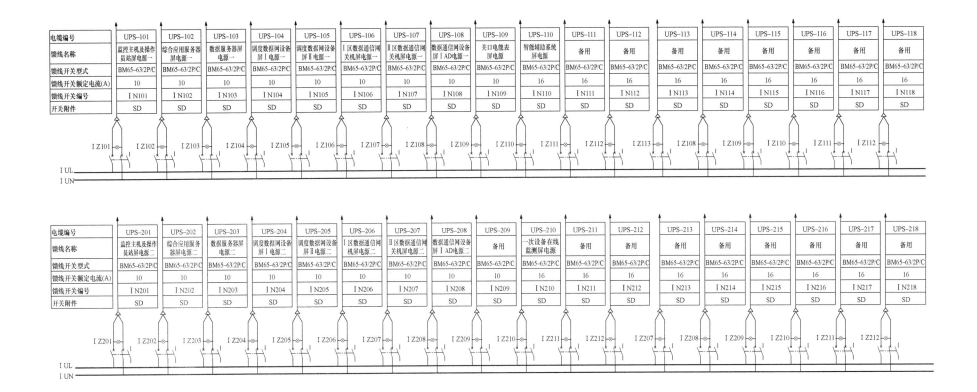

SD-220-A3-2-D0210-25　UPS 电源系统馈线图

（1）双重化配置负荷应采用分别接在两段母线上的双回路供电方式。

（2）交流开关上下级间通过延时和级差进行配合。

（3）站用交流电源系统保护层级设置要求上下级之间的级差不应少于两级。

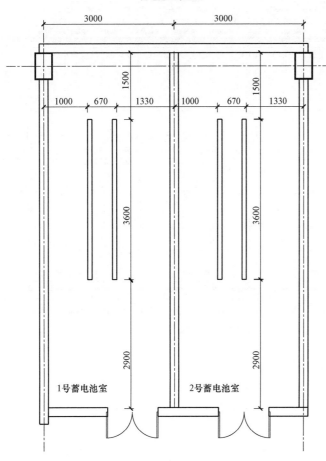

蓄电池室布置图

注：1号、2号蓄电池室各装设1组蓄电池，共装设2组，每组蓄电池由一排三层电池架并排组成。

SD－220－A3－2－D0210－28 蓄电池室平面布置图

（1）两组蓄电池应布置于不同房间，布置于同一房间时应设置防火隔墙。

（2）运行和检修通道满足单侧 800mm，双侧 1000mm 要求。

（3）300Ah 及以上蓄电池宜布置于 0 层，布置于二层时需对承载力验算。

（4）蓄电池间不小于 15mm，蓄电池与上层隔板间不小于 150mm，便于维护。

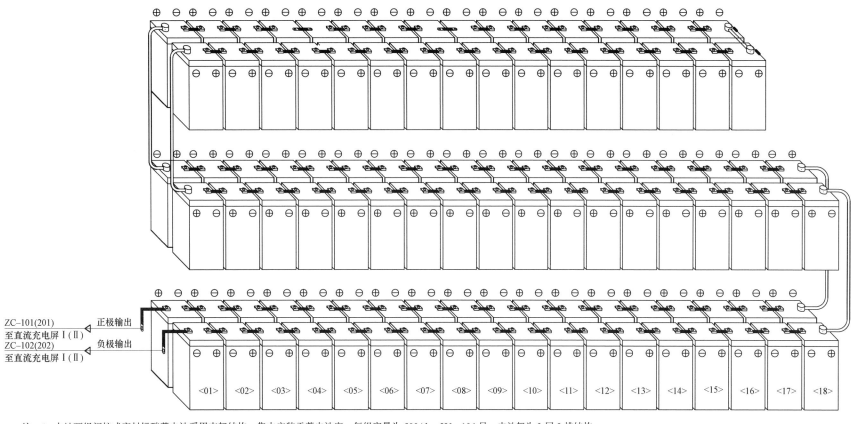

ZC-101(201)
至直流充电屏Ⅰ(Ⅱ) ◁ 正极输出
ZC-102(202)
至直流充电屏Ⅰ(Ⅱ) ◁ 负极输出

（1）蓄电池引出线应采用单芯电缆，穿越竖井时穿管敷设。

（2）电缆截面积同时满足大于事故停电时间的蓄电池放电率电流和电缆允许电压降的要求。

（3）两组蓄电池采用不同敷设路径。

注：1. 本站两组阀控式密封铅酸蓄电池采用支架结构，集中安装于蓄电池室；每组容量为500Ah，2V，104只，电池架为3层2排结构。

2. 2面直流充电屏布置于二次设备室。

3. 本图括号外电缆编号适应于第一组蓄电池，括号内电缆编号适应于第二组蓄电池。

SD-220-A3-2-D0210-29　蓄电池组接线示意图

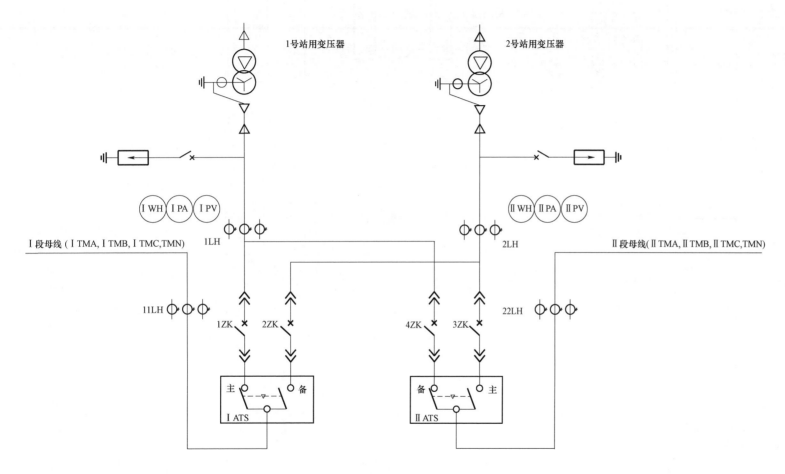

1号站用变压器　　　　　　　2号站用变压器

I WH　I PA　I PV　　　　　　II WH　II PA　II PV

I 段母线（I TMA, I TMB, I TMC,TMN）　1LH　　　　　2LH　II 段母线(II TMA,II TMB,II TMC,TMN)

11LH　　　　　　　　　　　　　　　　　　　　　　22LH

1ZK　　2ZK　　　　　　4ZK　　3ZK

主　　　　备　　　　备　　　　主

I ATS　　　　　　　II ATS

SD－220－A3－2－D0210－30　站用电一次系统接线图

（1）站用电系统采用双站用电、ATS 备投方式，本期只上只上一台主变压器时，应从站外引接 1 回可靠的电源。

（2）任何一台站用变压器故障时，自动切换至另外一台站用变压器。

（3）交流母线故障时闭锁 ATS 备投。

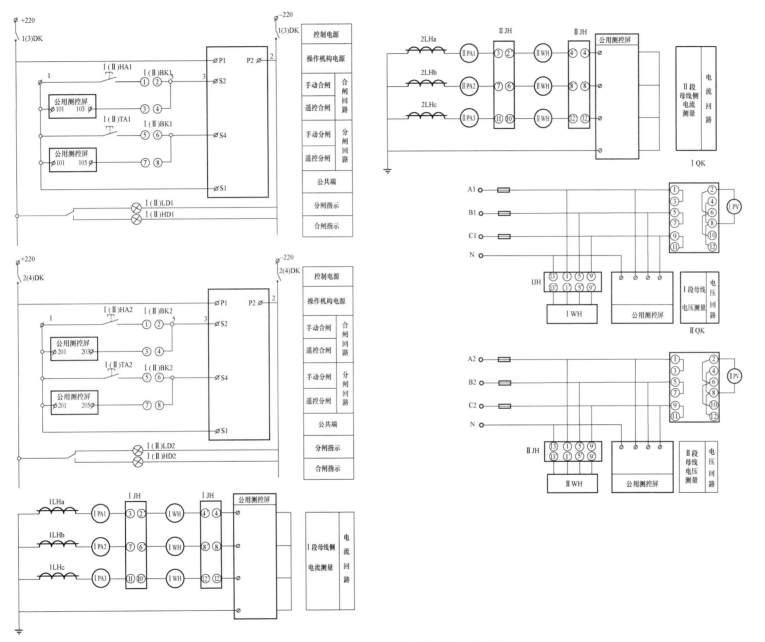

（1）对站用变压器低压总断路器、母线分段断路器以及站用变压器有载调压分接开关等元件，具备监控系统远方控制的功能。

（2）站用交流电源系统的事故、预告信号应接入站内监控系统。

（3）站用交流电源在当地可配置监控装置或表计显示装置，显示内容包括交流进线电压、380V母线交流电压、低压侧总进线交流电流。

SD－220－A3－2－D0210－31　站用电二次原理图

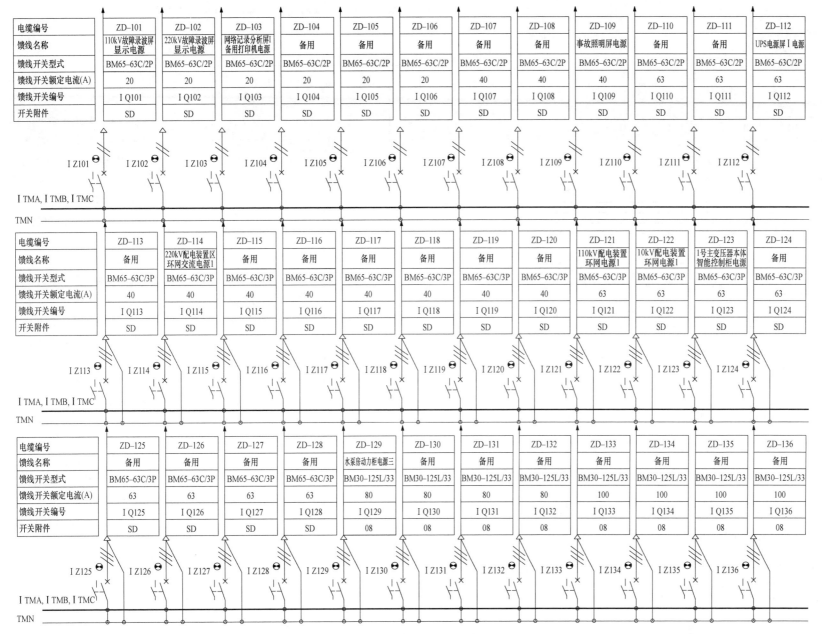

电缆编号	ZD-101	ZD-102	ZD-103	ZD-104	ZD-105	ZD-106	ZD-107	ZD-108	ZD-109	ZD-110	ZD-111	ZD-112
馈线名称	110kV故障录波屏显示电源	220kV故障录波屏显示电源	网络记录分析屏I备用打印机电源	备用	备用	备用	备用	备用	事故照明屏电源	备用	备用	UPS电源屏I电源
馈线开关型式	BM65-63C/2P	BM65-63C/2P	BM65-63C/2P	BM65-63C/2P	BM65-63C/2P	BM65-63C/2P	BM65-63C/2P	BM65-63C/2P	BM65-63C/2P	BM65-63C/2P	BM65-63C/2P	BM65-63C/2P
馈线开关额定电流(A)	20	20	20	20	20	20	40	40	40	63	63	63
馈线开关编号	ⅠQ101	ⅠQ102	ⅠQ103	ⅠQ104	ⅠQ105	ⅠQ106	ⅠQ107	ⅠQ108	ⅠQ109	ⅠQ110	ⅠQ111	ⅠQ112
开关附件	SD	SD	SD	SD	SD	SD	SD	SD	SD	SD	SD	SD

ⅠZ101 ⅠZ102 ⅠZ103 ⅠZ104 ⅠZ105 ⅠZ106 ⅠZ107 ⅠZ108 ⅠZ109 ⅠZ110 ⅠZ111 ⅠZ112

ⅠTMA,ⅠTMB,ⅠTMC

TMN

电缆编号	ZD-113	ZD-114	ZD-115	ZD-116	ZD-117	ZD-118	ZD-119	ZD-120	ZD-121	ZD-122	ZD-123	ZD-124
馈线名称	备用	220kV配电装置区环网交流电源1	备用	备用	备用	备用	备用	备用	110kV配电装置区环网电源1	10kV配电装置区环网电源1	1号主变压器本体智能控制柜电源	备用
馈线开关型式	BM65-63C/3P	BM65-63C/3P	BM65-63C/3P	BM65-63C/3P	BM65-63C/3P	BM65-63C/3P	BM65-63C/3P	BM65-63C/3P	BM65-63C/3P	BM65-63C/3P	BM65-63C/3P	BM65-63C/3P
馈线开关额定电流(A)	40	40	40	40	40	40	40	40	63	63	63	63
馈线开关编号	ⅠQ113	ⅠQ114	ⅠQ115	ⅠQ116	ⅠQ117	ⅠQ118	ⅠQ119	ⅠQ120	ⅠQ121	ⅠQ122	ⅠQ123	ⅠQ124
开关附件	SD	SD	SD	SD	SD	SD	SD	SD	SD	SD	SD	SD

ⅠZ113 ⅠZ114 ⅠZ115 ⅠZ116 ⅠZ117 ⅠZ118 ⅠZ119 ⅠZ120 ⅠZ121 ⅠZ122 ⅠZ123 ⅠZ124

ⅠTMA,ⅠTMB,ⅠTMC

TMN

电缆编号	ZD-125	ZD-126	ZD-127	ZD-128	ZD-129	ZD-130	ZD-131	ZD-132	ZD-133	ZD-134	ZD-135	ZD-136
馈线名称	备用	备用	备用	备用	水泵房动力柜电源三	备用	备用	备用	备用	备用	备用	备用
馈线开关型式	BM65-63C/3P	BM65-63C/3P	BM65-63C/3P	BM65-63C/3P	BM30-125L/33	BM30-125L/33	BM30-125L/33	BM30-125L/33	BM30-125L/33	BM30-125L/33	BM30-125L/33	BM30-125L/33
馈线开关额定电流(A)	63	63	63	63	80	80	80	80	100	100	100	100
馈线开关编号	ⅠQ125	ⅠQ126	ⅠQ127	ⅠQ128	ⅠQ129	ⅠQ130	ⅠQ131	ⅠQ132	ⅠQ133	ⅠQ134	ⅠQ135	ⅠQ136
开关附件	SD	SD	SD	SD	08	08	08	08	08	08	08	08

ⅠZ125 ⅠZ126 ⅠZ127 ⅠZ128 ⅠZ129 ⅠZ130 ⅠZ131 ⅠZ132 ⅠZ133 ⅠZ134 ⅠZ135 ⅠZ136

ⅠTMA,ⅠTMB,ⅠTMC

TMN

（1）重要负荷应采用分别接在两段母线上的双回路供电方式。

（2）TN-C系统中不应将保护接地中性导体隔离，严禁将保护接地中性导体接入开关电器。

（3）交流开关上下级间通过延时和级差进行配合。

（4）各配置装置采用环网供电方式，并设置开环刀开关，两路电源取自不同交流母线。

（5）保护电器应装设在首端，末端宜设置刀开关。

（6）不同站用变压器低压侧至站用电屏的电缆不应同沟敷设，否则，应采取防火隔离措施。

（7）站用电柜内应预留一路开关作为应急电源接入点。

SD-220-A3-2-D0210-34　站用电馈线屏Ⅰ馈线图

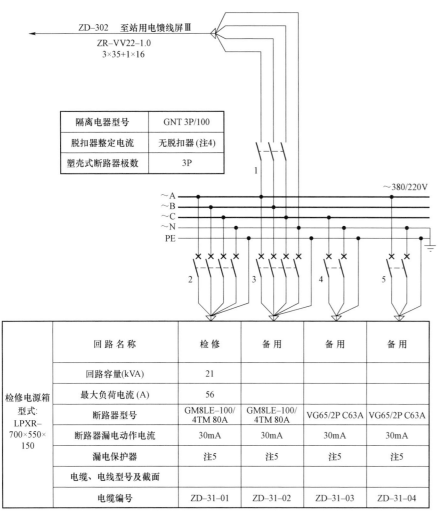

隔离电器型号	GNT 3P/100
脱扣器整定电流	无脱扣器(注4)
塑壳式断路器极数	3P

ZD-302　至站用电馈线屏Ⅲ

ZR-VV22-1.0
3×35+1×16

~380/220V

~A
~B
~C
~N
PE

1

2　3　4　5

检修电源箱 型式: LPXR-700×550×150	回 路 名 称	检修	备用	备用	备用
	回路容量(kVA)	21			
	最大负荷电流(A)	56			
	断路器型号	GM8LE-100/4TM 80A	GM8LE-100/4TM 80A	VG65/2P C63A	VG65/2P C63A
	断路器漏电动作电流	30mA	30mA	30mA	30mA
	漏电保护器	注5	注5	注5	注5
	电缆、电线型号及截面				
	电缆编号	ZD-31-01	ZD-31-02	ZD-31-03	ZD-31-04

220kV配电装置检修电源箱 (LPXR-700×550×150)

注:
1. 开关下方装设接线用配线端子。
2. 箱内设截面不小于100mm² 的接地铜排,施工时使用截面不小于100mm² 的铜缆将该接地铜排与等电位接地铜网可靠连接。
3. 检修箱电源的结构本图仅作示意,供制造厂参考。请施工单位按照土建专业相关图纸进行施工。
4. 此开关不配脱扣器,仅起电气隔离作用。
5. 断路器 GM8LE-100/4TM,VG65 的漏电保护器与开关本体是一体的,不需要单独订货。

SD-220-A3-2-D0210-40　220kV 配电装置检修电源箱接线及板面布置图

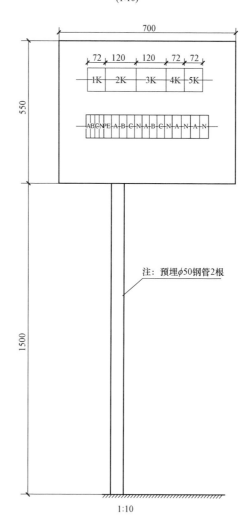

220kV配电装置检修电源箱板面布置图(LPXR-700×550×150)
(1:10)

700

550

72　120　120　72　72

1K　2K　3K　4K　5K

ABCNPE-A-B-C-N-A-B-C-N-A-N-A-N

1500

注: 预埋φ50钢管2根

1:10

(1)检修电源箱供电半径不大于 50m,至少配置 2 路三相馈线,2 路两相馈线。

(2)检修电源箱内空开均应设置剩余电流动作保护电器,具体的型式根据开关和用途决定。

(3)在采用分级保护方式时,末端剩余电流动作保护电器应选用无延时设备。

(4)进线开关选择无脱扣刀开关,保护电器设在馈线柜侧。

(5)主变压器检修箱应满足滤注油要求。

(6)端子箱设置双套加热装置,与其他元件和线缆距离不小于 50mm。

(7)采用按配电装置划分的单回路分支供电方式。

(8)箱内设备具体的布置方式应与电缆进出线协调。

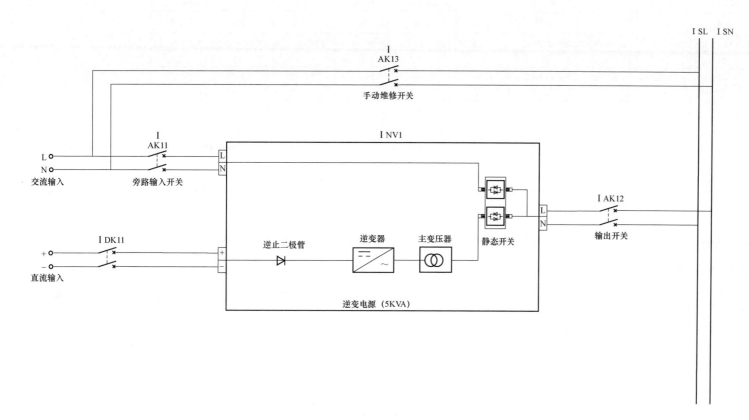

SD－220－A3－2－D0210－46 事故照明屏接线图

（1）变电站的备用照明（事故照明）由专用的备用照明交流逆变电源系统供电，采用交流灯具。

（2）应急照明电源容量由一次专业照明卷册提资，按站内备用照明负荷选择。

（3）交流失电后采用直流电源输入，逆变为交流输出，其直流输入取自变电站直流系统。当交流电源恢复后，应自动切换回交流电源输入。

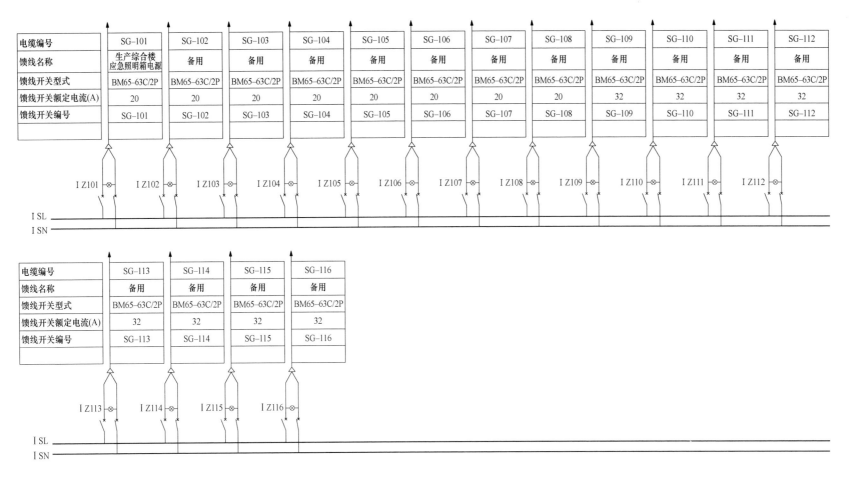

电缆编号	SG-101	SG-102	SG-103	SG-104	SG-105	SG-106	SG-107	SG-108	SG-109	SG-110	SG-111	SG-112
馈线名称	生产综合楼应急照明箱电源	备用	备用	备用	备用	备用	备用	备用	备用	备用	备用	备用
馈线开关型式	BM65-63C/2P	BM65-63C/2P	BM65-63C/2P	BM65-63C/2P	BM65-63C/2P	BM65-63C/2P	BM65-63C/2P	BM65-63C/2P	BM65-63C/2P	BM65-63C/2P	BM65-63C/2P	BM65-63C/2P
馈线开关额定电流(A)	20	20	20	20	20	20	20	20	32	32	32	32
馈线开关编号	SG-101	SG-102	SG-103	SG-104	SG-105	SG-106	SG-107	SG-108	SG-109	SG-110	SG-111	SG-112

电缆编号	SG-113	SG-114	SG-115	SG-116
馈线名称	备用	备用	备用	备用
馈线开关型式	BM65-63C/2P	BM65-63C/2P	BM65-63C/2P	BM65-63C/2P
馈线开关额定电流(A)	32	32	32	32
馈线开关编号	SG-113	SG-114	SG-115	SG-116

（1）TN-C 系统中不应将保护接地中性导体隔离，严禁将保护接地中性导体接入开关电器。

（2）交流开关上下级间通过延时和级差进行配合。

（3）保护电器应装设在首端，末端宜设置刀开关。

SD-220-A3-2-D0210-47 事故照明屏馈线图

3.11 全站时钟同步系统

序号	图 号	图 名	张数	套用原工程名称及卷册检索号，图号
1	SD－220－A3－2－D0211－01	卷册说明	1	
2	SD－220－A3－2－D0211－02	全站时间同步系统配置图	1	
3	SD－220－A3－2－D0211－03	全站时间同步系统柜面布置图	1	
4	SD－220－A3－2－D0211－04	时间同步扩展屏柜面布置图	1	
5	SD－220－A3－2－D0211－05	全站时间同步系统主机屏光缆联系图	1	
6	SD－220－A3－2－D0211－06	时间同步扩展屏Ⅰ光缆联系图	1	
7	SD－220－A3－2－D0211－07	时间同步扩展屏Ⅱ光缆联系图	1	
8	SD－220－A3－2－D0211－08	全站时间同步系统主机屏端子排图	1	
9	SD－220－A3－2－D0211－09	时间同步扩展屏Ⅰ端子排图	1	
10	SD－220－A3－2－D0211－10	时间同步扩展屏Ⅱ端子排图	1	

SD－220－A3－2－D0211－00　图纸目录

（1）卷册检索号应与项目计划一致。

（2）图纸张数应与实际一致。

（3）图纸编号、名称应与具体图纸一致。

主要依据：

GB 14285—2006　继电保护和安全自动装置技术规程

GB/T 50976—2014　继电保护及二次回路安装及验收规范

GB 50217—2018　电力工程电缆设计标准

DL/T 5155—2016　220kV～1000kV 变电站站用电设计技术规程

DL/T 5149—2001　220kV～500kV 变电所计算机监控系统设计技术规程

DL/T 5136—2012　火力发电厂、变电站二次接线设计技术规程术规范

Q/GDW 10381.5—2017　国家电网有限公司输变电工程施工图设计内容深度规定　第5部分：220kV 智能变电站

Q/GDW 1161—2013　线路保护及辅助装置标准化设计规范

Q/GDW 1175—2013　变压器、高压并联电抗器和母线保护及辅助装置标准化设计规范

Q/GDW 10766—2015　10kV～110（66）kV 线路保护、元件保护及辅助装置标准化设计规范

Q/GDW 11398—2015 变电站设备监控信息规范

国家电网有限公司十八项电网重大反事故措施（2018年版）

基建技术〔2018〕29 号　输变电工程设计常见病清册

国家电网企管〔2017〕1068 号　变电站设备验收规范

调监〔2012〕303 号　220kV 变电站典型信息表（试行）

鲁电企管〔2018〕349 号　山东电网二次设备命名规范

调自〔2014〕53 号国调中心关于强化电力系统时间同步监测管理工作的通知

历年下发的标准差异条款

卷 册 说 明

1. 时钟同步主机双套配置。时间同步主时钟装置 2 台，组屏 1 面，布置于二次设备室；时钟同步扩展装置组屏 2 面，1 面布置于二次设备，另 1 面布置于 220kV 二次设备室。

2. 站控层设备及 10kV 部分采用网络对时，站内其余设备对时均采用 IRIG－B 方式。

SD－220－A3－2－D0211－01　卷册说明

（1）说明本卷册包含设备型号、数量、厂家，主要设计原则，与初设的差异。

（2）本卷册向土建专业提资对时天线预埋。

（3）输出接口类型、数量宜按远期需求配置。

（4）根据调自〔2014〕53 号《国调中心关于强化电力系统时间同步监测管理工作的通知》，不配置独立的时间监测装置。

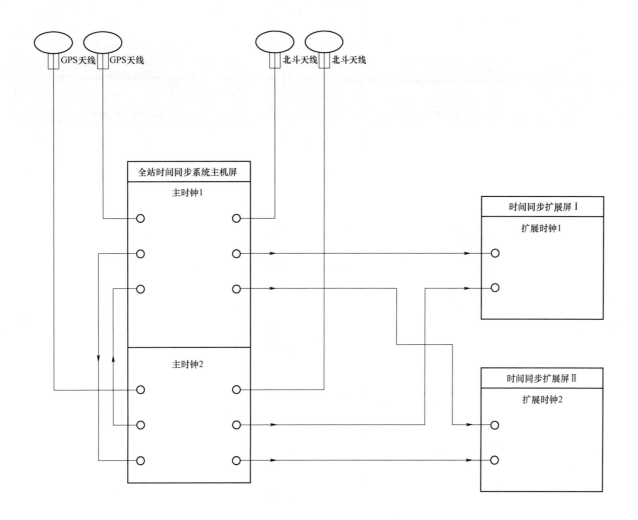

GPS天线　GPS天线　　　北斗天线　北斗天线

全站时间同步系统主机屏

主时钟1

主时钟2

时间同步扩展屏 I

扩展时钟1

时间同步扩展屏 II

扩展时钟2

（1）根据《220kV 智能变电站模块化建设（2017 版）》主时钟应双重化配置，支持北斗导航系统（BD）、全球定位系统（GPS）和地面授时信号，优先采用北斗导航系统。

（2）双套的主时钟互为备用，接收对方对时信息。

（3）时钟扩展装置通过两根独立的光缆分别接收双套主时钟的对时信息。

SD-220-A3-2-D0211-02　全站时间同步系统配置图

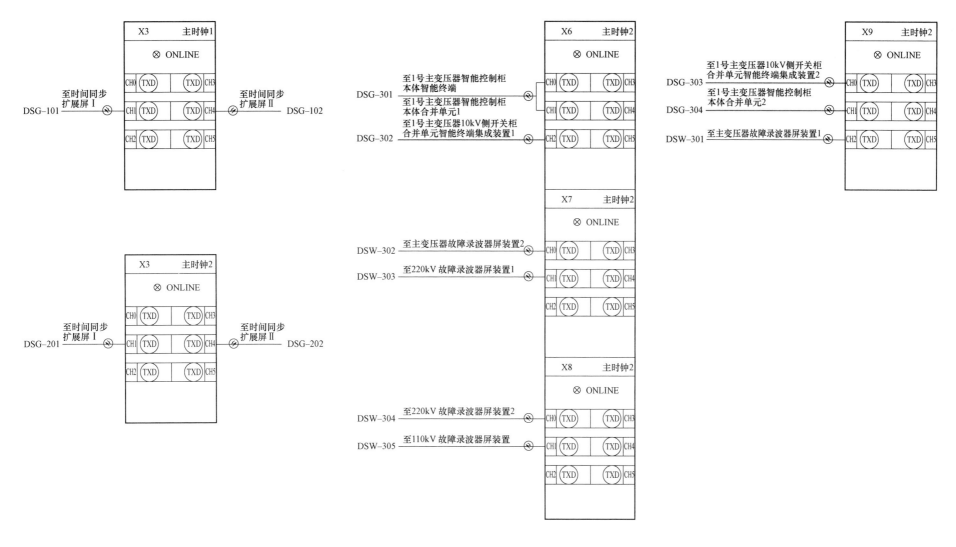

SD-220-A3-2-D0211-05　全站时间同步系统主机屏光缆联系图

（1）站控层设备对时采用 SNTP 方式。

（2）间隔层设备对时采用 IRIG-B 电信号。

（3）过程层设备对时采用 IRIG-B 光信号。

（4）同一房间内采用尾缆对时，跨房间采用光缆进行对时，双重化配置的智能组件对时光缆应分开配置。

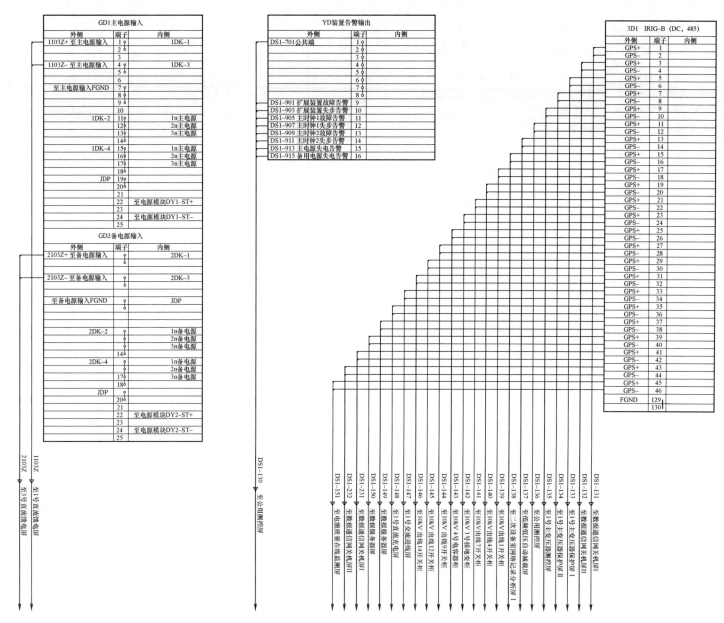

GD1主电源输入

外侧	端子	内侧
1103Z+ 至主电源输入	1	1DK-1
	2	
	3	
1103Z- 至主电源输入	4	1DK-3
	5	
	6	
至主电源输入FGND	7	
	8	
	9	
	10	
1DK-2	11	1n主电源
	12	2n主电源
	13	3n主电源
	14	
1DK-4	15	1n主电源
	16	2n主电源
	17	3n主电源
	18	
JDP	19	
	20	
	21	
	22	至电源模块DY1-ST+
	24	
	23	至电源模块DY1-ST-
	25	

GD2备电源输入

外侧	端子	内侧
2103Z+ 至备电源输入		2DK-1
2103Z- 至备电源输入		2DK-3
至备电源输入FGND		JDP
2DK-2		1n备电源
		2n备电源
		3n备电源
	14	
2DK-4		1n备电源
	17	2n备电源
	18	3n备电源
JDP	20	
	21	
	22	至电源模块DY2-ST+
	23	
	24	至电源模块DY2-ST-
	25	

YD装置告警输出

外侧	端子	内侧
DS1-701公共端	1	
	2	
	3	
	4	
	5	
	6	
	7	
	8	
DS1-901 扩展装置故障告警	9	
DS1-903 扩展装置失步告警	10	
DS1-905 主时钟1故障告警	11	
DS1-907 主时钟1失步告警	12	
DS1-909 主时钟2故障告警	13	
DS1-911 主时钟2失步告警	14	
DS1-913 主电源失电告警	15	
DS1-915 备用电源失电告警	16	

3D1 IRIG-B (DC, 485)

外侧	端子	内侧
GPS+	1	
GPS-	2	
GPS+	3	
GPS-	4	
GPS+	5	
GPS+	6	
GPS+	7	
GPS+	8	
GPS+	9	
GPS-	10	
GPS+	11	
GPS+	12	
GPS-	13	
GPS-	14	
GPS-	15	
GPS-	16	
GPS-	17	
GPS-	18	
GPS-	19	
GPS-	20	
GPS+	21	
GPS-	22	
GPS+	23	
GPS-	24	
GPS+	25	
GPS+	26	
GPS+	27	
GPS-	28	
GPS+	29	
GPS-	30	
GPS+	31	
GPS-	32	
GPS+	33	
GPS-	34	
GPS+	35	
GPS-	36	
GPS+	37	
GPS-	38	
GPS+	39	
GPS-	40	
GPS+	41	
GPS-	42	
GPS-	43	
GPS-	44	
GPS+	45	
GPS-	46	
FGND	129	
	130	

（1）同步系统主机电源双重化配置，两路电源取自不同直流母线。

（2）根据 DL/T 5136—2012《火力发电厂、变电站二次接线设计技术规程》端子排正负电源应间隔 1 个端子。

（3）根据《220kV 变电站典型信息表（试行）》至少应发出"GPS 装置异常"信号。

（4）端子排回路号、端子号与原理图一致。

SD-220-A3-2-D0211-08 全站时间同步系统主机屏端子排图

3.12 辅助控制系统

序号	图 号	图 名	张数	套用原工程名称及卷册检索号,图号
1	SD－220－A3－2－D0212－01	卷册说明	1	
2	SD－220－A3－2－D0212－02	辅助控制系统配置图	1	
3	SD－220－A3－2－D0212－03	辅助控制系统控制柜正面布置图	1	
4	SD－220－A3－2－D0212－04	户外智能辅助控制系统布点图	1	
5	SD－220－A3－2－D0212－05	220kV 配电装置楼一层智能辅助控制系统布点图	1	
6	SD－220－A3－2－D0212－06	220kV 配电装置楼二层智能辅助控制系统布点图	1	
7	SD－220－A3－2－D0212－07	110kV 配电装置楼一层智能辅助控制系统布点图	1	
8	SD－220－A3－2－D0212－08	110kV 配电装置楼二层智能辅助控制系统布点图	1	
9	SD－220－A3－2－D0212－09	110kV 配电装置楼电缆半层智能辅助控制系统布点图	1	
10	SD－220－A3－2－D0212－10	设备材料汇总表	1	

（1）卷册检索号应与项目计划一致。

（2）图纸张数应与实际一致。

（3）图纸编号、名称应与具体图纸一致。

主要设计依据:

GB 14285—2006 继电保护和安全自动装置技术规程

GB/T 7946—2015 脉冲电子围栏及其安装和安全运行

GB/T 50062—2008 电力装置的继电保护和自动装置设计规范

GB/T 50063—2017 电力装置的电测量仪表装置设计规范

GB/T 50976—2014 继电保护及二次回路安装及验收规范

GB 50217—2018 电力工程电缆设计标准

DL/T 5149—2001 220kV～500kV 变电所计算机监控系统设计技术规程

DL/T 5136—2012 火力发电厂、变电站二次接线设计技术规程

DL/T 866—2004 电流互感器和电压互感器选择及计算导则

Q/GDW 10381.5—2017 国家电网有限公司输变电工程施工图设计内容深度规定 第 5 部分:220kV 智能变电站

Q/GDW 688—2012 智能变电站辅助控制系统设计技术规范

Q/GDW 1161—2013 线路保护及辅助装置标准化设计规范

Q/GDW 1175—2013 变压器、高压并联电抗器和母线保护及辅助装置标准化设计规范

Q/GDW 10766—2015 10kV～110(66)kV 线路保护、元件保护及辅助装置标准化设计规范

Q/GDW 586—2011 电力系统自动低压减负荷技术规范

Q/GDW 441—2010 智能变电站继电保护技术规范

Q/GDW 11398—2015 变电站设备监控信息规范

国家电网有限公司十八项电网重大反事故措施(2018 年版)

基建技术〔2018〕29 号 输变电工程设计常见病清册

国家电网企管〔2017〕1068 号 变电站设备验收规范

调监〔2012〕303 号 220kV 变电站典型信息表(试行)

鲁电调〔2016〕772 号 山东电网继电保护配置原则

鲁电企管〔2018〕349 号 山东电网二次设备命名规范

历年下发的标准差异条款

SD－220－A3－2－D0212－00 图纸目录

卷 册 说 明

一、智能辅助控制系统

1. 本站配置 1 套智能辅助控制系统，包括视频监视子系统、安全警卫子系统、环境监测子系统、火灾报警子系统等。

1.1 智能辅助控制系统组 1 面柜，布置在二次设备室内，柜内含环境监测主机、视频处理单元、视频专用硬盘、综合电源、显示器、交换机等。

1.2 智能辅助控制系统各主控设备实现智能辅助控制系统的数据分类存储分析、智能联动功能包括环境监测与风机、空调、视频监视的联动及火灾报警与风机、空调、视频监视的联动等。

1.3 视频监视子系统监视变电站的安全运行情况，实现远程监控；与安全警卫、环境监测、火灾报警等配合实现摄像头的自动联动。本站视频监视子系统含室内网络红外球型摄像机、室外网络红外球型摄像机、视频处理单元、视频专用硬盘等。

1.4 安全警卫子系统防止外来人员非法入侵，对设备和工作人员人身安全产生危害。本站安全警卫子系统含红外双鉴探测器等。

1.5 环境监测子系统显示站内各种设备的运行环境情况，采集站内温湿度、SF_6 及氧气气体浓度测量、风速测量、水浸报警等，实现与风机、空调等设备的联动；并实现与视频监视子系统的联动。本站环境监测子系统含环境监测主机、温湿度传感器、SF_6－O2 探测器、SF_6－O2 主机、水浸探测器、风速传感器、空调控制单元等。

1.6 火灾报警子系统通过感烟探测器实现对火灾的预警监测，当建筑物地上某层发生火灾时，火灾报警控制系统应联锁切断本层风机电源，关闭空调以防止火势蔓延，并实现与视频监视子系统的联动。

2. 本站在 220kV 生产综合楼、110kV 生产综合楼四周及主变区域布置室外网络红外球型摄像机，在 220kV 配电装置区、110kV 配电装置区、10kV 配电装置室、10kV 电容器室、接地变室、站用电柜室、蓄电池室、二次设备室等配置室内网络红外球型摄像机，监视变电站的安全运行情况。

3. 本站在 220kV 生产综合楼、110kV 生产综合楼主入口配置红外双鉴探测器。

4. 本站在 220kV 配电装置室、110kV 配电装置室、10kV 配电装置室、10kV 电容器室、接地变室、站用电室、蓄电池室、二次设备室、电缆半层等配置温湿度传感器，监测室内温湿度；并根据暖通专业的要求，实现与室内通风设备的联动控制，当室内温度达 38℃时自动启动风机，室内温度降至 30℃时关闭风机。

5. 本站在 220kV 配电装置室、110kV 配电装置室配置 SF_6－O2 探测器，实现根据 SF_6 浓度自动启停风机，以保证及时排除泄漏的 SF_6 气体。

6. 在高压带电设备附近安装环境监测设备时，应根据带电设备的要求，确定安全距离。

7. 感烟探测器可以就近串联，每个区域内的探测器串联后沿就近电缆沟进入智能辅助系统主机。感烟探测器安装间距不应超过 15m，探测器至端墙的距离不应超过安装间距的 1/2。烟、温探测器的布置应与灯具布置配合，相距至少 0.5m。点型探测器至墙壁、梁边的水平距离不应小于 0.5m，周围 0.5m 内不应有遮挡物。点型探测器至空调送风口边的水平距离不应小于 1.5m。

8. 本站在 220kV 配电装置室、110kV 配电装置室设对射式感烟探测器，其安装高度不得小于室内设备的最大高度。

二、注意事项

1. 所有预埋钢管及注意事项已在图纸中标注，施工时请土建与电气配合，防止预埋管与电气基础交叉碰撞。

2. 所有埋管均应采用暗敷，可埋于墙，楼面或找平层，管内预留钢丝引线，两头做好标注。

3. 开槽施工需在设备供应商的指导下进行，可根据现场情况进行适当调整。

4. 智能辅助控制系统线缆在电缆沟、电缆半层、电缆竖井中应穿管敷设，其中火灾报警子系统线缆应穿镀锌钢管。镀锌钢管及 PVC 管由设计单位开列，其他智能辅助控制系统配套线缆由设备供应商提供。火灾报警子系统线缆不能与其他子系统线缆共管敷设。

5. 照明、风机与空调相关部分设计详见全站照明卷册 D0208。

6. 请设备供应商配合确定室外快球、室内红外中速球位置，尽量避免出现监控死角。

7. 火灾报警子系统设备应选择符合国家有关标准和有关准入制度的产品。

8. 请设备供应商配合确定火灾声光警报器的安装位置，不宜与安全出口指示标志灯设置在同一面墙上。

9. 本卷册设备除感烟、感温探测器可按本卷册图中示意串联预埋外，其余设备均应单独埋管，不能与其他设备共用预埋管路。

10. 视频监控探头、火灾报警探头及主机的安装应满足《国家电网公司输变电工程工艺标准库－变电电气工艺标准库》0102080001、0102080003 的工艺标准要求。

（1）说明本卷册包含内容，主要设计原则，设备状态监测网络结构、通信方式、监测对象、设备订货情况，与其他卷册的分界点等。

（2）本卷册接收消防专业关于风机控制的提资。

（3）本卷册涉及大量的预埋线缆，出图时间不应晚于土建专业。

（4）说明本卷册施工注意事项，涉及的标准工艺等。

（5）摄像机的设置原则是监测周围环境，并非监视设备具体的运行状态和参数。如采用红外设备，可不设单独的辅助灯光。

SD－220－A3－2－D0212－01 卷册说明

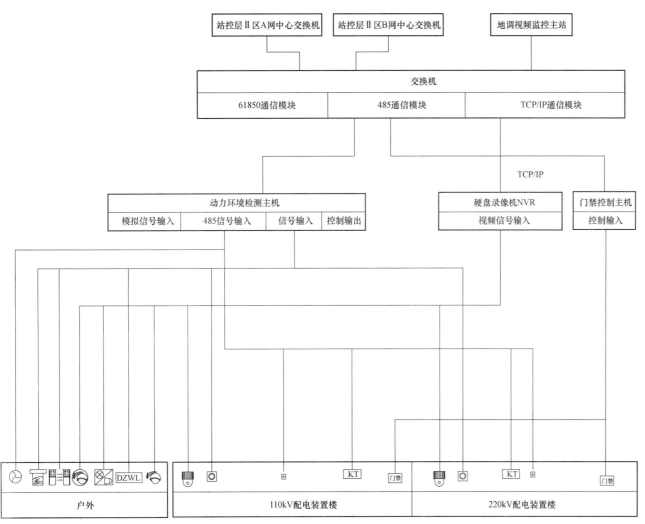

序号	图标	名称
1		网络全景摄像机
2		固定摄像机
3		室外球机
4		室内红外快球
5	DZWL	电子围栏
6		风速传感器
7		红外双鉴探测器
8	发射探头　接收探头	主动红外对射
9	门禁	门禁
10		温湿度传感器
11		水浸探测器
12		室外声光报警器
13		室内声光报警器
14	KT	空调控制

（1）适应消防审查要求，将消防系统单独成册。

（2）前端设备与子系统通过 RS485 或现场总线通信，子系统与主机之间采用 DL/T 860 进行通信，主机通过 II 区交换机上传调控主站。

SD－220－A3－2－D0212－02　辅助控制系统配置图

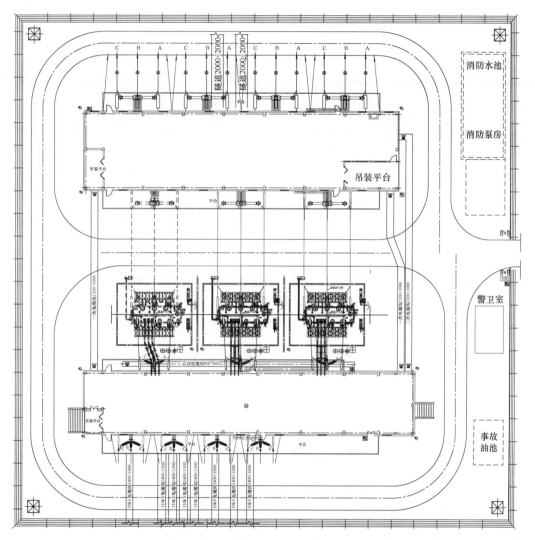

備注: 1. 智能辅助控制系统各设备配置及安装要求:

序号	图标	设备名称	数量	安装方式	安装高度	预埋钢管	注意事项
1		室外网络红外快球	10	支架安装	女儿墙顶向下0.3m	φ32	在配电装置楼顶45度支架或壁挂安装;自女儿墙顶预埋钢管至就近电缆沟,预留钢丝引线,具体位置和方向根据现场情况确定
2		网络全景摄像机	1	支架安装	女儿墙顶向下0.3m	φ32	在配电装置楼顶45度支架安装,配套安装辅助灯光;自女儿墙顶预埋钢管至就近电缆沟,预留钢丝引线,辅助灯光线缆与球机共管敷设,具体位置和方向根据现场情况确定
3	DZWL	电子围栏脉冲主机	1	壁挂式安装	距地面1.3m	φ32	在图示位置壁装;预埋钢管至就近电缆沟,预留钢丝引线
4		主动红外对射	1	支架安装	高于大门最高端0.3m	φ32	在图示位置支架安装,请施工单位根据现场围墙高度酌情增补;预埋钢管至就近电缆沟,预留钢丝引线
5		声光报警器	3	支架安装	大门口两侧围墙顶部	φ32	在图示位置支架安装,请施工单位根据现场围墙高度酌情增补;预埋钢管至就近电缆沟,预留钢丝引线
6		水浸探测器	8	壁装	高出电缆沟底部0.1m	φ32	在图示位置壁装;采用钢管在电缆沟内敷设,预留钢丝引线
7		风速传感器	1	支架安装		φ32	在图示位置女儿墙顶支架安装,以四周无遮挡物为原则,自女儿墙顶预埋钢管至就近电缆沟,预留钢丝引线,埋管应做防水处理
8		电子围栏	1		围墙上方		电子围栏围墙上安装

2. 本图仅示意智能辅助控制系统设备布置及安装要求,总平面布置图以一次图纸为准。

SD-220-A3-2-D0212-04 户外智能辅助控制系统布点图

(1) 围墙设置电子围栏,大门处设置红外对射。

(2) 户外配电装置楼四角各设置1只室外快球,每台主变设置1只室外快球,大门处设置全景式摄像头。

(3) 进出变电站电缆沟处设置水浸传感器,配置装置楼顶设置1只风速传感器。

(4) 上述前端设备应在图中标明安装位置、数量、预留线缆要求。

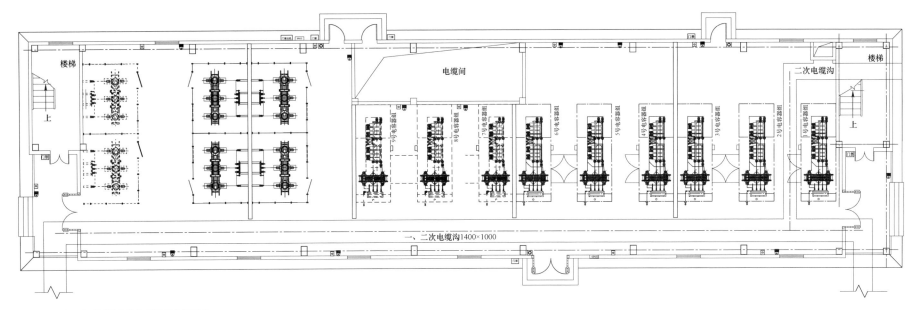

备注：1. 智能辅助控制系统各设备配置及安装要求：

序号	图标	设备名称	数量	安装方式	安装高度	预埋钢管	注意事项
1		室内红外快球	12	壁装	距地面 3.5m	$\phi 32$	预埋钢管至电缆层，预留钢丝引线
2		温湿度传感器	11	壁装	距地面 1.3m	$\phi 32$	预留分线盒；预埋钢管至电缆层，预留钢丝引线
3	门禁	门禁	6	壁装	距地面 1.3m	$\phi 32$	户外读卡器需加装防雨罩
4	SF₆JD	SF₆声光警示器	2	壁装	门框上方 0.3m	$\phi 32$	预留分线盒；预埋钢管至就近电缆层，预留钢丝引线
5	门禁主机	门禁主机	2	壁装	距地面 2.2m	$\phi 32$	户外读卡器需加装防雨罩
6		红外双鉴探测器	3	壁装	距地面 2m	$\phi 32$	预留分线盒；预埋钢管至电缆层，预留钢丝引线

2. 本图仅示意智能辅助控制系统设备布置及安装要求，配电装置楼一层平面布置图以一次图纸为准。

SD－220－A3－2－D0212－05　220kV 配电装置楼一层智能辅助控制系统布点图

（1）无功补偿室出入口设置门禁，主要入口设置红外双鉴。
（2）按房间布置室内快球和温湿度传感器。
（3）上述前端设备应在图中标明安装位置、数量、预留线缆要求。

（1）配电装置室出入
口设置门禁，主要入口设
置红外双鉴。

（2）按房间布置室内
快球和温湿度传感器。

（3）各房间在空调处
布置控制器。

（4）GIS 室根据传感
器的监测范围设置 SF_6 传
感器，并在入口处设置显
示屏或者警示灯。

（5）上述前端设备应
在图中标明安装位置、数
量、预留线缆要求。

（6）安装于户外的读
卡器、控制按钮等家装防
雨罩。

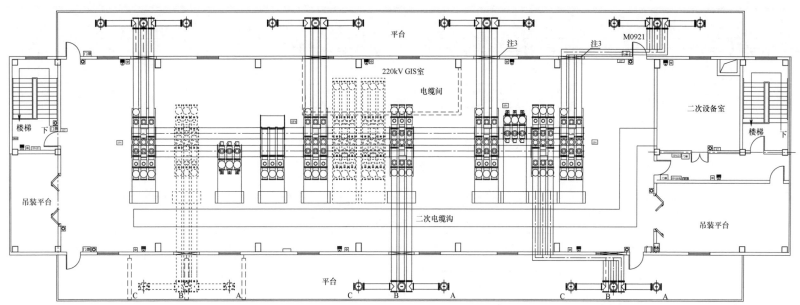

备注：1. 智能辅助控制系统各设备配置及安装要求：

序号	图标	设备名称	数量	安装方式	安装高度	预埋钢管	注意事项
1		室内红外快球	9	壁装	距地面 3.5m	ϕ32	预埋钢管至电缆层，预留钢丝引线
2		温湿度传感器	9	壁装	距地面 1.3m	ϕ32	预留分线盒；预埋钢管至电缆层，预留钢丝引线
3	门禁	门禁	7	壁装	距地面 1.3m	ϕ32	户外读卡器需加装防雨罩
4	SF_6	SF_6 探测器	4	就近 GIS 基础安装		ϕ32	预留分线盒；预埋钢管至就近电缆层，预留钢丝引线
5	SF_6主机	SF_6 主机	1	壁装	距地面 1.3m	ϕ32	预留分线盒；预埋钢管至电缆层，预留钢丝引线，安装于开关柜室门外侧
6	SF_6JD	SF_6 声光警示器	2	壁装	门框上方 0.3m	ϕ32	预留分线盒；预埋钢管至就近电缆层，预留钢丝引线
7	门禁主机	门禁主机	2	壁装	距地面 2.2m	ϕ32	户外读卡器需加装防雨罩
8		红外双鉴探测器	7	壁装	距地面 2m	ϕ32	预留分线盒；预埋钢管至电缆层，预留钢丝引线
9	KT	空调控制单元	3	壁装	距地面 0.3m	ϕ32	

2. 本图仅示意智能辅助控制系统设备布置及安装要求，配电装置楼二层平面布置图以一次图纸为准。

SD－220－A3－2－D0212－06　220kV 配电装置楼二层智能辅助控制系统布点图

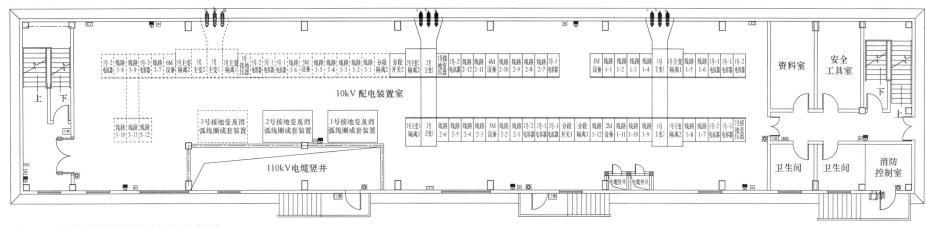

备注: 1. 智能辅助控制系统各设备配置及安装要求:

序号	图标	设备名称	数量	安装方式	安装高度	预埋钢管	注意事项
1		室内红外快球	8	壁装	距地面 3.5m	$\phi 32$	预埋钢管至电缆层,预留钢丝引线
2		温湿度传感器	8	壁装	距地面 1.3m	$\phi 32$	预留分线盒;预埋钢管至电缆层,预留钢丝引线
3	门禁	门禁	5	壁装	距地面 1.3m	$\phi 32$	户外读卡器需加装防雨罩
4	SF_6	SF_6 探测器	4	就近 GIS 基础安装		$\phi 32$	预留分线盒;预埋钢管至就近电缆层,预留钢丝引线
5	SF_6主机	SF_6 主机	1		距地面 1.3m	$\phi 32$	预留分线盒;预埋钢管至电缆层,预留钢丝引线,安装于开关柜室门外侧
6	SF_6JD	SF_6 声光警示器	2	壁装	门框上方 0.3m	$\phi 32$	预留分线盒;预埋钢管至就近电缆层,预留钢丝引线
7	门禁主机	门禁主机	2	壁装	距地面 2.2m	$\phi 32$	户外读卡器需加装防雨罩
8		红外双鉴探测器	5	壁装	距地面 2m	$\phi 32$	预留分线盒;预埋钢管至电缆层,预留钢丝引线
9	KT	空调控制单元	3	壁装	距地面 0.3m	$\phi 32$	

2. 本图仅示意智能辅助控制系统设备布置及安装要求,配电装置楼一层平面布置图以一次图纸为准。

SD-220-A3-2-D0212-07 110kV 配电装置楼一层智能辅助控制系统布点图

（1）配电装置室出入口设置门禁,主要入口设置红外双鉴。
（2）按房间布置室内快球和温湿度传感器。
（3）开关柜室在空调处布置控制器。
（4）开关柜若采用充气柜根据传感器的监测范围就近设置 SF_6 传感器,并在入口处设置显示屏或者警示灯。
（5）上述前端设备应在图中标明安装位置、数量、预留线缆要求。
（6）安装于户外的读卡器、控制按钮等家装防雨罩。

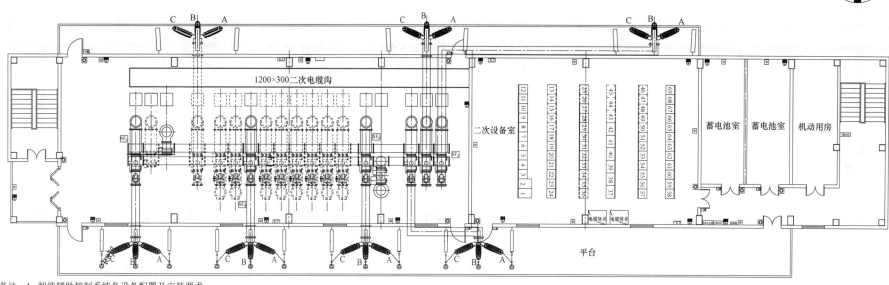

备注：1. 智能辅助控制系统各设备配置及安装要求：

序号	图标	设备名称	数量	安装方式	安装高度	预埋钢管	注意事项
1		室内红外快球	14	壁装	距地面 3.5m	φ32	预埋钢管至电缆层，预留钢丝引线。蓄电池内需安装防爆摄像头
2		温湿度传感器	13	壁装	距地面 1.3m	φ32	预留分线盒；预埋钢管至电缆层，预留钢丝引线
3	门禁	门禁	8	壁装	距地面 1.3m	φ32	户外读卡器需加装防雨罩，蓄电池内需安装防爆门禁
4	SF_6	SF_6 探测器	4	就近 GIS 基础安装		φ32	预留分线盒；预埋钢管至就近电缆层，预留钢丝引线
5	SF_6主机	SF_6 主机	1	壁装	距地面 1.3m	φ32	预留分线盒；预埋钢管至电缆层，预留钢丝引线，安装于开关柜室门外侧
6	SF_6JD	SF_6 声光警示器	2	壁装	门框上方 0.3m	φ32	预留分线盒；预埋钢管至就近电缆层，预留钢丝引线
7	门禁主机	门禁主机	2	壁装	距地面 2.2m	φ32	户外读卡器需加装防雨罩
8		红外双鉴探测器	10	壁装	距地面 2m	φ32	预留分线盒；预埋钢管至电缆层，预留钢丝引线
9	KT	空调控制单元	4	壁装	距地面 0.3m	φ32	

2. 本图仅示意智能辅助控制系统设备布置及安装要求，配电装置楼二层平面布置图以一次图纸为准。

SD－220－A3－2－D0212－08　110kV 配电装置楼二层智能辅助控制系统布点图

（1）配电装置室出入口设置门禁，主要入口设置红外双鉴。
（2）按房间布置室内快球和温湿度传感器。
（3）开关柜室在空调处布置控制器。
（4）开关柜若采用充气柜根据传感器的监测范围就近设置 SF_6 传感器，并在入口处设置显示屏或者警示灯。
（5）上述前端设备应在图中标明安装位置、数量、预留线缆要求。
（6）安装于户外的读卡器、控制按钮等家装防雨罩。

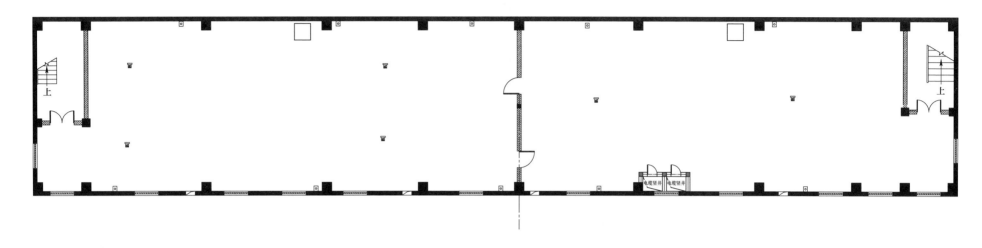

备注：智能辅助控制系统各设备配置及安装要求：

序号	图标	设备名称	数量	安装方式	安装高度	预埋钢管	注意事项
1	◎	温湿度传感器	10	壁装	距地面 1.3m	φ32	预留分线盒；预埋钢管至电缆层，预留钢丝引线
2	▣	水浸探测器	6	壁装	高出电缆沟底部 0.1m	φ32	在图示位置壁装；采用钢管在电缆沟内敷设，预留钢丝引线

SD－220－A3－2－D0212－09 110kV 配电装置楼电缆半层智能辅助控制系统布点图

（1）电缆半层设置温湿度传感器和水浸传感器。

（2）上述前端设备应在图中标明安装位置、数量、预留线缆要求。

全站智能辅助控制系统部分设备材料表

序号	设备名称	型号及规范	数量	单位	备注
一	智能辅助控制系统				
1	视频子系统				
1.1	室外网络红外快球		10	套	配置防护罩
1.2	网络全景摄像机		1	套	配置防护罩
1.3	室内红外快球		43	套	
1.4	室内网络防爆球机		2	套	
1.5	网络防雷器		8	套	
1.6	站端视频处理单元	32 路嵌入式	1	套	
1.7	站端视频处理单元	24 路混合输入	1	套	
1.8	视频专用硬盘	SATA、1T、7200 转	4	套	
1.9	网络存储单元	24 个硬盘通道，4 个以上网络口	1	套	
1.10	铠装阻燃三合一视频组合电缆	ZR-（Y）-SYV75-5-41+RVP2×0.75+RV1.5×2	足量	km	
1.11	光纤	GYFTZY53-4B1	足量	km	
1.12	屏蔽网络线	FTP-31-5E-4P	2	箱	
1.13	门卫终端		1	套	
2	安全警卫子系统				
2.1	红外双鉴探测器		25	套	
2.2	室外声光报警器		3	个	
2.3	电子围栏	2 区域控制器，4 线安装	足量	km	
2.4	铠装阻燃屏蔽电缆	ZR-RVVP22-4×1.0	足量	km	
3	门禁子系统				
3.1	门禁		8	套	4 门控制器
3.2	读卡器		26	个	
3.3	开门按钮		26	个	包含电磁锁
3.4	铠装阻燃屏蔽电缆	ZR-RVVP22-12×0.5	足量	km	

全站智能辅助控制系统部分设备材料表

序号	设备名称	型号及规范	数量	单位	备注
4	环境监测子系统				
4.1	环境数据采集单元		1	台	
4.2	温湿度传感器		51	套	
4.3	水浸探测器		14	个	
4.4	风速传感器		1	个	
4.5	风机控制单元		按需	个	
4.6	空调控制器		10	个	
4.7	铠装阻燃屏蔽电缆	ZR-RVVP22-4×1.0	足量	km	
5	其他				
5.1	综合电源	输出：AV24V8A×6DC24V5A×3；DC12V5A×3	2	台	
5.2	液晶显示器	17、机架式、组屏安装	1	台	
5.3	屏柜	2260×600×600mm	1	面	
5.4	网桥	2M		对	
5.5	网络交换机		2	台	
5.6	视频光端机			对	
5.7	光网转发设备			对	
5.8	图形工作站			台	
5.9	安装辅料		1	套	
三					
3.1	镀锌钢管	ϕ32、ϕ30	足量	m	
3.2	阻燃 PVC 管	ϕ32	足量	m	
3.3	分线盒				按需自制
3.4	SF_6 探测器		12	个	
3.5	SF_6 主机		2	个	
3.6	SF_6 声光警示器		8	个	

（1）计列智能辅助控制系统设备和材料数量，说明设备供货商，电缆埋管应注明数量和施工方采购。

（2）电子围栏避雷器应可靠独立接地，埋深不小于1.5m，电阻值不大于10Ω。电子围栏主机接地于主接地网。

（3）至少发"高压脉冲防盗告警""边界防盗告警"信号至监控主机。

（4）为便于维护，各模块电源不采用熔断器，使用空气开关。

（5）安防视频监控系统图像保存周期大于45天。

SD-220-A3-2-D0212-10 设备材料汇总表

3.13 火灾自动报警系统

序号	图 号	图 名	张数	套用原工程名称及卷册检索号，图号
1	SD－220－A3－2－D0213－01	卷册说明	1	
2	SD－220－A3－2－D0213－02	火灾自动报警系统配置图	1	
3	SD－220－A3－2－D0213－03	火灾报警控制箱正面布置图	1	
4	SD－220－A3－2－D0213－04	220kV 配电装置楼一层智能火灾自动报警系统布点图	1	
5	SD－220－A3－2－D0213－05	220kV 配电装置楼二层智能火灾自动报警系统布点图	1	
6	SD－220－A3－2－D0213－06	110kV 配电装置楼一层智能火灾自动报警系统布点图	1	
7	SD－220－A3－2－D0213－07	110kV 配电装置楼二层智能火灾自动报警系统布点图	1	
8	SD－220－A3－2－D0213－08	110kV 配电装置楼电缆半层智能火灾自动报警系统布点图	1	
9	SD－220－A3－2－D0213－09	设备材料汇总表	1	

SD－220－A3－2－D0213－00 图纸目录

（1）卷册检索号应与项目计划一致。
（2）图纸张数应与实际一致。
（3）图纸编号、名称应与具体图纸一致。
主要设计依据：
GB 14285—2006 继电保护和安全自动装置技术规程
GB/T 50062—2008 电力装置的继电保护和自动装置设计规范
GB/T 50063—2017 电力装置的电测量仪表装置设计规范
GB/T 50976—2014 继电保护及二次回路安装及验收规范
GB 50217—2018 电力工程电缆设计标准
GB 50116—2013 火灾自动报警系统设计规范
GB 50229—2006 火力发电厂与变电站设计防火规范
GB 50016—2014 建筑设计防火规范
DL/T 5149—2001 220kV～500kV 变电所计算机监控系统设计技术规程
DL/T 5136—2012 火力发电厂、变电站二次接线设计技术规程
DL/T 866—2004 电流互感器和电压互感器选择及计算导则
Q/GDW 10381.5—2017 国家电网有限公司输变电工程施工图设计内容深度规定 第 5 部分：220kV 智能变电站
国家电网有限公司十八项电网重大反事故措施（2018 年版）
基建技术〔2018〕29 号 输变电工程设计常见病清册
国家电网企管〔2017〕1068 号 变电站设备验收规范
调监〔2012〕303 号 220kV 变电站典型信息表（试行）
鲁电企管〔2018〕349 号 山东电网二次设备命名规范
历年下发的标准差异条款
设备变电〔2018〕16 号 关于加快推进变电站消防隐患治理工作的通知
设备变电〔2018〕15 号 变电站（换流站）消防设备设施等完善化改造原则（试行）

卷 册 说 明

一、设计标准

1. 主要由火灾报警控制器、缆式线型感温探测器、感烟探测器、手动报警按钮及讯响器等设备组成。

2. 火灾自动报警主机采用二总线制，壁挂式主机，额定输入电压 AC220V，50Hz；主机采用双电源供电，最末一级增加双电源切换装置一套电源供电，内附支流设备用电 DC24V，3.5Ah 全密封蓄电池，安装高度 1.5m，手动报警按钮和报警控制器底边离地 1.3m 安装，讯响器底边距地 2.2m 在手动报警按钮上方安装，二次设备室电缆沟、电缆隧道及电缆爬槽内均设置缆式线型感温探测器缆式线型感温探测器在电缆支架上设置时采用 S 形接触式布置，其他探测器吸顶安装；

3. 控制电缆采用 RVS2×1.5mm² 双绞线，其他选用 1.5mm² 单芯软线。全部线路采用 G20 钢管保护沿地、棚、墙暗设，并在钢管上采取防火保护措施，钢管外壳应良好接地，不能将其他线路穿入总线保护钢管内。

4. 探测器安装应避开顶棚灯具，并和高压带电体保持足够的安全距离，探测器至墙壁、梁的水平距离不应小于 0.6m，周围 0.6m 内不应有遮挡物，至空调送风口边的水平距离不应小于 1.5m。

5. 主机显示屏应显示每个地址的火灾信号，同时要求警铃声响，主机须可靠接地接地线选用铜芯绝缘软线，其线截面＞4mm，接地电阻＜4Ω。

6. 火灾报警信号通过自动化系统传至远方的控制中心。

7. 照明和动力回路总开关设分励脱扣器回路，火灾报警信号一经确认，断开此回路，接通应急照明。

8. 标准工艺应用：（按照本卷册施工时必须执行以下条款）0102080000 视频监控及火灾报警系统。

0102080002　火灾报警探头安装
0102080003　主机安装
0102080004　布线
0102080005　温度感应线安装

以上条款具体内容查阅国家电网公司输变电工程标准工艺（三）–工艺标准库（2011 年版）

9. 系统分为一个环网，图中，"S" 表示为 2 芯回路线，"D" 表示 2 芯电源线，"K" 表 2 芯控制线。

10. 火灾自动报警装置应确认相应部位火灾报警后切除相关位置的非消防电源，即正常照明、暖通、空调等电源；模块继电器的输出接点至少满足 DC30V，1A 的容量要求。

二、消防灭火器设置

1. 根据 GB 50140—2005《建筑灭火器配置设计规范》规定本工程室内配置灭火器。

2. 本工程根据规范属戊类厂房。

3. 该灭火器配置场所的火灾种类属 A、B 及带电火灾危险。

4. 建筑灭火器选用磷酸氨盐干粉型，具体位置见灭火器平面布置图。

5. 灭火器箱的型式为落地式。

6. 所有消防器材与设备需经中国消防产品质量检查中心，消防建审部门和设计单位的认可。

7. 灭火器表示方法：

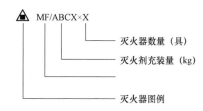

三、其他

1. 本工程消防设计需经消防部门审批后方可施工。

2. 本设计说明与图纸具有同等效力，二者若有矛盾，业主和施工单位及监理单位应及时提出，并以设计单位解释为准。

3. 施工中未尽事宜应执行相关的规范、规定和标准。

（1）应说明本卷册包含内容，主要设计原则，设备订货情况，与其他卷册的分界点、是否包含固定灭火器等。应对设备安装高度、穿管要求与施工安装注意事项，以及强制执行的规程规范等加以说明。

（2）本卷册接收消防专业关于风机控制的提资。

（3）本卷册涉及大量的预埋线缆，出图时间不应晚于土建专业。

（4）说明本卷册施工注意事项，涉及的标准工艺等。

（5）说明火灾自动报警系统与其他系统和专业的联动。

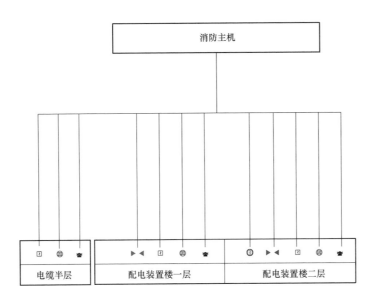

序号	图标	名称
1	▫ ⊗	点型烟感探测器
2	▶◀	对射烟感探测器
3	♣	火灾报警灯
4	⊡	火灾报警按钮

（1）火灾自动报警系统的设备配置情况，防火分区的划分，系统间的连接等。

（2）根据建筑物和设备布置情况合理选择消防设备。

（3）系统总线应设置总线短路隔离器，且所保护的消防设备总数不应超过 32 点。

具体要求见 GB 50116。

SD－220－A3－2－D0213－02　火灾自动报警系统配置图

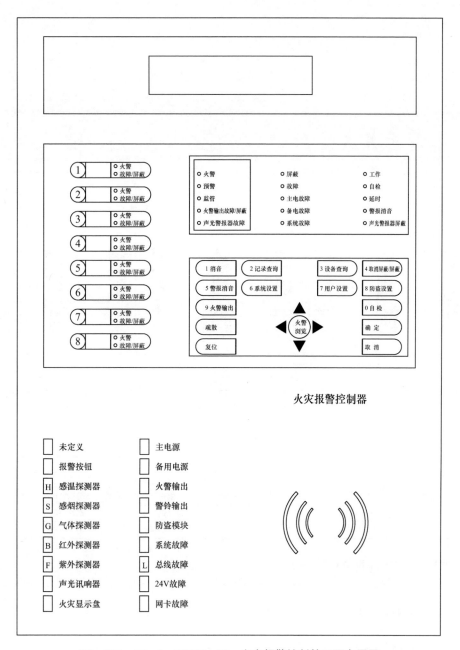

火灾报警控制器

（1）火灾报警控制器应设置在消防控制室或者主控室。

（2）火灾报警控制器所连接的设备和地址总数不应超过3200点。

SD－220－A3－2－D0213－03　火灾报警控制箱正面布置图

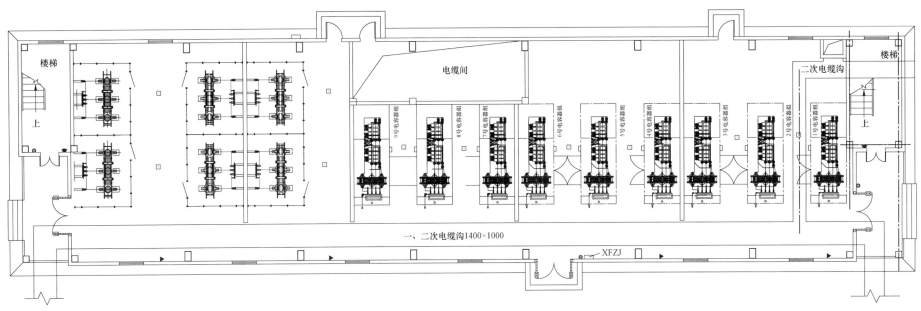

备注：1. 火灾自动报警系统各设备配置及安装要求：

序号	图标	设备名称	数量	安装方式	安装高度	预埋钢管	注意事项
1		光电感烟智能探测器	10	吸顶		φ32	预留分线盒；预埋钢管至就近电缆沟，预留钢丝引线
2	▶	红外光束感烟探测器	4	壁装	距地面4.5m	φ32	预留分线盒；预埋钢管至就近电缆沟，预留钢丝引线
3		声光警报器	2	壁装	距地面2.5m	φ32	预留分线盒；预埋钢管至电缆沟，预留钢丝引线
4	Ⓜ	手动火灾报警按钮	3	壁装	距地面1.3m	φ32	预留分线盒；预埋钢管至电缆沟，预留钢丝引线

2. 本图仅示意火灾自动报警系统设备布置及安装要求，配电装置楼一层平面布置图以一次图纸为准。

SD－220－A3－2－D0213－04　220kV 配电装置楼一层火灾自动报警系统布点图

（1）根据探测器特点和监测范围，合理选择光电感烟传感器或者红外传感器，梁柱较多、面积小的房间布置点型探测器，面积大、无遮挡的房间布置线型光束感烟探测器，电缆半层采用线型感温探测器。

（2）主变压器消防采用缆式线型感温探测器+火灾探测器或者缆式线型感温探测器+缆式线型感温探测器的方式。

（3）手动火灾报警按钮和声光警报器布置的位置和数量。

（4）消防主机布置于配电装置楼一楼的消防控制室（消防控制室可与主控制室合并）。

（5）上述前端设备应在图中标明安装位置、数量、预留线缆要求。

（6）探测器应避开灯、风机、梁柱等设施和建筑。

设 备 表

符号	名称	型式	技术特性	数量	单位	备注
	火灾报警控制器			1	台	布置消防控制室
⊟	楼层接线箱			按需	只	嵌墙安装，底边距地 0.5m
R	光电感烟智能探测器			59	套	吸顶安装，带继电器底座
R	防爆光电感烟智能探测器			4	套	吸顶安装
	警铃			9	只	距地 2.5m
水	智能手动报警按钮			10	只	距地 1.5m
KZ	四输入/二输出模块			按需	只	带安装盒
—S—	回路线			1000	m	穿管暗敷
—D—	电源线			1000	m	穿管暗敷
—K—	控制线			300	m	穿管暗敷
	镀锌钢管			1000	m	
	感温线缆			1000	m	用于主变压器和活动地板内
◀	红外对射探测器			12	套	距地 4.5m

SD−220−A3−2−D0213−09　设备材料汇总表

（1）计列火灾自动报警系统设备和材料数量，说明设备供货商，电缆埋管应注明数量和施工方采购。

（2）消防系统应采用 UPS 电源供电，为便于维护，各模块电源不采用熔断器，使用空气开关。

（3）至少发"消防装置火灾告警""消防装置故障告警"信号至监控主机。

3.14 设备状态监测系统

序号	图 号	图 名	张数	套用原工程名称及卷册检索号，图号
1	SD-220-A3-2-D0214-01	卷册说明	1	
2	SD-220-A3-2-D0214-02	设备状态监测系统配置图	1	
3	SD-220-A3-2-D0214-03	设备状态监测系统柜面布置图	1	
4	SD-220-A3-2-D0214-04	设备状态监测系统原理图	1	
5	SD-220-A3-2-D0214-05	设备状态监测系统柜端子排图	1	

（1）卷册检索号应与项目计划一致。

（2）图纸张数应与实际一致。

（3）图纸编号、名称应与具体图纸一致。

主要依据：

GB 14285—2006　继电保护和安全自动装置技术规程

GB/T 50976—2014　继电保护及二次回路安装及验收规范

GB 50217—2018　电力工程电缆设计标准

DL/T 5155—2016　220kV～1000kV 变电站站用电设计技术规程

DL/T 5149—2001　220kV～500kV 变电所计算机监控系统设计技术规程

DL/T 5136—2012　火力发电厂、变电站二次接线设计技术规程术规范

Q/GDW 10381.5—2017　国家电网有限公司输变电工程施工图设计内容深度规定　第 5 部分：220kV 智能变电站

Q/GDW 534—2010　变电设备在线监测系统技术导则

Q/GDW 535—2010　变电设备在线监测装置通用技术规范

Q/GDW 536—2010　变压器油中溶解气体在线监测装置技术规范

Q/GDW 537—2010　电容型设备及金属氧化物避雷器绝缘在线监测装置技术规范

Q/GDW 1161—2013　线路保护及辅助装置标准化设计规范

Q/GDW 1175—2013　变压器、高压并联电抗器和母线保护及辅助装置标准化设计规范

Q/GDW 10766—2015　10kV～110（66）kV 线路保护、元件保护及辅助装置标准化设计规范

Q/GDW 11398—2015　变电站设备监控信息规范

国家电网有限公司十八项电网重大反事故措施（2018 年版）

基建技术〔2018〕29 号　输变电工程设计常见病清册

国家电网企管〔2017〕1068 号　变电站设备验收规范

调监〔2012〕303 号　220kV 变电站典型信息表（试行）

鲁电企管〔2018〕349 号　山东电网二次设备命名规范

历年下发的标准差异条款

卷 册 说 明

一、设计范围：

1. 主变压器：

每台主变压器配置一套油色谱在线监测和一套铁芯接地电流监测。

2. 220kV 配电装置：

2.1 220kV GIS：每相断路器配置一个内置式超高频传感器，本期仅预置传感器并预留测试接口，共 21 只。

2.2 220kV 避雷器：每只避雷器均设一套在线监测，本期共监测 220kVGIS 内置避雷器 6 只。

二、设备型号：

本工程主要设备选型及生产厂家均由国网招标会议确定。

在线监测后台厂家为×××。

三、标准工艺应用清单：

序号	项目/工艺名称	编号	使用部位	采用数量及应用率
一	屏、柜安装			
1	屏、柜安装	0102060101	监测后台屏柜安装	全站采用，100%

（1）应说明本卷册包含内容，主要设计原则，设备状态监测网络结构、通信方式、监测对象、设备订货情况，与其他卷册的分界点等。

（2）220kV 主变压器每台设置 1 台油色谱在线监测 IED，220kV 避雷器设置 1 台在线监测 IED（接入不满足要求时可扩展）。

（3）主变压器油色谱传感器、在线监测 IED 由主变压器厂家负责提供和安装；避雷器传感器由在线监测厂家提供，现场安装；监测主机由在线监测厂家提供。目前综合应用服务器还不能实现监测主机的功能。

（4）说明本卷册施工注意事项，涉及的标准工艺等。

SD－220－A3－2－D0214－01 卷册说明

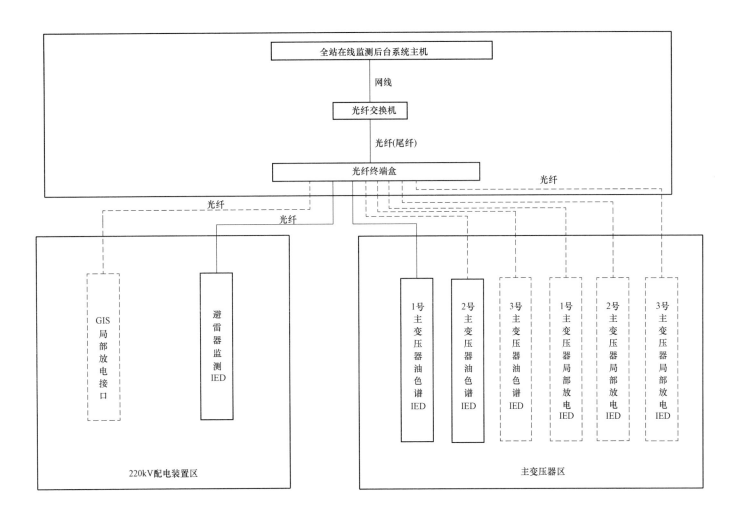

（1）说明本期及远景监测 IED 布置位置、数量。

（2）监测 IED 与后台主机的结构、连接方式。

（3）主变压器及 220kV GIS 内置局放传感器，不配置监测 IED。

（4）220kV GIS 可配置 SF_6 气体压力和湿度在线监测装置。

SD－220－A3－2－D0214－02　设备状态监测系统配置图

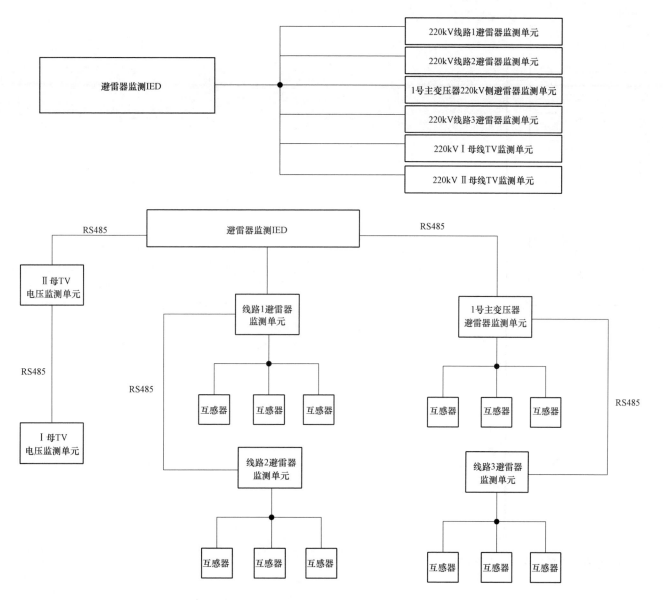

（1）表示设备状态监测范围及参量，示意传感测量装置配置。

（2）前端设备、监测IED安装位置及设备之间光电缆连接方式。

SD－220－A3－2－D0214－04　设备状态监测系统原理图

端子排图

	电源(1n)		
K1–1	1	N	～UPS
K1–3	2	L	N
K2–1	3	N	K1–2
K3–1	4		
K2–2	5	N	插座1
	6		插座5
K3–2	7	N	插座3
	8		插座7
	9		
	10		
K2–3	11	L	K1–4
K3–3	12		
K2–4	13	L	插座2
	14		插座6
K3–4	15	L	插座4
	16		插座8
	17		
	18		

至2号UPS电源屏

（1）电源应取自 UPS 或直流电源。

（2）根据 DL/T 5136—2012《火力发电厂、变电站二次接线设计技术规程》端子排正负电源应间隔 1 个端子。

（3）根据《220kV 变电站典型信息表（试行）》至少应发出"装置异常"信号。

（4）端子排回路号、端子号与原理图一致。

SD－220－A3－2－D0214－05　设备状态监测系统柜端子排图

3.15 调度自动化系统

序号	图 号	图 名	张数	套用原工程名称及卷册检索号,图号
1	SD-220-A3-2-D0215-01	卷册说明	1	
2	SD-220-A3-2-D0215-02	调度自动化系统图	1	
3	SD-220-A3-2-D0215-03	调度数据网柜柜面布置图	1	
4	SD-220-A3-2-D0215-04	远动通信柜柜面布置图	1	
5	SD-220-A3-2-D0215-05	调度数据网柜端子排图	1	
6	SD-220-A3-2-D0215-06	远动通信柜端子排图	1	

SD-220-A3-2-D0215-00 目录

(1) 卷册检索号应与项目计划一致。
(2) 图纸张数应与实际一致。
(3) 图纸编号、名称应与具体图纸一致。
主要依据:
GB 14285—2006 继电保护和安全自动装置技术规程
GB/T 50062—2008 电力装置的继电保护和自动装置设计规范
GB/T 50063—2017 电力装置的电测量仪表装置设计规范
GB/T 50976—2014 继电保护及二次回路安装及验收规范
GB 50217—2018 电力工程电缆设计标准
DL/T 5149—2001 220kV~500kV 变电所计算机监控系统设计技术规程
DL/T 5136—2012 火力发电厂、变电站二次接线设计技术规程
DL/T 866—2004 电流互感器和电压互感器选择及计算导则
Q/GDW 10381.5—2017 国家电网有限公司输变电工程施工图设计内容深度规定 第5部分:220kV 智能变电站
Q/GDW 1161—2013 线路保护及辅助装置标准化设计规范
Q/GDW 1175—2013 变压器、高压并联电抗器和母线保护及辅助装置标准化设计规范
Q/GDW 10766—2015 10kV~110(66)kV 线路保护、元件保护及辅助装置标准化设计规范
Q/GDW 586—2011 电力系统自动低压减负荷技术规范
Q/GDW 441—2010 智能变电站继电保护技术规范
Q/GDW 11398—2015 变电站设备监控信息规范
国家电网有限公司十八项电网重大反事故措施(2018 年版)
基建技术〔2018〕29 号 输变电工程设计常见病清册
国家电网企管〔2017〕1068 号 变电站设备验收规范
调监〔2012〕303 号 220kV 变电站典型信息表(试行)
鲁电调〔2016〕772 号 山东电网继电保护配置原则
鲁电企管〔2018〕349 号 山东电网二次设备命名规范
历年下发的标准差异条款
调自〔2018〕129 号 国调中心关于加强变电站自动化专业管理的工作意见

卷 册 说 明

1. 调度关系

220k 变电站由××地区电力调度所调度管理，远动信息直送至××地调，××省调所需远动信息由××地调转发。省调、地调主站系统与厂站间的远动通信支持 IEC 60870－5－101、IEC 60870－5－104 等规约。

2. 远动通信装置

远动通信装置与站内监控系统统一考虑，根据《智能变电站一体化监控系统功能规范》的要求，本期及远景配置如下：

Ⅰ区、Ⅱ区数据通信网关机双重化配置；Ⅲ/Ⅳ区数据通信网关机单套配置；

3. 调度数据网络接入设备

本变电站侧按照调度数据网双平面厂站双设备原则，配置 2 套独立的调度数据网络接入设备，即配置 2 台路由器、4 台交换机。

4. 二次系统安全防护设备

本工程配置纵向加密认证 4 台，2 台防火墙，1 台正向隔离装置，1 台反向隔离装置，以满足二次安全防护的相关要求。

5. 组屏原则

2 台路由器、4 台交换机及 4 台纵向加密认证装置组 2 面屏。

（1）说明本卷册包含设备（包括远动设备、调度数据网设备等）型号、数量、厂家，主要设计原则，与初设的差异。

（2）山东地区 35kV 及以上变电站均按双平面配置。

（3）220kV 变电站每套调度数据网按照 1 台路由器、2 台交换机配置，纵向加密认证装置配置 2 台。

（4）远动设备按照调自〔2013〕185 号文的要求配置。

SD－220－A3－2－D0215－01　卷册说明

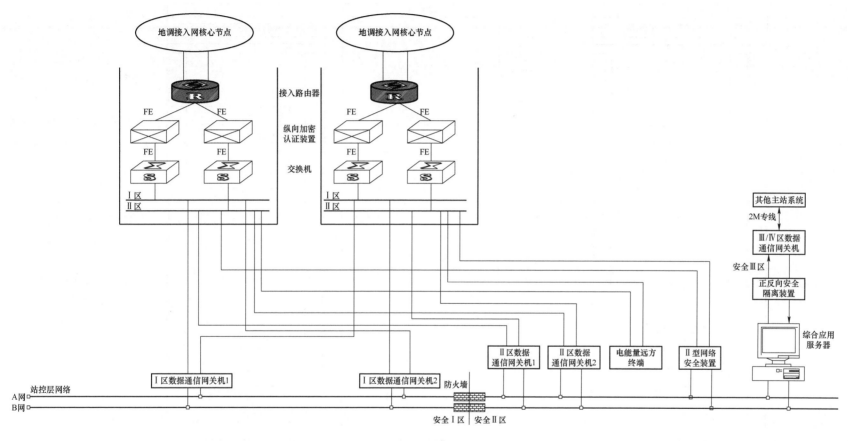

地调接入网核心节点　　地调接入网核心节点

接入路由器

FE　　FE　　　　FE　　FE

纵向加密
认证装置

FE　　FE　　　　FE　　FE

交换机

Ⅰ区　　　　　　Ⅰ区
Ⅱ区　　　　　　Ⅱ区

其他主站系统

2M专线

Ⅲ/Ⅳ区数据
通信网关机

安全Ⅲ区

正反向安全
隔离装置

综合应用
服务器

Ⅱ区数据
通信网关机1　　Ⅱ区数据
通信网关机2　　电能量远方
终端　　Ⅱ型网络
安全装置

Ⅰ区数据通信网关机1　　　　　Ⅰ区数据通信网关机2　　防火墙

站控层网络

A网

B网

安全Ⅰ区　安全Ⅱ区

SD－220－A3－2－D0215－02　调度自动化系统图

（1）数据通信网
关机、电能量远方终
端、故障录波信息均
通过调度数据网上
传调度主站。

（2）图像监控、
在线监测系统信息
等通过综合应用服
务器经Ⅲ/Ⅳ区数据
通信网关机上传至
调度主站。

（3）按照山东省
调整体部署方案，
在变电站站端站控
层Ⅱ区布置一台Ⅱ
网络安全装置，通过
调度数据网与主站
通信。

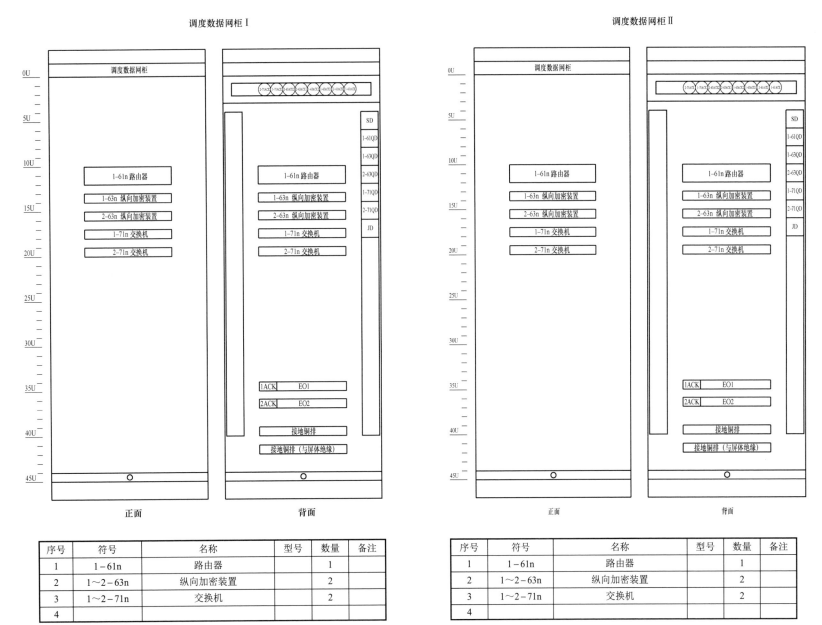

（1）包括屏柜正面、背面布置图及元件参数表。布置图应包括柜内各装置、压板的布置及屏柜外形尺寸等、交直流空气开关、外部接线端子布置等。

（2）元件参数表应包括设备编号、设备名称、规格型式、单位数量等。

（3）屏柜内设备、端子排编号应按照保护及辅助装置编号原则执行。

（4）双套调度数据网设备安装于两面屏柜中。

序号	符号	名称	型号	数量	备注
1	1-61n	路由器		1	
2	1~2-63n	纵向加密装置		2	
3	1~2-71n	交换机		2	
4					

序号	符号	名称	型号	数量	备注
1	1-61n	路由器		1	
2	1~2-63n	纵向加密装置		2	
3	1~2-71n	交换机		2	
4					

SD－220－A3－2－D0215－03 调度数据网柜柜面布置图

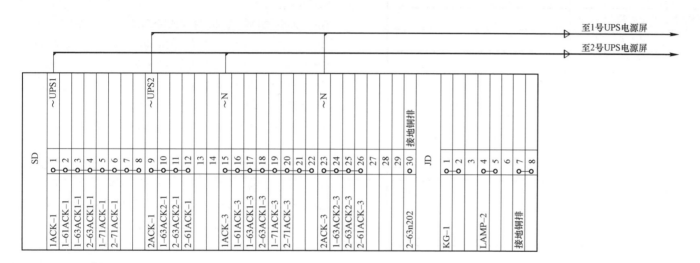

至1号UPS电源屏
至2号UPS电源屏

SD－220－A3－2－D0215－05　调度数据网柜端子排图

（1）每套调度数据网组1面柜。

（2）为保证可靠性，远动和调度数据网设备具备双电源模块，采用冗余配置的直流电源或UPS电源。

（3）调度数据网发"装置失电告警"信号。

（4）端子排正负电源间应空1个端子。

（5）一个端子的每一端只能接一根导线。

（6）室内屏柜取消柜内照明回路。

（7）端子排回路号、端子号与原理图一致。

3.16 变电站自动化系统

序号	图 号	图 名	张数	套用原工程名称及卷册检索号,图号
1	SD－220－A3－2－D0216－01	卷册说明	1	
2	SD－220－A3－2－D0216－02	变电站自动化系统图	1	
3	SD－220－A3－2－D0216－03	全站站控层网络结构示意图	1	
4	SD－220－A3－2－D0216－04	全站过程层网络结构示意图	1	
5	SD－220－A3－2－D0216－05	站控层设备柜柜面布置图	1	
6	SD－220－A3－2－D0216－06	过称层交换机柜面布置图	1	
7	SD－220－A3－2－D0216－07	站控层设备柜柜端子排图	1	
8	SD－220－A3－2－D0216－08	过称层交换机端子排图(1)	1	
9	SD－220－A3－2－D0216－09	过称层交换机端子排图(2)	1	
10	SD－220－A3－2－D0216－10	过称层交换机光缆联系图(1)	1	
11	SD－220－A3－2－D0216－11	过称层交换机光缆联系图(2)	1	
12	SD－220－A3－2－D0216－12	网络记录分析系统组网图	1	
13	SD－220－A3－2－D0216－13	网络记录分析柜柜面布置图(1)	1	
14	SD－220－A3－2－D0216－14	网络记录分析柜柜面布置图(2)	1	
15	SD－220－A3－2－D0216－15	网络记录分析柜端子排图	1	

SD－220－A3－2－D0216－00　目录

(1)卷册检索号应与项目计划一致。
(2)图纸张数应与实际一致。
(3)图纸编号、名称应与具体图纸一致。

主要依据:

GB 14285—2006　继电保护和安全自动装置技术规程

GB/T 50062—2008　电力装置的继电保护和自动装置设计规范

GB/T 50063—2017　电力装置的电测量仪表装置设计规范

GB/T 50976—2014　继电保护及二次回路安装及验收规范

GB 50217—2018　电力工程电缆设计标准

DL/T 5149—2001　220kV～500kV 变电所计算机监控系统设计技术规程

DL/T 5136—2012　火力发电厂、变电站二次接线设计技术规程

DL/T 866—2004　电流互感器和电压互感器选择及计算导则

Q/GDW 10381.5—2017　国家电网有限公司输变电工程施工图设计内容深度规定　第 5 部分:220kV 智能变电站

Q/GDW 1161—2013　线路保护及辅助装置标准化设计规范

Q/GDW 1175—2013　变压器、高压并联电抗器和母线保护及辅助装置标准化设计规范

Q/GDW 10766—2015　10kV～110(66)kV 线路保护、元件保护及辅助装置标准化设计规范

Q/GDW 586—2011　电力系统自动低压减负荷技术规范

Q/GDW 441—2010　智能变电站继电保护技术规范

Q/GDW 11398—2015　变电站设备监控信息规范

国家电网有限公司十八项电网重大反事故措施(2018 年版)

基建技术〔2018〕29 号　输变电工程设计常见病清册

国家电网企管〔2017〕1068 号　变电站设备验收规范

调监〔2012〕303 号　220kV 变电站典型信息表(试行)

鲁电调〔2016〕772 号　山东电网继电保护配置原则

鲁电企管〔2018〕349 号　山东电网二次设备命名规范

历年下发的标准差异条款

卷 册 说 明

一、一体化监控系统

1. 全站自动化系统采用开放式分层分布式系统，三层设备两层网络结构，信息共享，采用 DL/T 860 通信标准。全站网络均为双重化星型以太网配置。10kV 不配置独立的过程层网络。站控层/间隔层网络 MMS、GOOSE、SNTP 三网合一；220kV、110kV 过程层 GOOSE、SV 共网。

2. 设 2 台 I 区数据通信网关机，用于上传安全 I 区调控数据信息；设 2 台 II 区数据通信网关机，上传安全 II 区调控数据信息；设 1 台 III/IV 数据通信网关机，上传安全 III/IV 区调控数据信息。2 台 I 区数据通信网关机，装设于 I 区数据通信网关机屏内，2 台 II 区数据通信网关机装设于 II 区数据通信网关机屏内。1 台 III/IV 区数据通信网关机装设于综合应用服务器屏内。

3. 变电站自动化系统主机采用 LINUX 操作系统。监控系统主站与调控数据传输设备信息资源共享。

4. 设 1 面主机屏，用于安放监控主机兼操作员站；2 面调度数据网设备屏，用于安放调度数据网接入设备及二次安全防护设备；设 1 面综合应用服务器屏。

二、站控层及数据网主要设备配置

配置变电站自动化系统主机 2 台，综合应用服务器 1 台，数据通信网关机 4 台，路由器 4 台，数据网交换机 4 台，纵向加密认证装置 4 台，防火墙 2 台，正向隔离装置 1 台，反向隔离装置 1 台。

（1）说明本卷册包含设备（包括站用交换机、网络分析系统等）型号、数量、厂家，主要设计原则，与初设的差异。

（2）网络记录分析系统与故障录波分别独立配置。

SD－220－A3－2－D0216－01　卷册说明

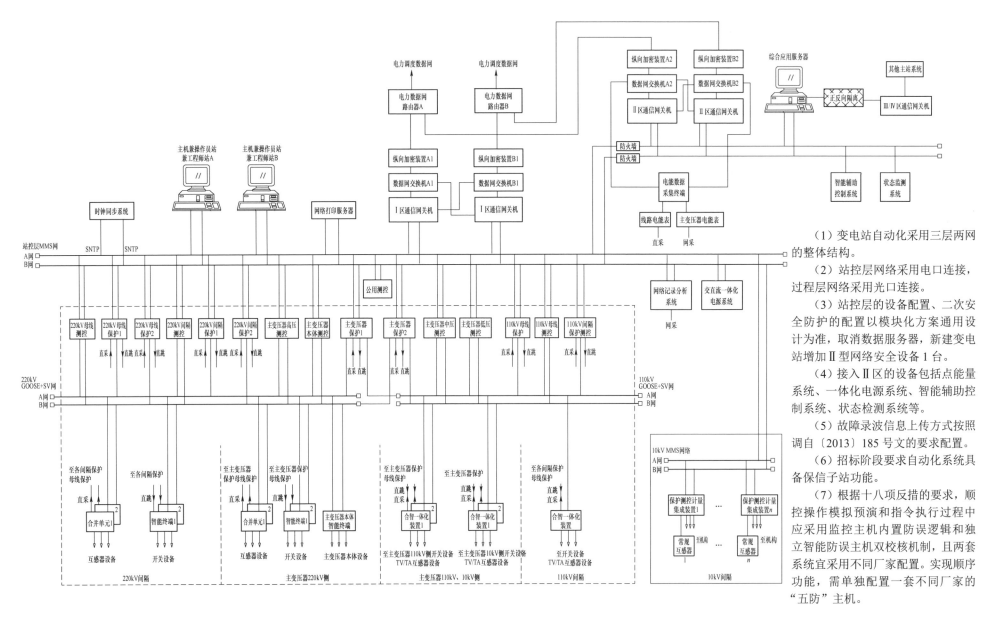

（1）变电站自动化采用三层两网的整体结构。

（2）站控层网络采用电口连接，过程层网络采用光口连接。

（3）站控层的设备配置、二次安全防护的配置以模块化方案通用设计为准，取消数据服务器，新建变电站增加Ⅱ型网络安全设备1台。

（4）接入Ⅱ区的设备包括点能量系统、一体化电源系统、智能辅助控制系统、状态检测系统等。

（5）故障录波信息上传方式按照调自〔2013〕185号文的要求配置。

（6）招标阶段要求自动化系统具备保信子站功能。

（7）根据十八项反措的要求，顺控操作模拟预演和指令执行过程中应采用监控主机内置防误逻辑和独立智能防误主机双校核机制，且两套系统宜采用不同厂家配置。实现顺序功能，需单独配置一套不同厂家的"五防"主机。

SD－220－A3－2－D0216－02　变电站自动化系统图

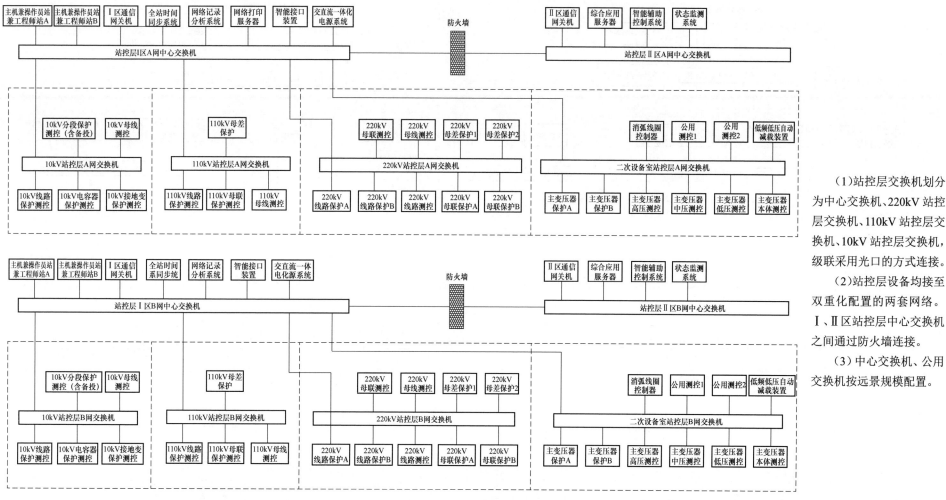

（1）站控层交换机划分为中心交换机、220kV 站控层交换机、110kV 站控层交换机、10kV 站控层交换机，级联采用光口的方式连接。

（2）站控层设备均接至双重化配置的两套网络。Ⅰ、Ⅱ区站控层中心交换机之间通过防火墙连接。

（3）中心交换机、公用交换机按远景规模配置。

SD－220－A3－2－D0216－03　全站站控层网络结构示意图

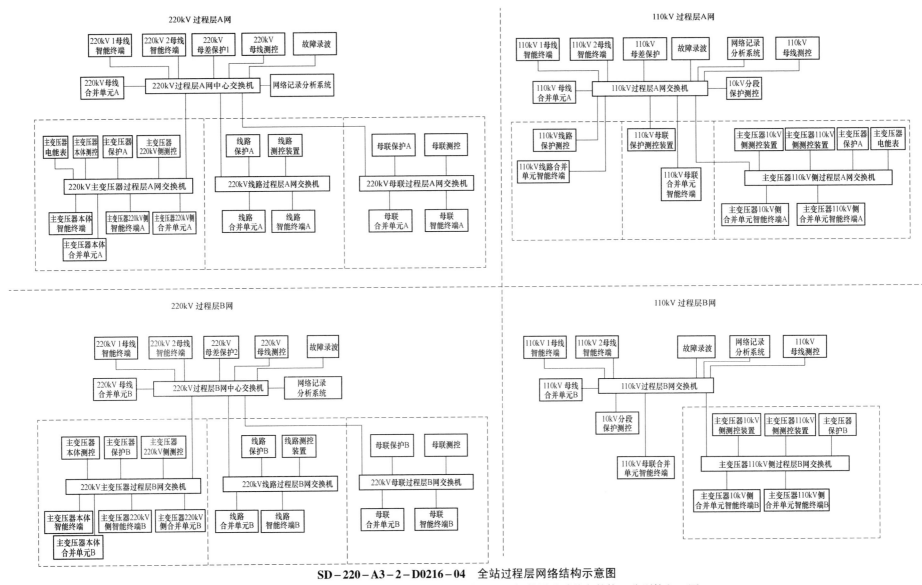

SD－220－A3－2－D0216－04　全站过程层网络结构示意图

（1）220kV 过程层按双网配置，A 网接第一套智能组件、保护，B 网接第二套智能组件、保护，测控装置通过独立的接口分别接入双网。

（2）220kV 配置过程层中心交换机，按间隔配置过程层交换机。

（3）110kV 集中设置过程层交换机。

（4）110kV 过程层按局部双网配置，仅主变压器、分段间隔及公用设备接入 B 网。

（5）10kV 不组过程层网络，主变压器低压侧接入 110kV 过程层网络。

（6）公用交换机、中心交换机按远期规模配置，间隔交换机按本期规模配置。

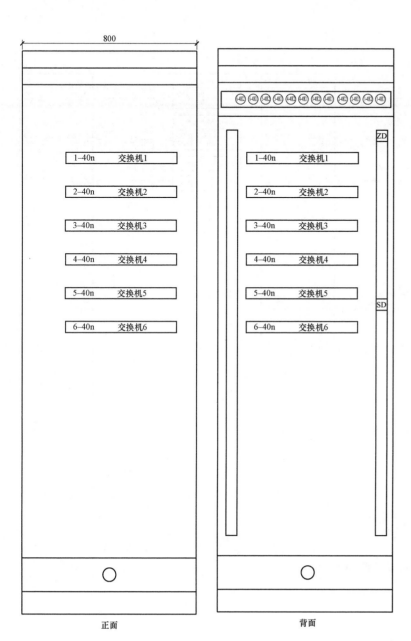

800

	1-40n	交换机1
	2-40n	交换机2
	3-40n	交换机3
	4-40n	交换机4
	5-40n	交换机5
	6-40n	交换机6

ZD

SD

正面　　　　　　　　　背面

（1）包括屏柜正面、背面布置图及元件参数表。布置图应包括柜内各装置、压板的布置及屏柜外形尺寸等、交直流空气开关、外部接线端子布置等。

（2）元件参数表应包括设备编号、设备名称、规格型式、单位数量等。

序号	名称	数量	备注
1	站控层交换机	6	
2			
3			

（3）屏柜内设备、端子排编号应按照保护及辅助装置编号原则执行。

（4）站控层中心交换机单独组屏，也可与数据通信网关机共同组屏。

（5）站控层中心交换机单独组屏，也可与公用测控共同组屏。

（6）过程层交换机单独组屏，也可与母线保护共同组屏。

（7）单间隔的过程层交换机与保护设备均下放布置。

SD－220－A3－2－D0216－05　站控层设备柜柜面布置图

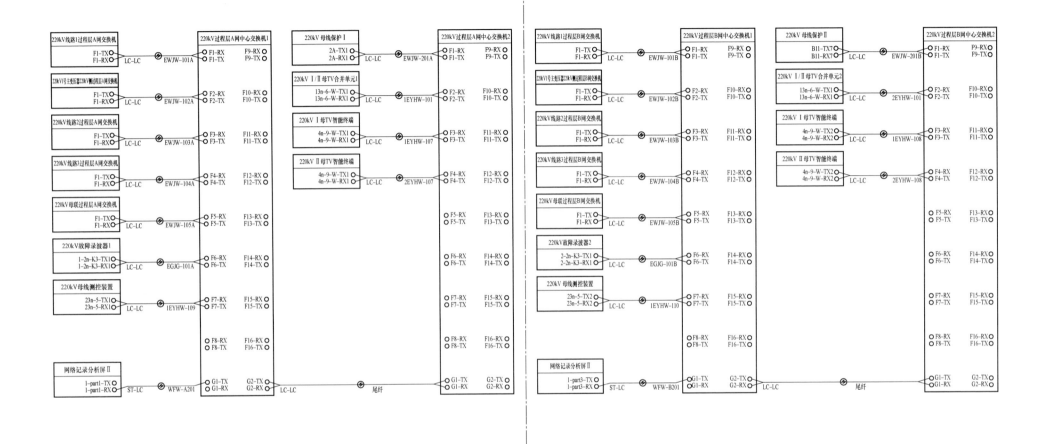

注：220kV 过程层 A 网中心交换机 1.2 分别对应于设备厂家 1-71n、2-71n，220kV 过程层 B 网中心交换机 1.2 分别对应于设备厂家 3-71n、4-71n。

SD-220-A3-2-D0216-10　过称层交换机光缆联系图（1）

（1）过程层中心交换机接入各间隔交换机、公用母线设备、故障录波、网络分析、母线保护等。

（2）小室内采用尾缆连接，跨房间采用预制光缆连接。

（3）交换机应至少备用 2 个端口，任一两个设备间数据传输不超过 4 台交换机。

（4）应核实交换机及其他设备的光口型式为 LC 还是 ST。

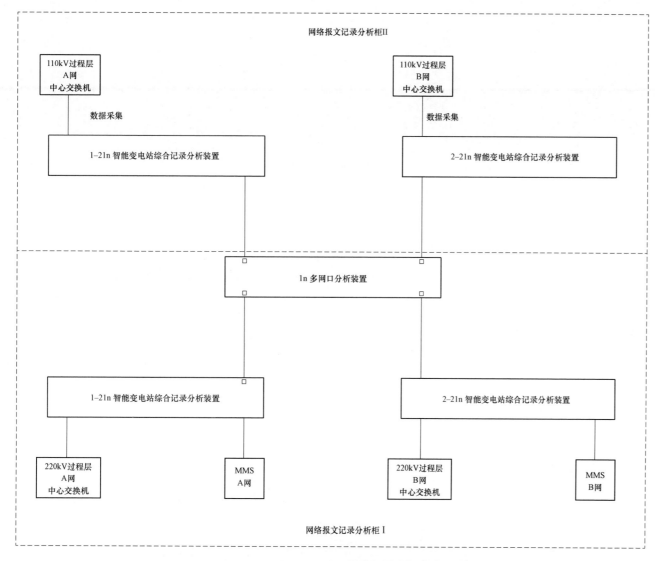

网络报文记录分析柜II

110kV过程层
A网
中心交换机

110kV过程层
B网
中心交换机

数据采集

数据采集

1-21n 智能变电站综合记录分析装置

2-21n 智能变电站综合记录分析装置

1n 多网口分析装置

1-21n 智能变电站综合记录分析装置

2-21n 智能变电站综合记录分析装置

220kV过程层
A网
中心交换机

MMS
A网

220kV过程层
B网
中心交换机

MMS
B网

网络报文记录分析柜I

SD－220－A3－2－D0216－12　网络记录分析系统组网图

（1）网络记录分析系统按照 2017 版通用设计配置，按电压等级和网络配置网络记录分析装置，具体数量按照装置所能接入的设备数量决定。

（2）网络记录分析装置与后台分析装置之间跨房间时通过光缆连接。

（3）网络记录分析装置通过过程层网络中心交换机进行数据分析，还应分别接入站控层 A、B 网中心交换机，分析 MMS 报文。